全国高等学校新工科系列教材

GONGCHENG LIXUE

工程力学

李福宝　周丽楠　李 勤　主编

化学工业出版社

·北京·

《工程力学》遵循“有用则精学、不用则先不学”的原则，不追求博大精深的理论阐述，也非面向其他专业的大平台教材，而是过程装备与控制相关专业新工科教材。本书将在本专业领域应用不多的理论部分进行精简，突出工程应用技术，以生产实践和技术应用案例为载体，把必要的理论和专业知识呈现给学生。

《工程力学》共分11章，主要内容包括标量与矢量、力与力偶、静力学、运动学、动力学、机械振动、应力状态与强度理论、拉伸和压缩 剪切和挤压、弯曲、扭转、组合变形，在每章的末尾，都有对应的大量工程实践例题，以利于学生理解专业的知识及其应用。

《工程力学》可作为过程装备与控制工程、油气储运工程、环保设备工程、物流工程等专业的教材，也可供相关专业工程技术人员参考。

图书在版编目（CIP）数据

工程力学/李福宝，周丽楠，李勤主编. —北京：化学工业出版社，2019.3（2024.8 重印）
全国高等学校新工科系列教材
ISBN 978-7-122-33931-7

Ⅰ.①工…　Ⅱ.①李…②周…③李…　Ⅲ.①工程力学-高等学校-教材　Ⅳ.①TB12

中国版本图书馆 CIP 数据核字（2019）第 029167 号

责任编辑：丁建华　徐雅妮　　　　装帧设计：韩　飞
责任校对：宋　玮

出版发行：化学工业出版社（北京市东城区青年湖南街 13 号　邮政编码 100011）
印　　装：北京盛通数码印刷有限公司
710mm×1000mm　1/16　印张 16¼　字数 315 千字　　2024 年 8 月北京第 1 版第 5 次印刷

购书咨询：010-64518888　　　　售后服务：010-64518899
网　　址：http://www.cip.com.cn
凡购买本书，如有缺损质量问题，本社销售中心负责调换。

定　　价：39.00 元

前言

随着国民经济发展的不断深入，我国的产业结构发生了革新式的变化，支撑产业革新的新知识、新技术也随之发生新的调整和升级。因此，培养新知识结构人才必然要求创新，“新时代，新工科，新人才”应时而生。为了适应新型人才培养需要，我们组织编写了本书。

本书具有以下特点：

1. 以石油化工行业为背景，强调理论和实践双翼齐飞的原则，用基础理论解决生产实际问题。因此，在“工程实践例题与简解”的编写中以石油化工装备为对象，在解题中要让学生了解该设备是什么、用在哪、什么结构、什么原理、我们用该知识能解决什么问题，避免空谈理论，使学生不知道它用在哪、怎么用，这就是我们提出的“教学要落地”。

2. 与实践紧密结合。坚持“把课桌搬到车间里、把黑板挂在设备上、把论文写在产品中”的原则，与生产实践紧密联系，做到有的放矢的“教与学”。

3. 坚持“四个面向”。即充分考虑培养的学生到什么企业工作、在什么岗位、在这个岗位干什么、这个岗位需要什么样的知识结构，并以此知识为核心建立教学体系。

4. 根据“新时代，新工科，新人才”的需求改变课程体系。坚持“精准教学”，即充分考虑哪些课要上、哪些课要调整、哪些内容是重点，以符合“新工科”人才的培养目标。

5. 坚持“用则精学”的原则。就业岗位技术技能需要的知识，坚持“精讲”“精学”“精用”，使学生集中精力学好、用好。对于在专业体系中用得少的或用不到的知识先不学，以后用到再学，从而把有限的时间，集中在学生真正需要掌握的知识上，做到学懂弄通。

本书由沈阳工业大学李福宝教授、周丽楠讲师、李勤教授主编，全书共11章，其中第6、7章由李福宝编写，第8章由李秀菊编写，第2章由江远鹏编写，第1、4、9章由周丽楠编写，第5章由李勤编写，第10章由刘岩岩编写，第3章由临沂大学机械与车辆工程学院院长孙成通教授编写，第11章由中海油惠州石化总经理、沈阳工业大学硕士生导师、教授级高级工程师赵岩编写，全书由李福宝教授统稿。

在本书编写过程中，得到了中海油惠州石化公司及临沂大学机械与车辆工程学院相关领导和同事的大力支持，同时沈阳工业大学的许增金、徐飞、霍英姮、刘一达、王志宇、金垚、赵一峰、王春晓、孙嘉馨等老师和研究生也做出了贡献，在此一并表示衷心的感谢。

由于水平所限，书中难免疏漏和不足之处，呈请读者批评指正。

编者

2018 年 12 月

目录

知识储备

工程力学是工科相关专业的一门技术基础课，涉及众多的力学学科分支与广泛的工程技术领域，理论性较强，与工程技术联系极为密切，主要包含理论力学和材料力学部分内容。在学习这门课程之前，需要首先明确以下概念。

（1）构件的强度、刚度和稳定性

化工机械设备的构件在力学方面必须满足强度、刚度和稳定性三个方面的基本要求，以保证其能够安全运行：

① 强度——抵抗载荷对其的破坏；

② 刚度——不发生超过许可的变形；

③ 稳定性——维持构件自身的几何形状。

（2）力的外效应与内效应

力是化工机械设备机械性能影响因素的主要方面，而力的效应是通过物体间相互作用所产生的效果体现出来的。力的作用效果分为外效应与内效应两个方面。

① 外效应：力使物体运动状态发生改变，是理论力学要研究的问题。

② 内效应：力使物体发生形变，是材料力学要研究的问题。

外效应是内效应的基础。

（3）理论力学与材料力学

理论力学是研究物体在空间的位置随时间改变的一般规律的科学，以研究力与力偶为基础，按其内容分为：静力学（研究受力物体平衡时作用力应满足的条件）、运动学（研究物体的运动规律，如轨迹、速度、加速度）、动力学（研究受力物体的运动和作用力之间的关系）。

材料力学是研究构件在外力作用下的变形和破坏规律。以研究应力与应变为基础，其主要内容为：拉伸、压缩、弯曲、扭转和组合变形。

工程力学的定理、定律和结论广泛应用于各行各业的工程技术中，是解决工程实际问题的重要基础。

第1章 标量与矢量

1.1 标量与矢量概述

1.1.1 定义

标量（scalar quantity）只具有大小，如：时间，体积，能量，质量，密度和功。用代数方法进行标量的求和运算，如：2s+7s=9s；14kg−5kg=9kg。

矢量（vector quantity）既有大小又有方向，如：力，位移，速度和冲量。其用黑斜体字母和带箭头字母表示，如：$\boldsymbol{P}$ 或 $\vec{P}$，其大小用 $|\boldsymbol{P}|$ 表示。

注：① 单位矢量（单位矢）是一个具有单位长度的矢量，如 $\vec{i}$，其 $|\boldsymbol{i}|=1$。

② 矢量 $\boldsymbol{P}$ 的负矢量用 $-\boldsymbol{P}$ 表示，其大小相等，方向相反。

③ 一个矢量与自身的减法运算称为零矢量，即 $\boldsymbol{P}-\boldsymbol{P}=\boldsymbol{0}$。

1.1.2 矢量运算

（1）加法

① 平行四边形法。如图 1-1 所示，矢量 $\boldsymbol{P}$ 和 $\boldsymbol{Q}$ 合成矢量 $\boldsymbol{R}$。

② 矩形法。如图 1-2 所示，矢量 $\boldsymbol{P}$ 垂直于矢量 $\boldsymbol{Q}$。

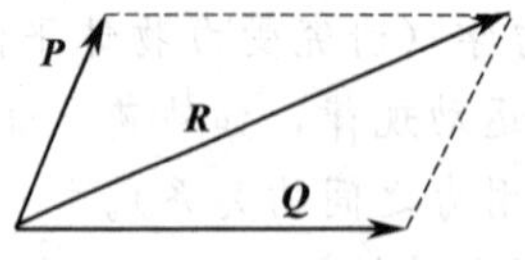

图 1-1 平行四边形法

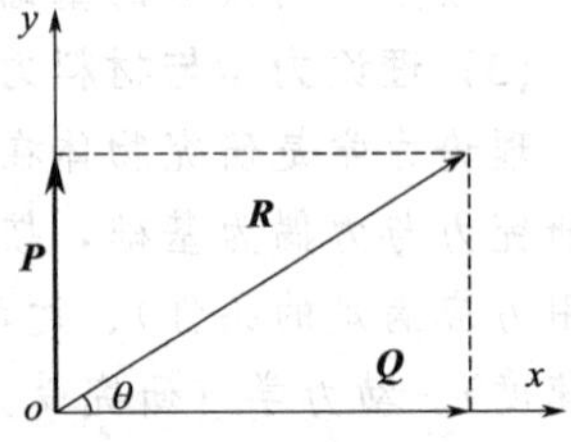

图 1-2 矩形法

其分量为：

$$\begin{cases}\boldsymbol{Q}=\boldsymbol{R}\cos\theta \\ \boldsymbol{P}=\boldsymbol{R}\sin\theta\end{cases}$$

③ 三角形法。任取一矢量，其末端连接另一矢量始端，则合矢量是从第一

个矢量的始端连接到另一矢量的末端，如图 1-3 所示。

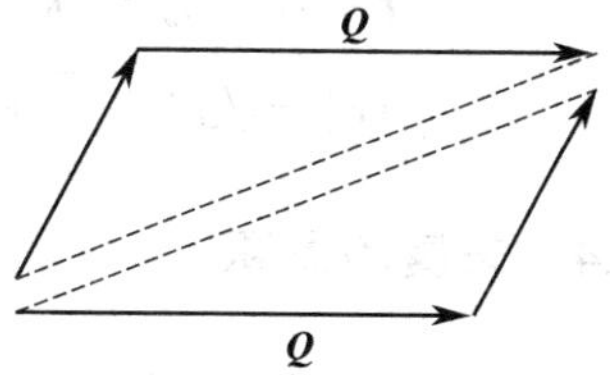

图 1-3 三角形法

（2）减法

矢量减法是矢量加法的逆运算，即：

$$\boldsymbol{P}-\boldsymbol{Q}=\boldsymbol{P}+(-\boldsymbol{Q})$$

（3）矢量与数量乘法运算

矢量 $\boldsymbol{P}$ 与数量 m 相乘等于 $m\boldsymbol{P}$，其大小是矢量 $\boldsymbol{P}$ 的 m 倍，作用线与 $\boldsymbol{P}$ 相同，但方向要取决于 m 的正负。

运算法则：

$$(m+n)\boldsymbol{P}=m\boldsymbol{P}+n\boldsymbol{P}$$

$$m(\boldsymbol{P}+\boldsymbol{Q})=m\boldsymbol{P}+m\boldsymbol{Q}$$

$$m(n\boldsymbol{P})=n(m\boldsymbol{P})=(mn)\boldsymbol{P}$$

1.1.3 三维正交矢量

（1）三维正交单位矢量（three dimensional orthogonal vector）

坐标轴 x，y，z 对应单位矢量为 $\boldsymbol{i}$，$\boldsymbol{j}$，$\boldsymbol{k}$，如图 1-4 所示，$\boldsymbol{i}$，$\boldsymbol{j}$，$\boldsymbol{k}$ 符合右手定则。

因此，矢量 $\boldsymbol{P}$ 可写成：

$$\boldsymbol{P}=P_x\boldsymbol{i}+P_y\boldsymbol{j}+P_z\boldsymbol{k} \tag{1-1}$$

其中，如图 1-5 所示，$P_x\boldsymbol{i}$，$P_y\boldsymbol{j}$，$P_z\boldsymbol{k}$ 为 $\boldsymbol{P}$ 沿着正交坐标轴 x，y，z 的分矢量，P_x，P_y，P_z 为 $\boldsymbol{P}$ 在 x，y，z 轴上的分量。

且 $P_x=|\boldsymbol{P}|\cos\theta_x$，$P_y=|\boldsymbol{P}|\cos\theta_y$，$P_z=|\boldsymbol{P}|\cos\theta_z$。

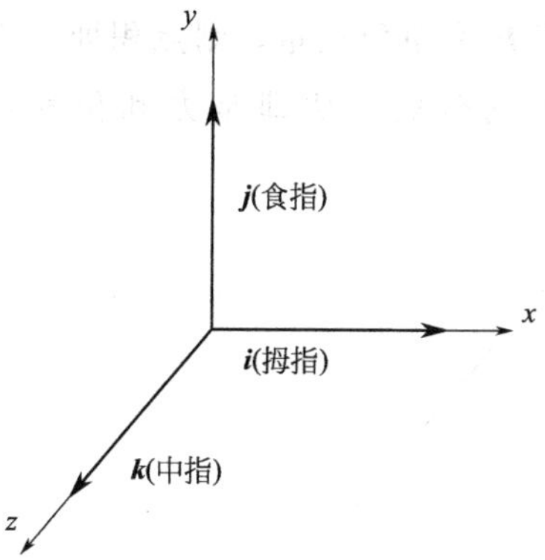

图 1-4 单位矢量

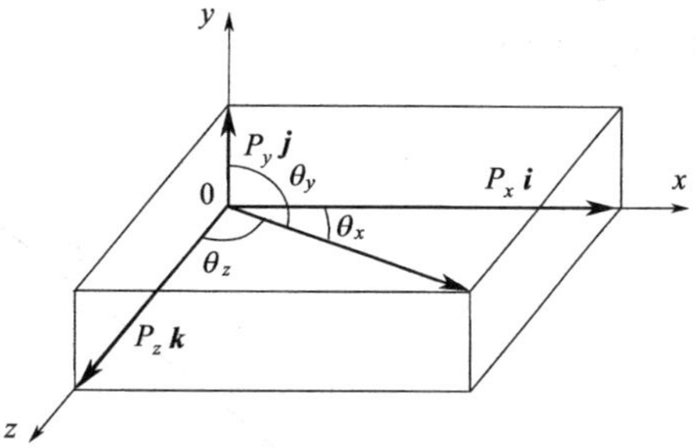

图 1-5 矢量分解

（2）矢径

在坐标系（x，y，z）下，如图 1-6 所示，矢径 $\boldsymbol{r}$ 为：

$$\begin{cases} \boldsymbol{r}=x\boldsymbol{i}+y\boldsymbol{j}+z\boldsymbol{k} \\ |\boldsymbol{r}|=\sqrt{x^1+y^2+z^2} \end{cases} \tag{1-2}$$

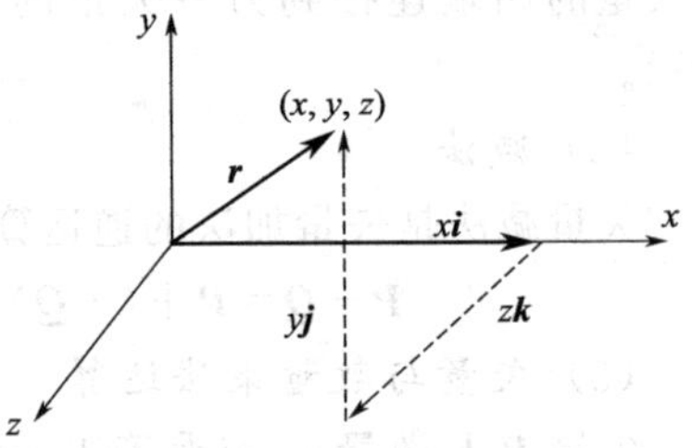

图 1-6 矢径分解

1.1.4 矢量的点积

定义：二矢量 $\boldsymbol{P}$ 和 $\boldsymbol{Q}$，如图 1-7 所示，其点积 $\boldsymbol{P}\cdot\boldsymbol{Q}$ 是一标量，大小为：

$$\boldsymbol{P}\cdot\boldsymbol{Q}=|\boldsymbol{P}||Q|\cos(\boldsymbol{P},\boldsymbol{Q})=\boldsymbol{PQ}\cos\theta \tag{1-3}$$

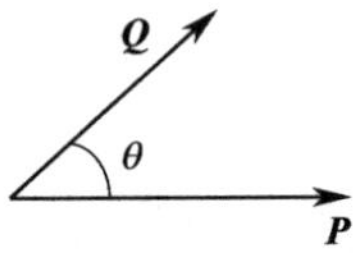

图 1-7 二矢量关系

当 $\boldsymbol{P}\cdot\boldsymbol{Q}=\boldsymbol{0}$ 时，$\boldsymbol{P}\perp\boldsymbol{Q}$。

当 $\boldsymbol{P}\cdot\boldsymbol{Q}$ 用分量去表示，即：

$$\begin{cases} \boldsymbol{P}=P_x\boldsymbol{i}+P_y\boldsymbol{j}+P_z\boldsymbol{k} \\ \boldsymbol{Q}=Q_x\boldsymbol{i}+Q_y\boldsymbol{j}+Q_z\boldsymbol{k} \end{cases} \tag{1-4}$$

则 $\boldsymbol{P}\cdot\boldsymbol{Q}=P_xQ_x+P_yQ_y+P_zQ_z$

矢量 $\boldsymbol{P}$ 沿着直角坐标系的分矢量为：

$$\boldsymbol{P}_x=P\boldsymbol{i},\boldsymbol{P}_y=P\boldsymbol{j},\boldsymbol{P}_z=P\boldsymbol{k}$$

因为 $\boldsymbol{i}$，$\boldsymbol{j}$，$\boldsymbol{k}$ 是正交单位矢量，所以：

$$\boldsymbol{i}\cdot\boldsymbol{j}=\boldsymbol{i}\cdot\boldsymbol{k}=\boldsymbol{j}\cdot\boldsymbol{k}=|\boldsymbol{1}|\cdot|\boldsymbol{1}|\cos90^\circ=0$$

$$\boldsymbol{i}\cdot\boldsymbol{i}=\boldsymbol{j}\cdot\boldsymbol{j}=\boldsymbol{k}\cdot\boldsymbol{k}=|\boldsymbol{1}|\cdot|\boldsymbol{1}|\cos0^\circ=1$$

点积的几何意义：可以用来表征或计算两个向量之间的夹角，以及 $\boldsymbol{P}$ 向量在 $\boldsymbol{Q}$ 向量方向的投影。

点积的物理意义：用来计算合力和功。若 $\boldsymbol{P}$ 为单位矢量，则点积即为 $\boldsymbol{P}$ 在方向 $\boldsymbol{Q}$ 的投影，即给出了力在这个方向上的分解，功即是力和位移的点积（图 1-8）。

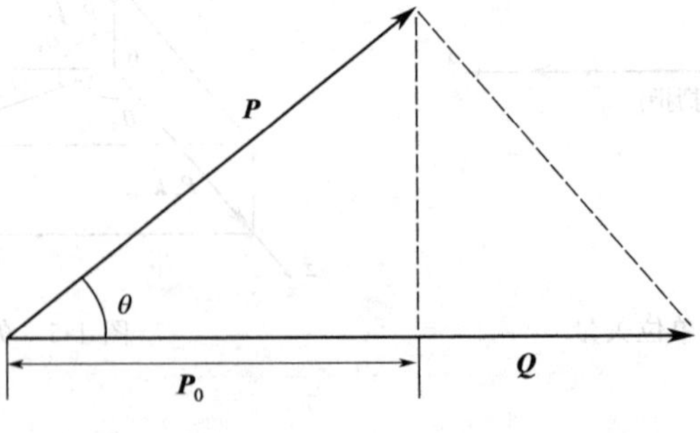

图 1-8 矢量的点积（dot product of vectors）

1.1.5 矢量的叉积

定义：二矢量 $\boldsymbol{P}$ 和 $\boldsymbol{Q}$，其叉积 $\boldsymbol{P}\times\boldsymbol{Q}$ 是一矢量，大小为：

$$|\boldsymbol{P}\times\boldsymbol{Q}|=|\boldsymbol{P}|\cdot|\boldsymbol{Q}|\sin(\boldsymbol{P},\boldsymbol{Q})=|\boldsymbol{P}|\cdot|\boldsymbol{Q}|\cdot\sin\theta \tag{1-5}$$

方向符合右手螺旋法则，即四指从 $\boldsymbol{P}$ 的方向经过二矢量的最小夹角 θ 到 $\boldsymbol{Q}$ 方向，拇指方向即为 $\boldsymbol{P}\times\boldsymbol{Q}$ 的方向，如图 1-9 所示。当 $\boldsymbol{P}\times\boldsymbol{Q}=\boldsymbol{0}$ 时，$\boldsymbol{P}/\!/\boldsymbol{Q}$。

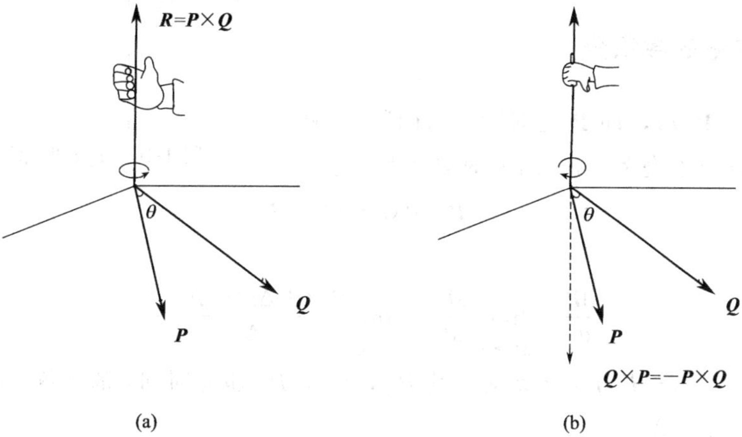

图 1-9 矢量的叉积（cross product of vectors）

当 $\boldsymbol{P}$ 和 $\boldsymbol{Q}$ 用分量表示，即：

$$\begin{cases}\boldsymbol{P}=P_x\boldsymbol{i}+P_y\boldsymbol{j}+P_z\boldsymbol{k}\\ \boldsymbol{Q}=Q_x\boldsymbol{i}+Q_y\boldsymbol{j}+Q_z\boldsymbol{k}\end{cases}$$

则

$$\boldsymbol{P}\times\boldsymbol{Q}=\begin{vmatrix}\boldsymbol{i} & \boldsymbol{j} & \boldsymbol{k}\\ P_x & P_y & P_z\\ Q_x & Q_y & Q_z\end{vmatrix}$$

$$=(P_yQ_z-P_zQ_y)\boldsymbol{i}+(P_zQ_x-P_xQ_z)\boldsymbol{j}+(P_xQ_y-P_yQ_x)\boldsymbol{k} \tag{1-6}$$

因为 $\boldsymbol{i}$，$\boldsymbol{j}$，$\boldsymbol{k}$ 为正交单位矢量，所以：

$$\boldsymbol{i}\times\boldsymbol{i}=\boldsymbol{j}\times\boldsymbol{j}=\boldsymbol{k}\times\boldsymbol{k}=\boldsymbol{0}$$

$$\boldsymbol{i}\times\boldsymbol{j}=\boldsymbol{k},\boldsymbol{j}\times\boldsymbol{k}=\boldsymbol{i},\boldsymbol{k}\times\boldsymbol{i}=\boldsymbol{j}$$

叉积的几何意义：

（1）在三维几何中，向量 $\boldsymbol{P}$ 和向量 $\boldsymbol{Q}$ 叉积的结果是一个向量，更为熟知的叫法是法向量，该向量垂直于 $\boldsymbol{P}$ 和 $\boldsymbol{Q}$ 向量构成的平面。

(2) 在 3D 图像学中，叉积的概念非常有用，可以通过两个向量的叉积，生成第三个垂直于 $\boldsymbol{P}$，$\boldsymbol{Q}$ 的法向量，从而构建 xyz 坐标系。如图 1-10 所示。

(3) 在二维空间中，叉积还有另外一个几何意义就是：$\boldsymbol{P}\times\boldsymbol{Q}$ 等于由向量 $\boldsymbol{P}$ 和 $\boldsymbol{Q}$ 构成的平行四边形的面积。

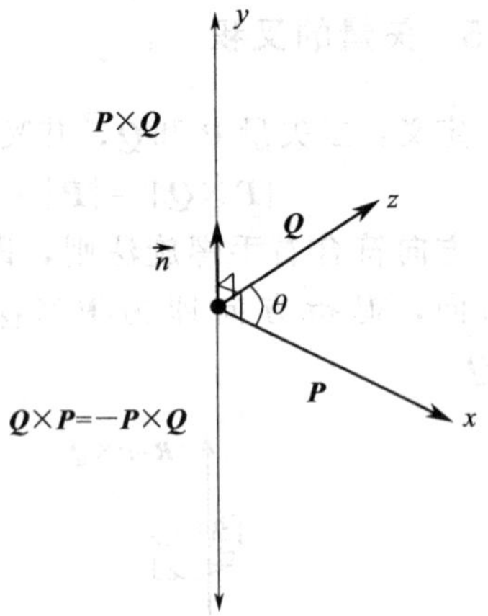

图 1-10　xyz 坐标系

1.1.6　矢量的微积分

令 $\boldsymbol{P}=\boldsymbol{P}(t)$，即 $\boldsymbol{P}$ 是时间 t 的函数，$\Delta\boldsymbol{P}$ 是当时间从 t 变化到 $(t=\Delta t)$ 时 $\boldsymbol{P}$ 的增量。

$$\Delta\boldsymbol{P}=\boldsymbol{P}(t+\Delta t)-\boldsymbol{P}$$

即：

$$\frac{\mathrm{d}\boldsymbol{P}}{\mathrm{d}t}=\lim_{\Delta t\to 0}\frac{\Delta\boldsymbol{P}}{\Delta t}=\lim_{\Delta t\to 0}\frac{\boldsymbol{P}(t+\Delta t)-\boldsymbol{P}(t)}{\Delta t}$$

当 $\boldsymbol{P}=P_x\boldsymbol{i}+P_y\boldsymbol{j}+P_z\boldsymbol{k}$ 时，其 P_x，P_y，P_z 也是时间 t 的函数，则

$$\begin{aligned}\frac{\mathrm{d}\boldsymbol{P}}{\mathrm{d}t}&=\lim_{\Delta t\to 0}\frac{\Delta\boldsymbol{P}}{\Delta t}\\&=\lim_{\Delta t\to 0}\frac{(P_x+\Delta P_x)\boldsymbol{i}+(P_y+\Delta P_y)\boldsymbol{j}+(P_z+\Delta P_z)\boldsymbol{k}-P_x\boldsymbol{i}-P_y\boldsymbol{j}-P_z\boldsymbol{k}}{\Delta t}\\&=\lim_{\Delta t\to 0}\frac{\Delta P_x\boldsymbol{i}+\Delta P_y\boldsymbol{j}+\Delta P_z\boldsymbol{k}}{\Delta t}\\&=\frac{\mathrm{d}P_x}{\mathrm{d}t}\boldsymbol{i}+\frac{\mathrm{d}P_y}{\mathrm{d}t}\boldsymbol{j}+\frac{\mathrm{d}P_z}{\mathrm{d}t}\boldsymbol{k}\end{aligned}\tag{1-7}$$

运算关系为：

$$\begin{aligned}&\frac{\mathrm{d}}{\mathrm{d}t}(\boldsymbol{P}+\boldsymbol{Q})=\frac{\mathrm{d}\boldsymbol{P}}{\mathrm{d}t}+\frac{\mathrm{d}\boldsymbol{Q}}{\mathrm{d}t}\\&\frac{\mathrm{d}}{\mathrm{d}t}(\boldsymbol{P}\cdot\boldsymbol{Q})=\frac{\mathrm{d}\boldsymbol{P}}{\mathrm{d}t}\boldsymbol{Q}+\frac{\mathrm{d}\boldsymbol{Q}}{\mathrm{d}t}\boldsymbol{P}\\&\frac{\mathrm{d}}{\mathrm{d}t}(\boldsymbol{P}\times\boldsymbol{Q})=\frac{\mathrm{d}\boldsymbol{P}}{\mathrm{d}t}\times\boldsymbol{Q}+\frac{\mathrm{d}\boldsymbol{Q}}{\mathrm{d}t}\times\boldsymbol{P}\\&\frac{\mathrm{d}}{\mathrm{d}t}(\varphi\boldsymbol{P})=\varphi\frac{\mathrm{d}\boldsymbol{P}}{\mathrm{d}t}+\frac{\mathrm{d}\varphi}{\mathrm{d}t}\boldsymbol{P}\end{aligned}\tag{1-8}$$

式中，φ 是 t 的函数。

1.2 梯度

梯度（gradient）的本意是一个向量（矢量），表示某一函数在该点处的方向导数沿着该方向取得最大值，即函数在该点处沿着该方向（此梯度的方向）变化最快，变化率最大（为该梯度的模）。

若在数量场 $\boldsymbol{u}(M)$ 中的一点 M 处，存在这样的矢量 $\boldsymbol{G}$，其方向为函数 $\boldsymbol{u}(M)$ 在 M 点处变化率最大的方向，其模也正好是这个最大变化率的数值，则称矢量 $\boldsymbol{G}$ 为函数 $\boldsymbol{u}(M)$ 在点 M 处的梯度，记为 $\mathrm{grad}\boldsymbol{u}$：

$$\mathrm{grad}\boldsymbol{u}=\boldsymbol{G} \quad (\boldsymbol{G}\text{ 有势 }\boldsymbol{u})$$

$$\mathrm{grad}\boldsymbol{u}=\frac{\partial u}{\partial x}\boldsymbol{i}+\frac{\partial u}{\partial y}\boldsymbol{j}+\frac{\partial u}{\partial z}\boldsymbol{k} \tag{1-9}$$

1.3 散度

散度（divergence）描述的是向量场里一个点是汇聚点还是发源点，形象地说，就是这包含这一点的一个微小体元中的向量是“向外”居多还是“向内”居多。散度是个标量。

设有矢量场 $\boldsymbol{A}(M)$，于场中一点 M 处作一包含 M 点在内的任一闭曲面 S，设其所包围的空间区域为 Ω，以 Δv 表示其体积，以 $\Delta\Phi$ 表示从其内穿出 S 的通量，如图 1-11 所示，则：

$$\mathrm{div}\boldsymbol{A}=\lim_{\Omega\to M}\frac{\Delta\Phi}{\Delta v}=\lim_{\Omega\to M}\frac{\oiint_S A\,\mathrm{d}S}{\Delta v}$$

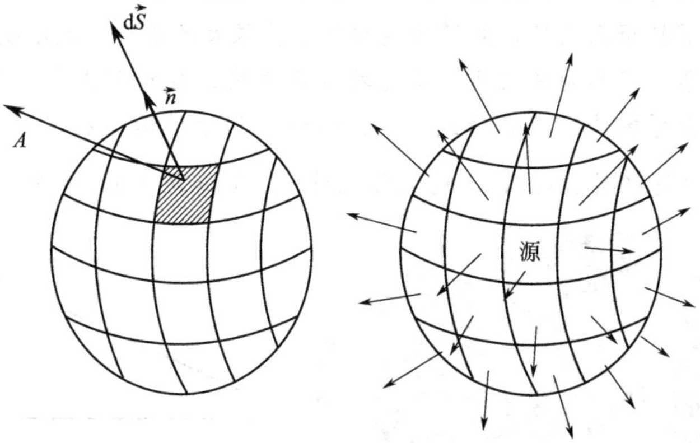

图 1-11 散度

如果 $\boldsymbol{A}=P(x,y,z)\boldsymbol{i}+Q(x,y,z)\boldsymbol{j}+R(x,y,z)\boldsymbol{k}$：

$$\mathrm{div}\boldsymbol{A}=\nabla\cdot\boldsymbol{A}=\frac{\partial \boldsymbol{P}}{\partial x}+\frac{\partial \boldsymbol{Q}}{\partial y}+\frac{\partial \boldsymbol{R}}{\partial z} \tag{1-10}$$

1.4 旋度

旋度（curl）表示三维向量场对某一点附近的微元造成的旋转程度。这个向量提供了向量场在这一点的旋转性质。旋度向量的方向表示向量场在这一点附近旋转度最大的环量的旋转轴，它和向量旋转的方向满足右手定则。旋度向量的大小则是绕着这个旋转轴旋转的环量与旋转路径围成的面元的面积之比。

若在矢量场 **A** 中的一点 M 处存在这样的一个矢量 **R**，矢量场 **A** 在点 M 处沿其方向的环量面密度为最大，这个最大的数值正好就是 $|\boldsymbol{R}|$，则称矢量 **R** 为矢量场 **A** 在点 M 处的旋度，记作 rot**A**，rot**A**=**R**。

$$\mathrm{rot}\boldsymbol{A}=\begin{vmatrix}\boldsymbol{i} & \boldsymbol{j} & \boldsymbol{k}\\ \dfrac{\partial}{\partial x} & \dfrac{\partial}{\partial y} & \dfrac{\partial}{\partial z}\\ P & Q & R\end{vmatrix}=\nabla\cdot\boldsymbol{A}=\left(\frac{\partial R}{\partial y}-\frac{\partial Q}{\partial z}\right)\boldsymbol{i}+\left(\frac{\partial P}{\partial z}-\frac{\partial R}{\partial x}\right)\boldsymbol{j}+\left(\frac{\partial Q}{\partial \boldsymbol{x}}-\frac{\partial P}{\partial y}\right)\boldsymbol{k} \tag{1-11}$$

环量密度：$\lim_{\Delta S\to M}\dfrac{\oint_l A\,\mathrm{d}l}{\Delta S}$

工程实践例题与简解

例 1-1 滚筒输送机由机架、辊筒、支腿等组成，是非常适合重载的输送设备。其适用于各类箱、包、托盘等件货的输送，散料、小件物品或不规则的物品需放在托盘上或周转箱内输送，能够输送单件重量很大的物料，或承受较大的冲击载荷，也可做成各类产品的装配线、仓储物流输送线，驱动形式有单链轮、双链轮、O 形皮带、平面摩擦传动带等形式。滚筒传送带用于传送物料，现已知两滚筒 **a**，**b** 可看做两个向量（图 1-12），通过实际测量 $\vec{a}$、$\vec{b}$ 满足 $|\vec{a}|=2$、$|\vec{b}|=2$，而

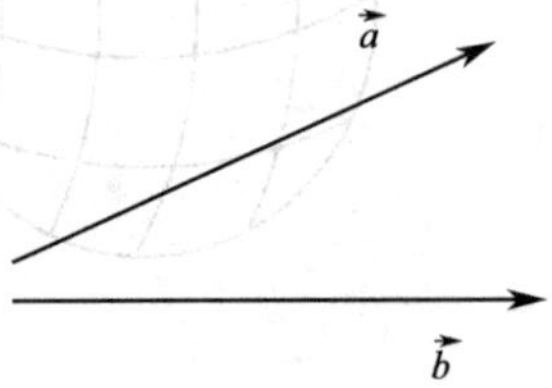

图 1-12 例 1-1 图

$\vec{a}\cdot\vec{b}=2\sqrt{3}$，则 **a**、**b** 的夹角为？

解： 由式(1-3) 可得

$$\theta=\arccos\frac{\vec{a}\cdot\vec{b}}{|\vec{a}||\vec{b}|}=\frac{\pi}{6}$$

例 1-2 板式塔是分级接触型气液传质设备，种类繁多，主要塔型是泡罩塔、筛板塔及浮阀塔。泡罩塔是指以泡罩作为塔盘上气液接触元件的一种板式塔。塔盘主要由带有若干个泡罩和升气管的塔板、溢流堰、受液盘及降液管组成。液体由上层塔盘通过降液管，经泡罩横流过塔盘，由溢流堰进入降液管。蒸汽自下而上进入泡罩的升气管中，经泡罩的齿缝分散到泡罩间的液层中去，与液体充分接触。其优点是生产能力大，不易堵塞，操作弹性大；缺点是结构复杂，气相压力降较大。化工厂的巡检人员在厂区内进行巡检，通过设备测算，一塔设备简化为 L 的直线方程为 $\begin{cases}x+3y+2z+1=0\\2x-y-10z+3=0\end{cases}$，地面 A 的方程为 $4x-2y+z-12=0$，现判断塔是否有倾斜的危险工况发生（参见图 1-13）？

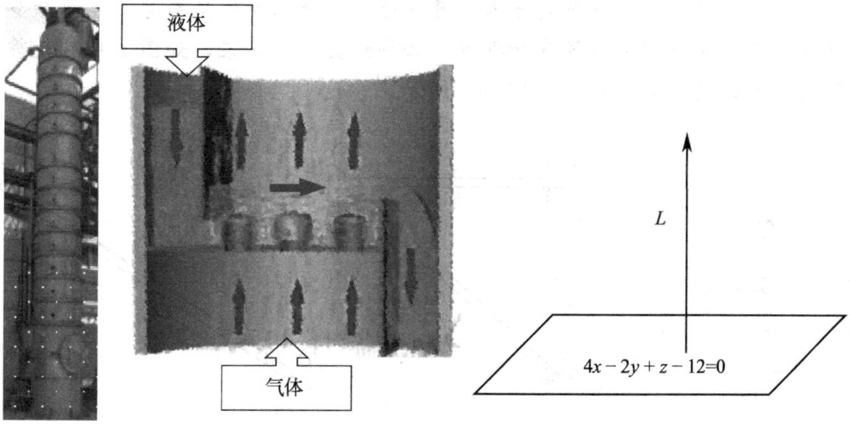

图 1-13 例 1-2 图

解： 直线 L 的方向向量为 $\vec{s}=(1,3,2)\times(2,-1,-10)=-7(4,-2,1)$ 所以塔与地面成直角，所以无危险工况产生。

例 1-3 钢结构框架是以钢材制作为主的结构，是主要的建筑结构类型之一。钢材的特点是强度高、自重轻、刚度大，故用于建造大跨度和超高、超重型的建筑物特别适宜。现有一框架因为长时间锈蚀即将发生垮塌（图 1-14），简化其主要结构后其方程化为 $\begin{cases}x^2+y^2=2(z-x)\\x+y=z\end{cases}$。设地面为 xoy 平面，则其平面上的危险区域，即投影为？

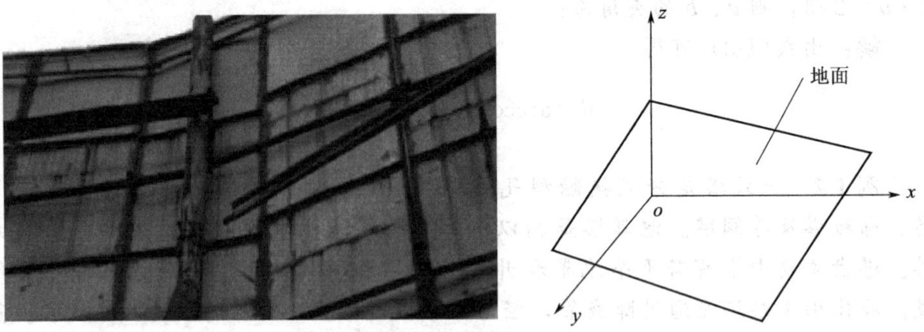

图 1-14 例 1-3 图

解：由题意 $x+y=z$，xoy 平面 $z=0$，消去 z 得 $x^2+y^2=2y$，所以框架在 xoy 平面上的投影为 $\begin{cases}x^2+y^2=2y\\z=0\end{cases}$。

例 1-4 管道是指用管子、管子连接件和阀门等连接成的用于输送气体、液体或带固体颗粒的流体的装置。管道主要用在给水、排水、供热、供煤气等各种工业装置中，尤其是石油石化行业更是离不开管道。管道承受包括本身的重量等多种外力的作用，为了保证管道的强度和刚度，必须设置各种支架，如图 1-15(a) 所示为一种固定支架，受力简图如图 1-15(b) 所示。

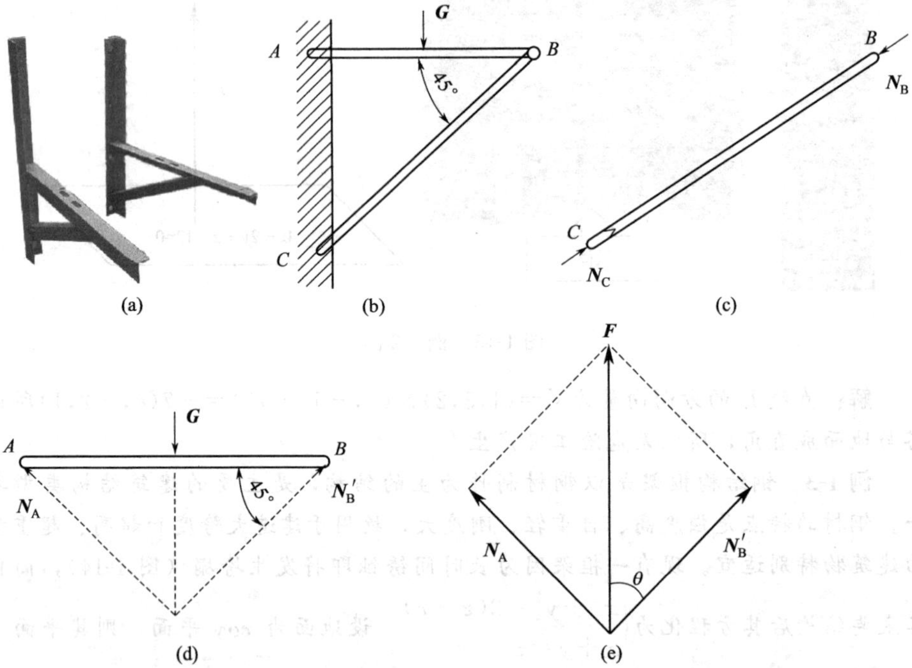

图 1-15 例 1-4 图

已知管道重量为 $\boldsymbol{G}$，求支架 BC 受力 $\boldsymbol{N}_B$ 及 A 点受力 $\boldsymbol{N}_A$

解： 分析 BC 杆及 AB 杆受力，如图 1-15(c)、(d) 所示。则利用力矢量三角形法则 [图 1-15(e)] 所求出 $\boldsymbol{N}_A$ 与 $\boldsymbol{N}'_B$ 受力的合力 $\boldsymbol{F}$ 与 $\boldsymbol{G}$ 保持平衡，则 $\boldsymbol{F}=\boldsymbol{G}$。

在三角形中，可知：

$$\boldsymbol{N}_A=\frac{\sqrt{2}}{2}\boldsymbol{G}$$

$$\boldsymbol{N}_B=\boldsymbol{N}'_B=\frac{\sqrt{2}}{2}\boldsymbol{G}$$

例 1-5 离心压缩机是用旋转叶轮实现能量转换，使气体主要沿径向离心方向流动，从而提高气体压力的机器。而叶轮亦称工作轮，它是离心压缩机中唯一对气体做功的部件，气体进入叶轮后，在叶片的推动下跟着叶轮旋转，由于叶轮对气体做功，增加了气体能量，因此气体流出叶轮时的压力和速度均有所增加。试通过叶片弯曲形式简述叶轮的分类。

解： 叶轮相对速度 ω 与圆周速度 u 反方向的夹角用 β 表示，称为出口角。如图 1-16 所示，当叶片弯曲方向与叶轮旋转方向相反，叶片出口角 $\beta_{2A}<90°$，为后弯型叶轮，压缩机多采用这种；$\beta_{2A}=90°$ 为径向型叶轮；$\beta_{2A}>90°$ 为前弯型叶轮。

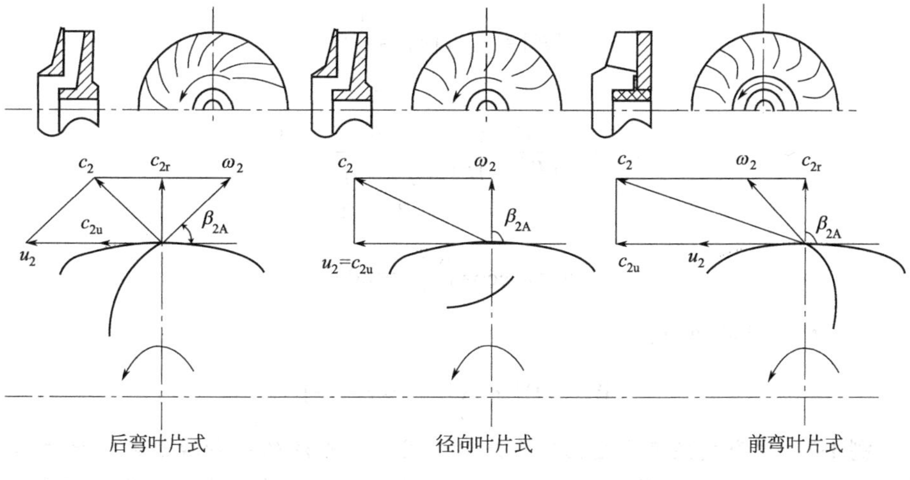

图 1-16 例 1-5 图

例 1-6 拖车：在机械工厂中，各加工工序、物料存放地之间相互传递的物料通常码放在托盘或料箱中，可以成盘成箱地进行单元化搬运，既能减少劳动量和避免物料磕碰损耗，也便于计数查看。如图 1-17 所示，一辆物料运输拖车，受到与水平方向成 θ 角的斜向向上的牵引力 $\boldsymbol{F}$，沿水平路面的位移为距离 s。

(1) 若矢量力 $\boldsymbol{F}$ 和位移 $\boldsymbol{s}$ 由夹角为 120°的单位矢量 $\boldsymbol{e}_1$ 和 $\boldsymbol{e}_2$ 组成。其中 $\boldsymbol{F}=$

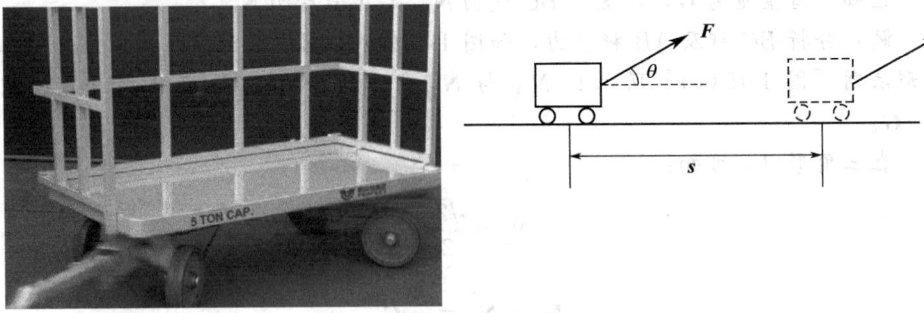

图 1-17　例 1-6 图

$\frac{1}{3}\boldsymbol{e}_1-\frac{1}{3}\boldsymbol{e}_2$，$\boldsymbol{s}=\frac{2}{3}\boldsymbol{e}_1+\frac{1}{3}\boldsymbol{e}_2$，请求出 θ 角的大小。(2) 试求力 $\boldsymbol{F}$ 所做的功 W 为多少？

解：(1) 由 $\boldsymbol{e}_1$ 和 $\boldsymbol{e}_2$ 夹角为 120°得：

$$\boldsymbol{e}_1\cdot\boldsymbol{e}_2=\cos 120°=-\frac{1}{2}$$

$$\boldsymbol{F}\cdot\boldsymbol{s}=\left(\frac{1}{3}\boldsymbol{e}_1-\frac{1}{3}\boldsymbol{e}_2\right)\cdot\left(\frac{2}{3}\boldsymbol{e}_1+\frac{1}{3}\boldsymbol{e}_2\right)=\frac{1}{6}$$

$$|\boldsymbol{F}|=\frac{\sqrt{3}}{3},|\boldsymbol{s}|=\frac{1}{3}$$

$$\cos\theta=\frac{\boldsymbol{F}\cdot\boldsymbol{s}}{|\boldsymbol{F}|\cdot|\boldsymbol{s}|}=\frac{\frac{1}{6}}{\frac{\sqrt{3}}{3}\cdot\frac{1}{3}}=\frac{\sqrt{3}}{2}$$

$$\theta=\arccos\left(\frac{\sqrt{3}}{2}\right)=30°$$

(2) $\boldsymbol{F}$ 所做的功为：

$$W=|\boldsymbol{F}|\cdot|\boldsymbol{s}|\cdot\cos\theta=\frac{1}{6}\mathrm{J}$$

例 1-7　管壳式换热器是化工生产中应用最为广泛的一种换热器，根据其结构特点可以分为以下 5 种。①固定管板换热器，适用于壳侧介质清洁且不易结垢并能清洗的场合；管、壳程两侧温差不大或温差较大但壳侧压力不高的场合。②浮头式换热器，适用于壳体和管束之间壁温差较大或壳程介质易结垢的场合。③U 形管式换热器，特别适用于管内走清洁而不易结垢的高温、高压、腐蚀性大的物料。④填料函式换热器，一般适用于 4MPa 以下的工作条件，且不适用于易挥发、易燃、易爆、有毒及贵重介质，使用温度也受填料的物性限制，填料函式换热器现在已很少采用。⑤釜式再沸器，它具有浮头式、U 形管式换热器的特性，在结构上与其他换热器不同之处在于壳体上部设置一个蒸发空间，蒸发空间的大小由产气量和所要求的蒸汽品质所决定。

流体流过管束，其中一条流线的方程为 L：$\begin{cases}2x-y+z-5=0\\x+y-z+1=0\end{cases}$，已知管束上一点 $M(1,\ -2,\ 1)$ 处有缺陷（图 1-18），请算出经过缺陷点且与此流线垂直的面的方程表达式？

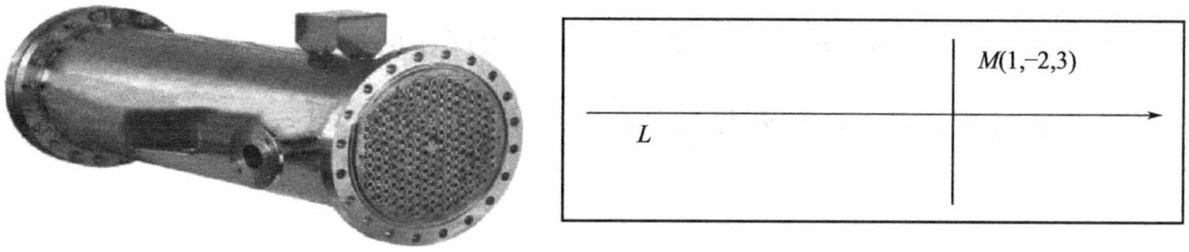

图 1-18 例 1-7 图

解： 直线 L 的方向向量：

$$\vec{S}=(2,-1,1)\times(1,1,-1)=(3,3,0)$$

于是所求的平面方程为：

$$\pi:3(x-1)+3(y+2)=0$$

$$\pi:x+y+1=0$$

例 1-8 管束式换热器是使两种温度不同的流体进行热量交换的一种典型换热设备。通过这种设备，可使一种流体降温另一种流体升温，以满足各自的需要。实现热量交换的原理是对流传热，它是流体质点发生相对位移而引起的热量传递过程，对流传热仅发生在流体中，它与流体的流动状况有关。该设备在化工、石油、制药、能源等工业部门应用相当广泛，是化工生产中不可缺少的重要设备之一。

可拆卸管侧回流封头壳侧密封圈如图 1-19 所示，设换热器内有一处空间恒

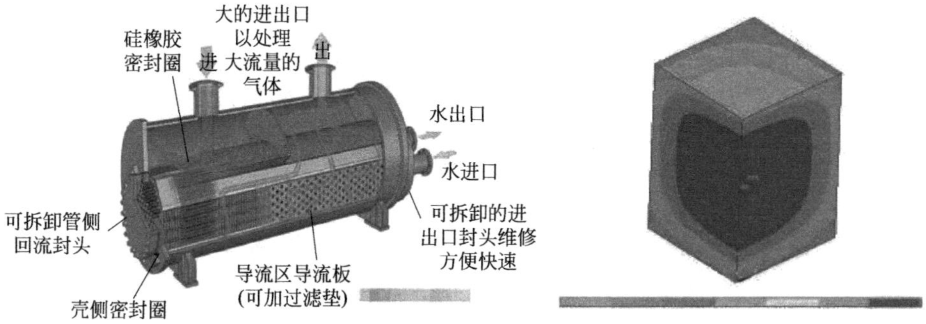

图 1-19 例 1-8 图

定温度场，设 $u=x^2+2y^2+3z^2+3x-2y$，由于场中各点的温度不同，产生热的流动，热量由温度较高的点流向温度较低的空间点，求（1）在空间点（1，1，2）处的梯度？（2）在空间中何处的梯度为零？

解：由梯度计算公式：

$$\mathrm{grad}\boldsymbol{u}(x,y,z)=\frac{\partial u}{\partial x}\vec{i}+\frac{\partial u}{\partial y}\vec{j}+\frac{\partial u}{\partial z}\vec{k}=(2x+3)\vec{i}+(4y-2)\vec{j}+6z\vec{k}$$

$$\mathrm{grad}\boldsymbol{u}\ (1,\ 1,\ 2)\ =5\vec{i}+2\vec{j}+12\vec{k}$$

令 $$\mathrm{grad}\boldsymbol{u}=(2x+3)\vec{i}+(4y-2)\vec{j}+6z\vec{k}=\vec{0}$$

则在 $p_0\left(-\frac{3}{2},\ \frac{1}{2},\ 0\right)$处梯度为 $\vec{0}$

思考题

1. 试从矢量与标量角度分析时间与时刻，位移与路程的区别。

2. 一物体做斜抛运动，已知在轨道上一点 P 速度大小为 v，其方向与水平方向成45°角，则在 P 点的切向加速度 a_t 为多少？

3. 点积和叉积的物理意义分别是什么？

4. 试在极坐标以及球坐标表示各自的矢量微分。

5. 若已知一空间内的压力变化函数，如何判断压力梯度变化的方向及大小？

6. 在旋度中环量的物理意义是什么？

第2章

力与力偶

2.1 力的概念及性质

（1）力的概念

力（force）是物体间的相互作用。

力系是作用于物体上的一群力。

力是矢量，既有大小也有方向。一般情况下，力分为集中力和分布力，集中力的单位为牛顿（N）；分布力单位为 N/m^2 或 Pa 和 MPa（$1MPa=10^6Pa$）。

（2）力的性质

① 力的可传性：可以沿其作用线移到刚体上的任一点而不改变力对刚体的外效应。

② 力的成对性：力是两个物体之间的相互机械作用。反作用定律：力成对出现，大小相等，方向相反，作用在不同物体上。

③ 力的可合性：两个力对物体的作用，可用一个力来等效代替。

④ 力的可分性：一个力产生两个效应，可将一个力分解成两个力。

因为力是矢量，所以力的合成和分解为矢量关系式。常用平行四边形和坐标分量等方法。

⑤ 力的可消性：一个力对物体产生的外效应，可被另一个或几个该同一物体上的外力所产生的外效应所抵消。

（3）两个重要定理

① 二力平衡定理：当物体上只作用有两个外力而处于平衡时，这两个外力一定是大小相等，方向相反，作用线重合，如“二力杆”。如图 2-1(a) 所示三角支架受力分析，以 BC 杆为研究对象如图 2-1(b) 所示，杆的受力情况是：杆 BC 只有两个力 N_B 和 N_C 作用，使 BC 平衡有且只有力 N_B 和 N_C 大小相等，方向相反，即杆 BC 为二力杆。

② 三力平衡汇交定理：由不平行的三个力组成的平衡力系必只汇交于一点。如图 2-1(a) 所示，三角支架受力分析，取 AB 杆为研究对象如图 2-1(c) 所示，AB 杆上只受三个力的作用。已知重力 G 方向和 $N_{B'}$ 方向，则 A 点所受的力必交于 G 和 $N_{B'}$ 的交点，即为三力平衡汇交定理。

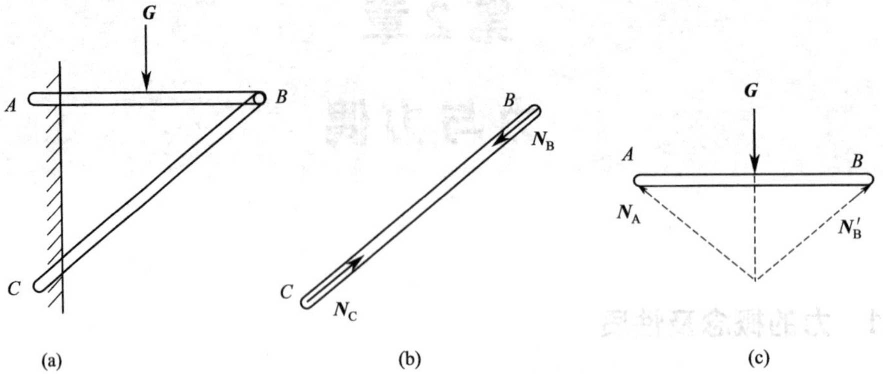

图 2-1　三角支架受力分析

2.2 刚体受力分析

任一刚体（rigid body）的运动都可以看做是两个简单运动的合成，即移动和旋转，其产生的外效应是由力和力矩产生的，如图 2-2 所示，可将力、力矩和运动分解到直角坐标系各轴上，力使刚体产生移动，力偶使刚体产生转动。

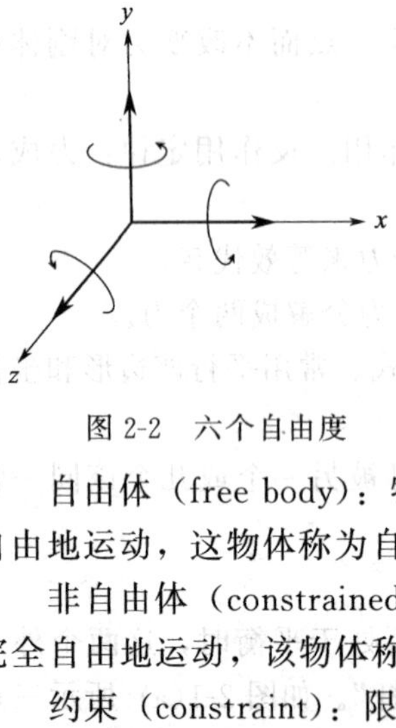

图 2-2　六个自由度

（1）约束和约束反力

自由度（freedom）：确立物体在空间的位置需独立坐标的数目，对于质点具有三个平动自由度，对于刚体具有 6 个自由度，包括 3 个平动自由度，3 个转动自由度。

自由体（free body）：物体只受主动力作用，而且能在空间沿任何方向完全自由地运动，这物体称为自由体。

非自由体（constrained body）：物体的运动在某些方向上受到了限制而不能完全自由地运动，该物体称为非自由体。

约束（constraint）：限制自由体运动的物体。

约束反力（constraint force）：约束作用给非自由体的力。

（2）常见形式

① 柔软体约束。例如绳索、链条、皮带等约束。绳索为约束，其特点：

a. 只有绳索被拉直时，才起到约束作用。

b. 这种约束只能阻止非自由体沿绳索伸长的方位朝外运动。

如图 2-3(a) 所示，滑轮提起重物，以绳为研究对象［图 2-3(b)］，绳受垂直向下拉力 T_A，因此在以重物 G 为研究对象时［图 2-3(c)］，则 T_A' 垂直向上与

重力 G 在一条直线上，且平衡。

如图 2-4 所示，链条或皮带承受拉力，当链条或皮带绕过轮子时，约束反力沿轮缘的切线方向。

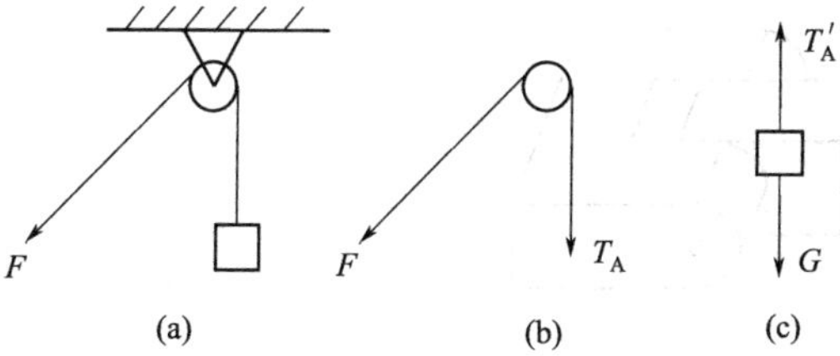

图 2-3 滑轮提起重物

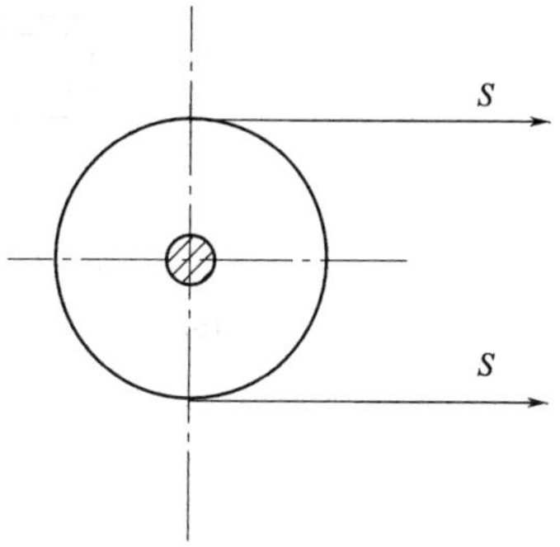

图 2-4 链条或皮带承受拉力

② 光滑接触面约束 其特点是相互作用力的作用线只能与过接触点的公法线重合。如图 2-5 所示为光滑接触面约束及非自由体受力分析。

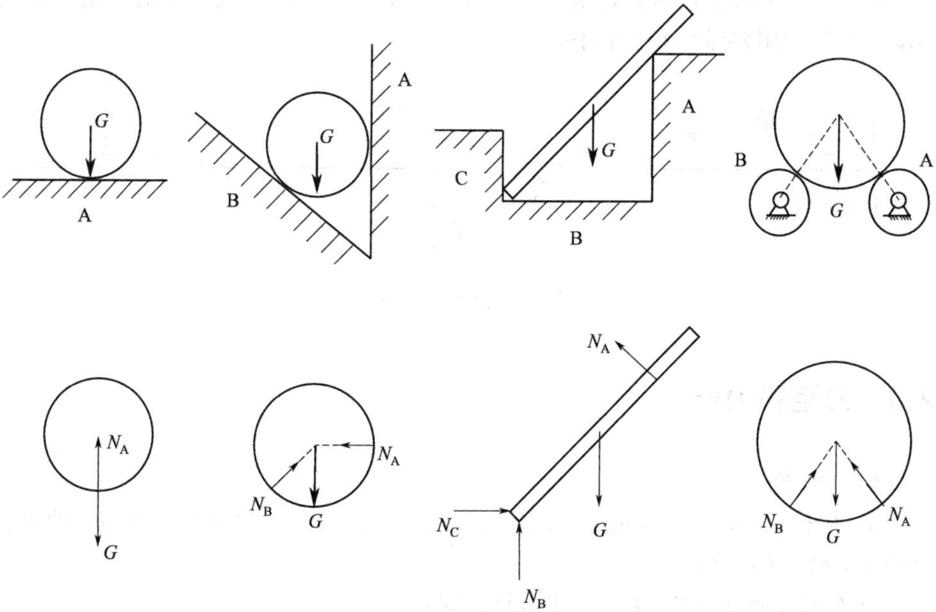

图 2-5 光滑接触面约束及非自由体受力分析

③ 铰链约束 通常是由一个带圆孔的零件和孔中插入的一个圆柱构成，其特点是约束反力的作用线方位待定，但必通过销钉的中心。

如图 2-6 所示，A、B 为两构件，圆柱销 C 插入孔中，使 A、B 构件连接在一起。

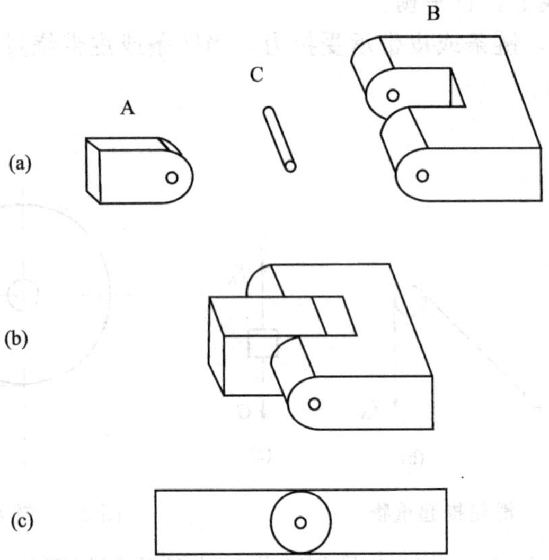

图 2-6　铰链约束

如图 2-7 所示为轴承装置结构，轴可在孔中任意转动，也可以沿孔的中心线移动，但轴承阻碍轴沿径向位移。

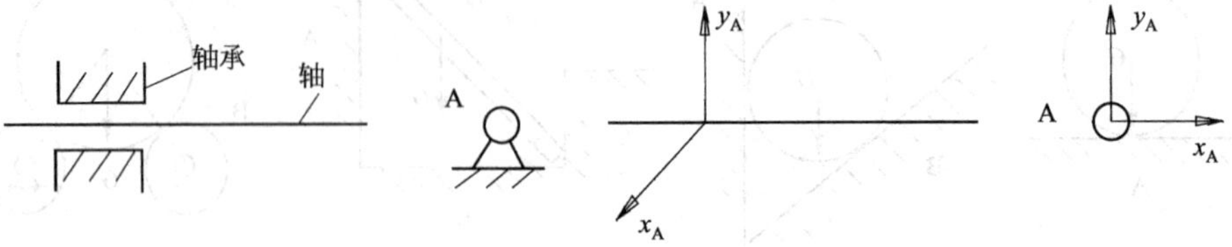

图 2-7　轴承装置结构

2.3　力矩和力偶

（1）概念

① 力矩（force moment for a given point）：力与力线到某点（矩心）的垂直距离（力臂）的乘积。

力 $\boldsymbol{F}$ 对于点 o 之矩 $\boldsymbol{M}$ 是矢积运算，即：

$$\boldsymbol{M}=\boldsymbol{r}\times\boldsymbol{F} \tag{2-1}$$

如图 2-8 所示，$\boldsymbol{r}$ 是力作用点 P 到点 o 的位置矢量，$\boldsymbol{M}$ 为力 $\boldsymbol{F}$ 绕点 o 的力矩。力矩的大小为：

$$|\boldsymbol{M}|=|\boldsymbol{r}||\boldsymbol{F}|\sin\alpha$$

$$\boldsymbol{M}(\boldsymbol{F})=\pm \boldsymbol{F}\boldsymbol{h}\quad (\mathrm{N}\cdot\mathrm{m}) \tag{2-2}$$

其方向符合右手法则，即 $\boldsymbol{M}$ 是垂直于 $\boldsymbol{r}$ 和 $\boldsymbol{F}$ 所在平面的一矢量，$\boldsymbol{r}$、$\boldsymbol{F}$ 和 $\boldsymbol{M}$ 构成一个右手法则系统。

当 $\boldsymbol{r}=x\boldsymbol{i}+y\boldsymbol{j}+z\boldsymbol{k}$，$\boldsymbol{F}=F_x\boldsymbol{i}+F_y\boldsymbol{j}+F_z\boldsymbol{k}$，$\boldsymbol{M}=M_x\boldsymbol{i}+M_y\boldsymbol{j}+M_z\boldsymbol{k}$

则：

$$\boldsymbol{M}=\boldsymbol{r}\times\boldsymbol{F}=\begin{vmatrix}\boldsymbol{i} & \boldsymbol{j} & \boldsymbol{k}\\ x & y & z\\ F_x & F_y & F_z\end{vmatrix}=(F_zy-F_yz)\boldsymbol{i}+(F_xz-F_zx)\boldsymbol{j}+(F_yx-F_xy)\boldsymbol{k} \tag{2-3}$$

② 力偶（couple）：一对等值、反向、作用线不重合的力，它对物体产生的是纯转动效应。因此力是描述物体的移动外效应，力偶是描述物体的转动外效应。

③ 力偶矩（moment of a couple）：力偶的两个力对某点之矩的代数和。

如图 2-9 所示，组成力偶的力 $\boldsymbol{F}$ 和 $-\boldsymbol{F}$，分别对点 o 取矩，其合力偶矩 $\boldsymbol{M}$ 为：

$$\boldsymbol{M}=\boldsymbol{r}_1\times\boldsymbol{F}+\boldsymbol{r}_2\times(-\boldsymbol{F})=(\boldsymbol{r}_1-\boldsymbol{r}_2)\boldsymbol{F}=\Delta\boldsymbol{r}\times\boldsymbol{F} \tag{2-4}$$

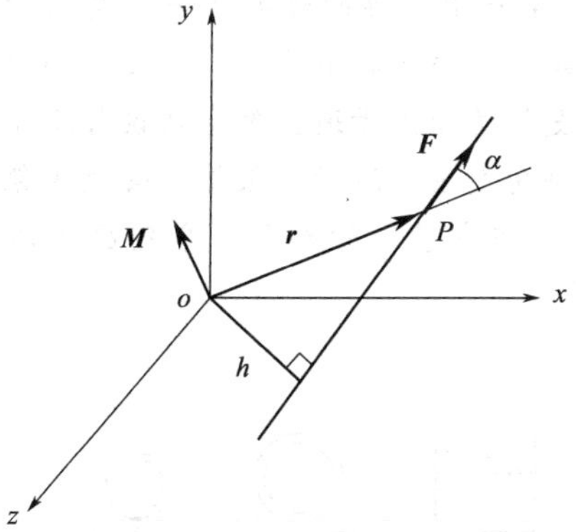

图 2-8 力矩

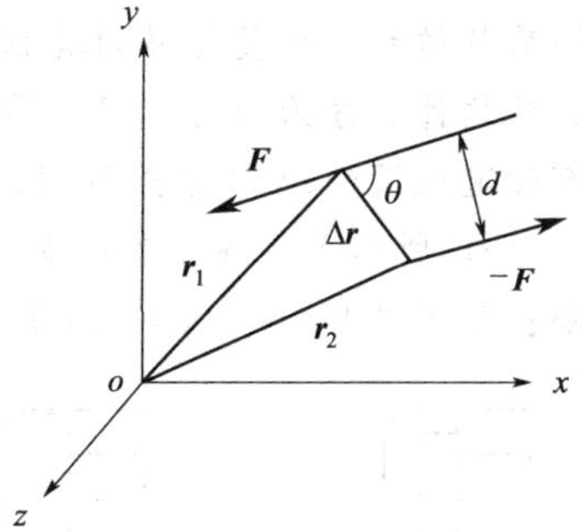

图 2-9 力偶

力偶矩 $\boldsymbol{M}$ 大小为：

$$|\Delta\boldsymbol{r}\times\boldsymbol{F}|=|\Delta\boldsymbol{r}||\boldsymbol{F}|\sin\theta$$

设 d 为力偶的两个力之间的垂直距离，大小为：

$$d=|\Delta\boldsymbol{r}|\sin\theta \tag{2-5}$$

力偶矩为：

$$\boldsymbol{M}=\boldsymbol{M}(\boldsymbol{F},-\boldsymbol{F})=\pm\boldsymbol{F}d \tag{2-6}$$

力偶矩方向是垂直于力偶的两个力组成的平面。

注：点 o 是任意的点，力偶矩与选择点 o 无关。

④ 力偶不能用一个力来等效代替，但可代数合成。

$$m=\sum m_i=m_1+m_2+m_3+\cdots \tag{2-7}$$

(2) 力的平移定理

一个力可以用一个与之平行且相等的力和一个附加力偶来等效代替。反之，一个力和一个力偶也可以用另一个力等效代替。如图 2-10 所示，力 F 作用在刚体上，在点 O' 上假想作用一对大小相等（且都等于 F'）、方向相反的力 F' 和 F''，这时刚体的外效应是不变的。把 F 和 F'' 组成新的力偶 m，则力 F 从一点移到点 O'，相当于在点 O' 上作用着力 F' 和力偶 m，此时刚体表现出来的外效应是不变的，反之亦然。

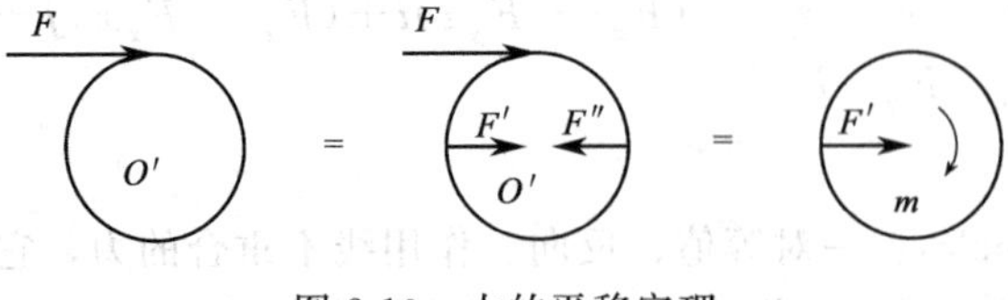

图 2-10　力的平移定理

工程实践例题与简解

例 2-1　塔设备是化工、石油化工、炼油生产中重要的设备之一，是用于相际间传质、传热的设备。所谓传质、传热是体系中由于物质浓度、温度不均匀而发生的质量转移、热量转移的过程。而管道支架是指用于地上架空敷设管道支承的一种结构件。分为固定支架、滑动支架、导向支架、滚动支架等。管道支架在任何有管道敷设的地方都会用到，又被称做管道支座、管部等。分别画出图 2-11(a)、(c) 所示塔设备、管道支架的受力图。

解： 如图 2-11(b)、(d) 所示。

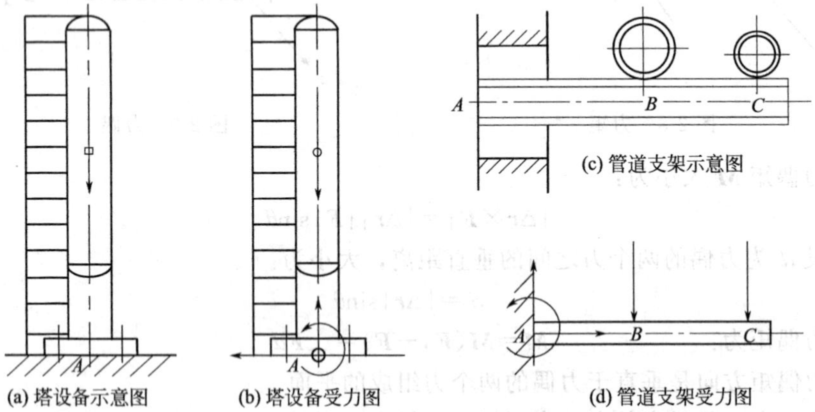

图 2-11　例 2-1 图

例 2-2　卧式储罐是用以储存原油、植物油、化工溶剂、水或其他石油产品的长形容器。是由端盖及卧式圆形或椭圆形罐壁和鞍座所构成，通常用于生产环节或加油站。卧式储罐的容积一般都小于 $100m^3$，它一般为圆形、椭圆形，也有其他不规则形状。某化工厂的卧式容器，全长为 L，如图 2-12(a) 所示，假设容器总重量（包括物料、保温层等）Q 沿梁的全长均匀分布，支座 B 采用固定式鞍座，支座 C 采用活动式鞍座。试画出容器的受力图。

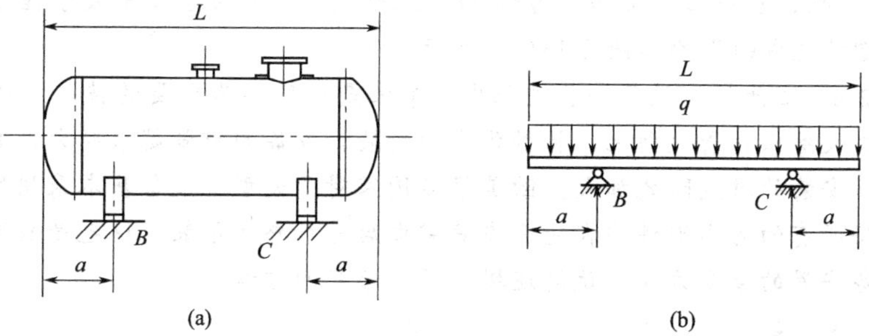

图 2-12 例 2-2 图

解： 首先将容器简化成结构简图，B 端简化为固定铰链支座，C 端为滚动铰链支座［图 2-12(b)］。再以整个容器为研究对象，已知的主动力为总重 Q，沿梁的全长均匀分布，因而梁上受均布载荷 $q(q=Q/L)$。

例 2-3 塔设备种类繁多，蒸馏塔是进行蒸馏的一种塔式气液接触装置。有板式塔与填料塔两种主要类型。板式塔比较常见，其构造可分为塔板、再沸器、冷凝器三个部分。蒸馏塔蒸馏原理是将液体混合物部分汽化，利用其中各组分挥发度不同的特性，实现分离。塔釜为液体，塔顶馏出气体。现有如图 2-13(a) 所示的侧面附有悬挂件的蒸馏塔，悬挂件的总重量为 Q，与主塔中心线间有一偏心距 e，试用力的平移方法分析力 Q 对主塔支座所起的作用效果。

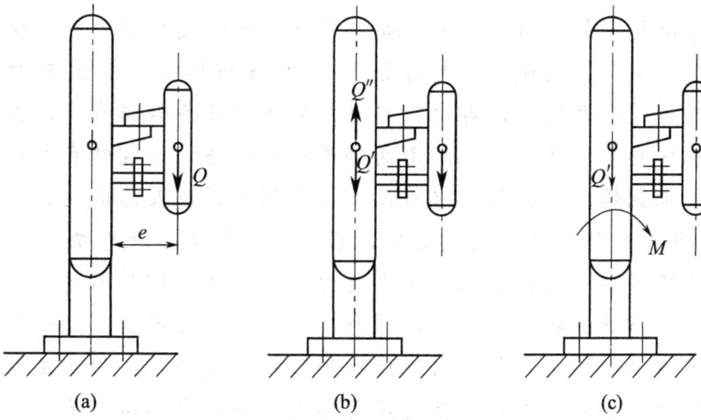

图 2-13 例 2-3 图

解： 悬挂件的重量为 Q，悬挂件的质量通过连接件传递到蒸馏塔上，蒸馏塔底座承受全部重量。分析挂件对蒸馏塔力的作用，将挂件的重力平移到蒸馏塔质心上，由于与挂件有一偏心距 e 存在如图 2-13(a) 所示，在平移到主体质心的时候 $Q'=Q$，此时为保证平衡，需要添加一个支座给予的和 Q' 等大反向共线的力 Q'' 来平衡竖直方向的受力如图 2-13(b) 所示，为了平衡偏心距造成的大小为 $Q\times e$ 的力矩，在质心处添加一力偶 M，此时 Q' 及 M 的组合等效于挂件的重力 Q 对蒸馏塔造成的影响如图 2-13(c) 所示。

例 2-4 石油化工设备安装过程中，吊装是一项极为重要的技术（图 2-14）。石油化工设备正朝着大型化、特种化方向发展，设备的重量越来越大，高度也越来越高，安装的难度随之加大。欧美很多国家对于大型化设备基本采用的是整体吊装，将所有的塔内附件均在地面安装完成后进行整体吊装，这也是我国今后大型塔设备安置的重要方向。试简述塔器整体吊装的过程。

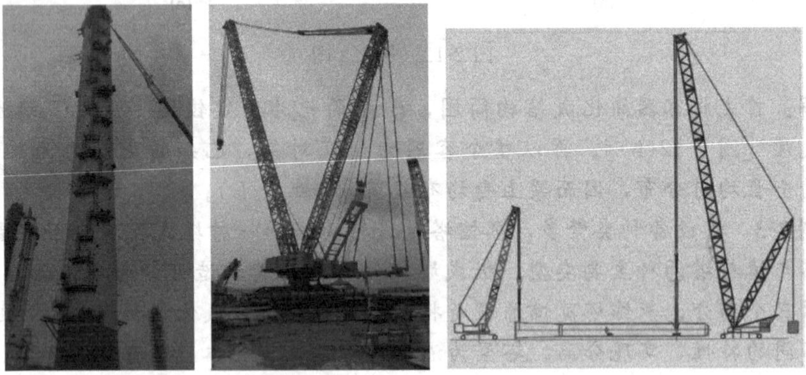

图 2-14 例 2-4 图

解： 通过地面组装成型，使原来需要进行高空散装的工作在地面拼装和延伸，然后整体吊起安装，省去了大量高空作业，大幅度缩短工期减少成本，塔器立起就可以投入生产，实现“塔起灯亮”。裙座支撑塔器吊装主要由主起重机与溜尾起重机提升并离开地面，再由双起重机协同将设备翻转直立，主履带起重机和溜尾起重机提升并离开地面，再由两辆吊机协同将设备翻转直立；在直立状态时，溜尾起重机脱钩，由主起重机将设备吊装到安装位置落地就位。

例 2-5 耳式支座又称悬挂式支座，它由筋板和支脚板组成，广泛应用于反应釜及立式换热器等治理设备上，优点是简单，轻便，但对器壁会产生较大的局部应力。因此，当设备较大或器壁较薄时，应在支座与器壁间加一垫板，垫板的材料最好与筒体材料相同，如不锈钢设备用碳钢作支座时，为防止器壁与支座在焊接过程中合金元素的流失，应在支座与器壁间加一个不锈钢垫板。已知某悬臂梁如图 2-15(a)、(b) 所示，试简述其受力。

解： 如图 2-15(c) 所示，耳式支座在水平方向上不受力的作用，在竖直方向上受到一个容器所给的向下的压力 F_A，以及向上的支持力 F，由于 F 与 F_A 不是共点力，所以若要平衡需在 A 端加一个与之大小相等方向相反的力矩 M_A。

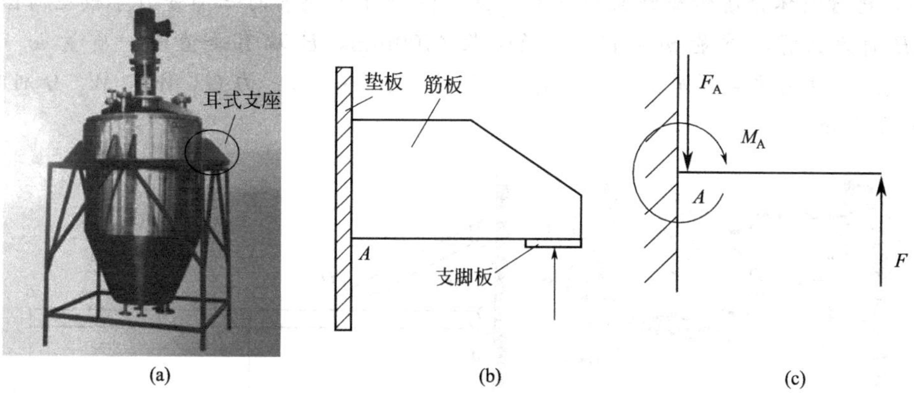

图 2-15 例 2-5 图

例 2-6 法兰连接是压力容器上最常用的一种连接结构，由于生产操作的需要以及制造、安装、检修和运输上的方便，压力容器常设计成可拆卸的结构。例如各种接管与外管路的连接，人孔、手孔盖的连接，以及某些容器的封头。如图 2-16 所示，某压力容器接管及法兰连接，已知接管质量为 2.3kg，法兰质量为 4.0kg。

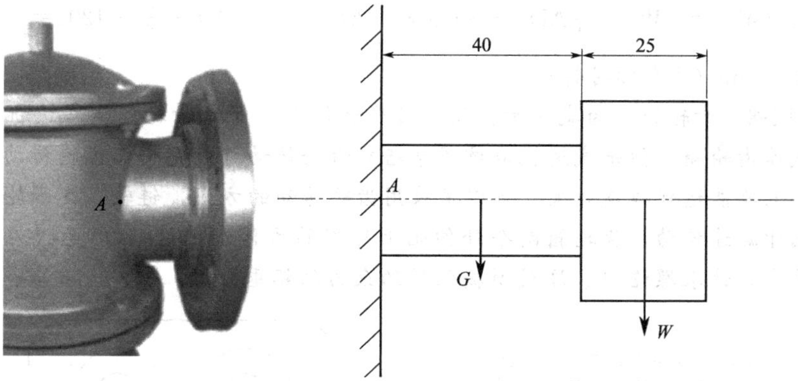

图 2-16 例 2-6 图

求：接管重力 G 和法兰重力 W 对 A 端的力矩。

解：

$$G=2.3\times9.8=22.54\ (\mathrm{N})$$

$$W=4.0\times9.8=39.2\ (\mathrm{N})$$

$$M_A(G)=G\times20=22.54\times20=450.8\ (\mathrm{N})$$

$$M_A(W)=W\times(40+12.5)=39.2\times52.5=2058\ (\mathrm{N\cdot mm})$$

例 2-7 鹤管是石化设备行业流体装卸的专用设备，又称流体装卸臂。是由转动灵活、密封性好的旋转接头与管道串联起来，用于槽车与栈桥储运管线之间，进行液体介质传输作业的设备。图 2-17 所示为鹤管的一部分力学模型简图，AB 杆为长臂，质量 $m=15\text{kg}$，AB 长 4100mm，B 端有垂直管，质量 $w_1=10\text{kg}$，ED 为平衡器质量 $w_2=5\text{kg}$，AD 长 12mm。求：力 G，W_1，W_2 分别对点 A 之矩。

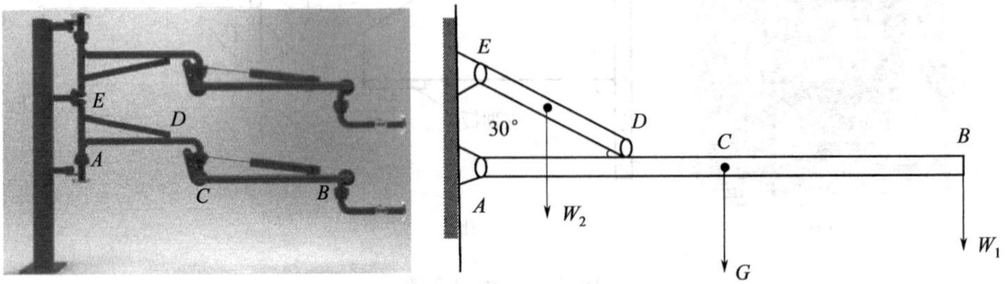

图 2-17 例 2-7 图

解： $M_A(G)=-G\times AC=-mg\times AC=-15\times 9.8\times 2050=-301.5\times 10^3$ (N·mm)(方向顺时针)

$M_A(W_1)=-W_1\times AB=-w_1 g\times AB=-10\times 9.8\times 4100=-401.8\times 10^3$ (N·mm)(方向顺时针)

$M_A(W_2)=-W_2\times \frac{1}{2}\text{AD}=-w_2 g\times \frac{1}{2}AD=-5\times 9.8\times \frac{1}{2}\times 1200=-29.4\times 10^3$ (N·mm)(方向顺时针)

例 2-8 齿轮箱分为减速齿轮箱、增速齿轮箱、变速齿轮箱。减速机就是其中的减速齿轮箱。但是减速机应该还包括非齿轮传动（或完全非齿轮传动）的减速机，只要能达到减速效果，可以不采用齿轮传动的方式，链轮、皮带轮等，都可以用于减速传动，齿轮箱两个外伸轴上作用的力偶如图 2-18 所示。为保持齿轮箱平衡，试求螺栓 A、B 处所提供的约束力的铅垂分力。

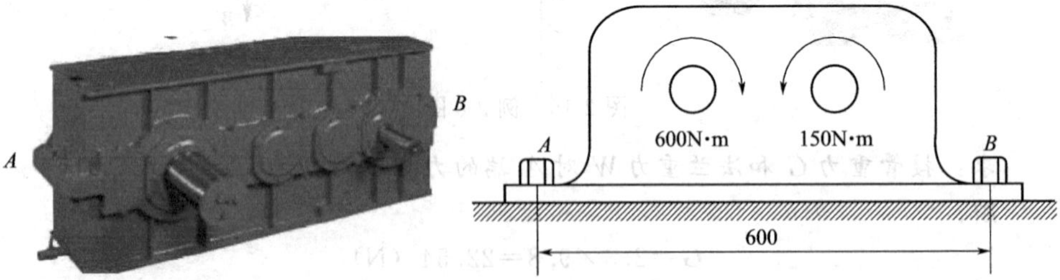

图 2-18 例 2-8 图

解： 根据力偶系的合成结果，作用在齿轮箱的两个外加力偶可以合成一个力偶。根据力偶的平衡理论，力偶只能与力偶平衡。因此，螺栓 A、B 处所提供的约束力的铅垂分力 $\boldsymbol{F}_A$ 和 $\boldsymbol{F}_B$ 必然要组成一个力偶与外加力偶系的合力偶相平

衡。于是有

$$-600+150+F_A\times0.6=0\rightarrow F_A=F_B=750\text{N}$$

例 2-9 带传动具有结构简单、传动平稳、能缓冲吸振、可以在大的轴间距和多轴间传递动力，且造价低廉、不需润滑、维护容易等特点，在近代机械传动中应用十分广泛。摩擦型带传动能过载打滑、运转噪声低，但传动比不准确（滑动率在2%以下）；同步带传动可保证传动同步，但对载荷变动的吸收能力稍差，高速运转有噪声。带传动除用以传递动力外，有时也用来输送物料、进行零件的整列等。

如图 2-19 所示带轮，已知 $T_1=200\text{N}$，$T_2=100\text{N}$，$D=160\text{mm}$，求 $M_B(T_1)+M_B(T_2)=?$

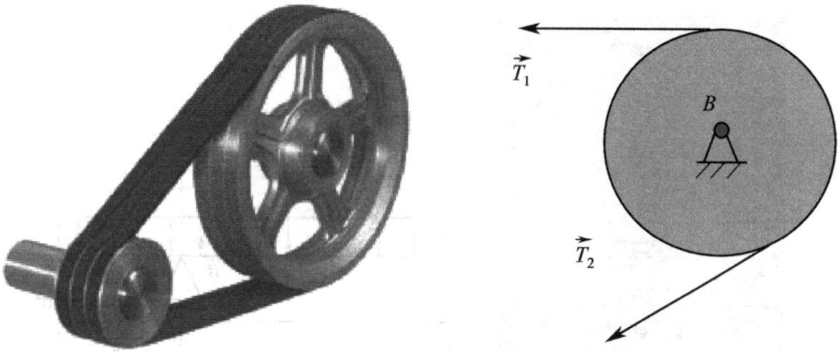

图 2-19 例 2-9 图

解：

$$M_B=\sum M_B(\vec{F}_i)=T_1\times\frac{D}{2}-T_2\times\frac{D}{2}$$

$$=(200-100)\times\frac{160}{2}$$

$$=8000\ (\text{N}\cdot\text{mm})=8\ (\text{N}\cdot\text{m})$$

例 2-10 支座的作用是支撑设备，固定其位置。塔式容器底部引出管宜伸出裙座壳外。一般情况下，引出管在裙座壳内不应设置法兰连接，当引出管内的物料易产生聚集、结焦等情况需清理或更换引出管时，在裙座壳内的引出管可采用法兰连接。当操作介质温度大于−20℃时，引出管在引出孔加强管处应设置支撑板，如图 2-20 所示。引出孔加强管与裙座壳的连接焊缝应采用全焊透结构。试分析图中裙座支撑板对于引出管的力的作用（$L_1>L_2$）。

解：简化管段，将三个活动支撑板简化为可移动铰支座，忽略横向偏移，由于产品从塔式容器内沿引出管流出，左侧拐角处到一个向下的流动冲击，简化为一个向下的力 F_A，经分析，在横向无力的作用，在垂直向为了平衡 F_A 以及管道上的均载 q，需在 B 点和 C 点有力与之平衡，并且保证梁上力矩的平衡。

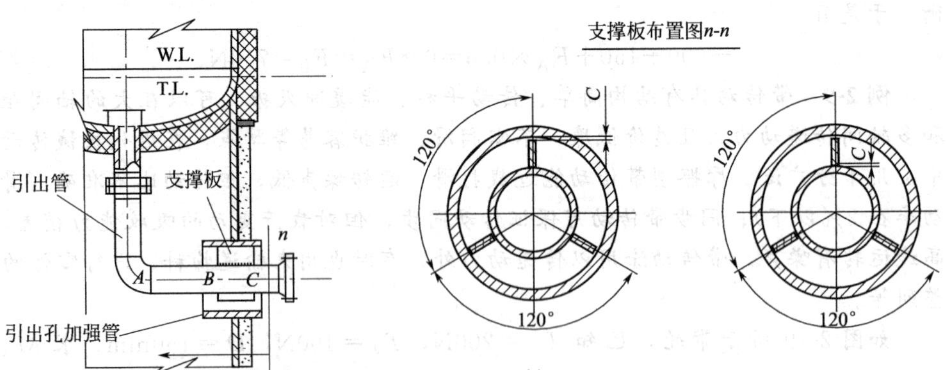

(a)

W.L.—焊缝；T.L.—切线；C—间隙

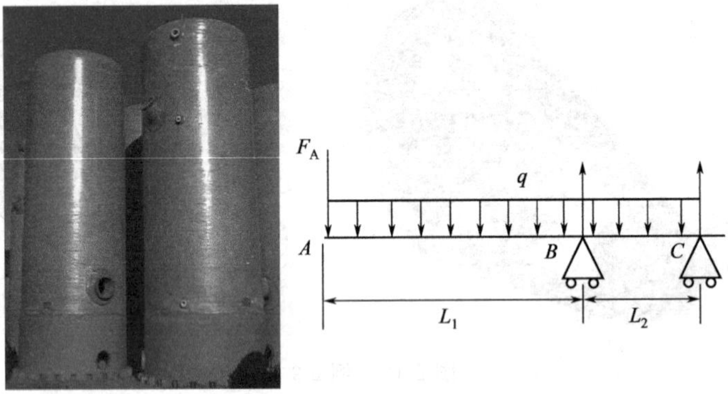

(b)

图 2-20　例 2-10 图

例 2-11　管道支架是指用于地上架空敷设管道支承的一种结构件。分为固定支架、滑动支架、导向支架、滚动支架等。设置固定点的地方为固定支架。铆接（riveting）即铆钉连接，是一个机械词汇，是利用轴向力将零件铆钉孔内钉杆墩粗并形成钉头，使多个零件相连接的方法，将槽钢连接，成为组合式支架的一部分。现在有一个段槽钢的铆接部分，如图 2-21 所示，现将 A、B、C 三点的力平移到 D 点，设 D 点的合力为 R，已知 $P_1=100\text{N}$ 沿铅垂方向，$P_2=50\text{N}$ 沿 AB 方向，$P_3=50\text{N}$ 沿水平方向；$AC=BD=6\text{m}$，$DA=BC=8\text{m}$。现计算出 R 力的大小，画出平移后的力和力矩。

解：

$$X=P_2\cos\alpha+P_3=50\times\frac{6}{\sqrt{6^2+8^2}}+50=80\ \text{(N)}$$

$$Y=P_2\sin\alpha+P_1=50\times\frac{8}{\sqrt{6^2+8^2}}+100=140\ \text{(N)}$$

合力的大小和方向：

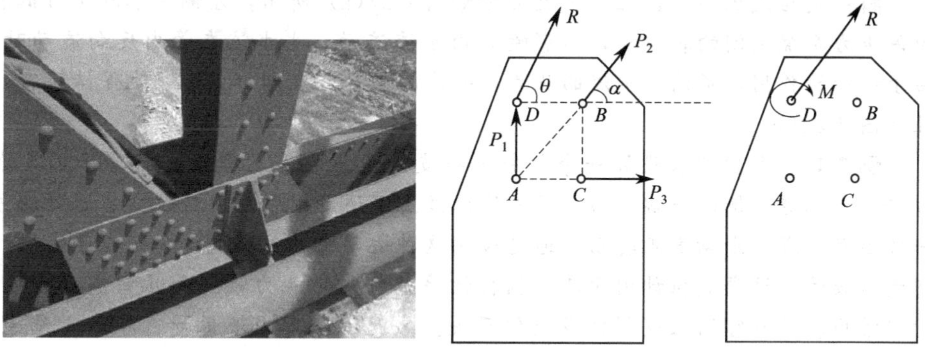

图 2-21　例 2-11 图

$$R=\sqrt{X^2+Y^2}=\sqrt{80^2+140^2}=161\ \text{(N)}$$

$$\theta=\arctan\frac{Y}{X}=\arctan\frac{140}{80}=60.3^\circ$$

合力偶矩：

$$M_1=P_3\cos\theta\times\sqrt{6^2+8^2}=247.73\text{N}\cdot\text{m}$$

$$M_2=P_2\sin\alpha\times 6=240\text{N}\cdot\text{m}$$

$$M=M_1+M_2=487.73\text{N}\cdot\text{m}$$

例 2-12　止回阀是指启闭件为圆形阀瓣并靠自身重量及介质压力产生动作来阻断介质倒流的一种阀门。属自动阀类，又称逆止阀、单向阀、回流阀或隔离阀。阀瓣运动方式分为升降式和旋启式。旋启式止回阀有一个斜置并能绕轴旋转的阀瓣，工作原理与升降式止回阀相似。止回阀常用作抽水装置的底阀，可以阻止水的回流。止回阀与截止阀组合使用，可起到安全隔离的作用。缺点是阻力大，关闭时密封性差。

将止回阀化为梁的简化模型，并分析其受力。

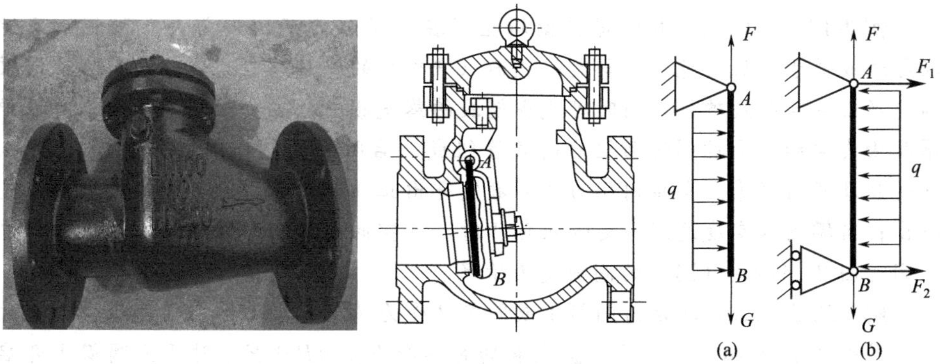

图 2-22　例 2-12 图

解： 旋启式止回阀，在正常流动时如图 2-22(a) 所示，左侧受水流压力抵消阀盖重力而绕上侧的轴转动，不影响管内水流流动，当水流在管内反向流动时，由于机构的作用，抵消了水流的压力，并使阀盖紧靠在阀口上进一步保持了密封性［图 2-22(b)］。

例 2-13 物位仪表设置一个杠杆并将支点设置在容器壁上，将浮子固定在杠杆位于容器内侧的一端，当浮子随液面做上下运动时带动杠杆位于容器外的另一端运动，或者带动支点转动，通过检测这种运动中的位移或转角可以在容器外部读取液位。这类液位计由于其结构特性导致抗外力能力较强和具有高可靠性，所以常用在移动容器上或制作成液位开关。常见有：船用液位计、浮球开关等。试简述浮球液位计的受力［图 2-23(a)］。

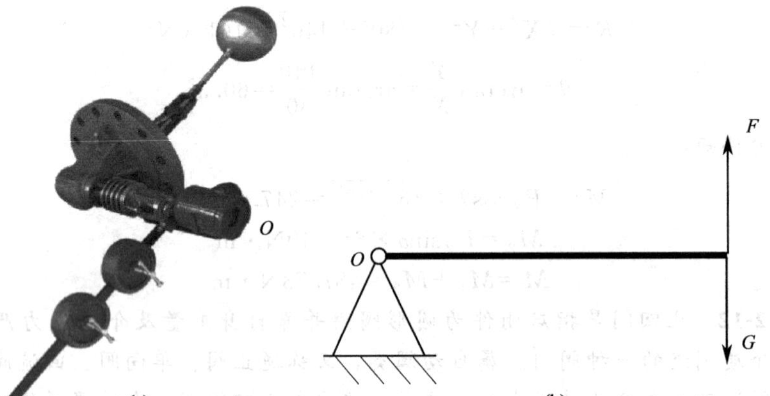

(a) (b)

图 2-23 例 2-13 图

解： 如图 2-23(b) 所示，在容器内的空心浮球，受到容器内的液体给的一个浮力 F 与自身重力 G 平衡，随着液位的改变，浮力克服重力将杆件绕 O 点转动，通过杆件角度的改变使得容器外的指示表发生改变，读取数据。

例 2-14 呼吸阀是指既保证储罐空间在一定压力范围内与大气隔绝，又能在超过或低于此压力范围时与大气相通（呼吸）的一种阀门。其作用是防止储罐因超压或真空导致破坏，同时可减少储液的蒸发损失。主要由阀座、阀罩、保护罩及由真空和压力控制的两组启闭装置组成。启闭装置包括阀瓣、导杆、弹簧、弹簧座及密封环等。当罐内压力达到额定呼出正压时，压力阀瓣开启，罐内蒸气排出；当罐内真空度达到额定吸入负压时，真空阀瓣开启，空气进入。试分析呼吸阀［图 2-24(a)、(b)］的阀瓣受力情况。

解： 图 2-24(c) 所示为阀瓣 1 或阀瓣 2 受力情况，当储罐内气体压力 $F_{内}$ 大于外界气压 P 与阀固有压力 $F_{固}$ 之和的时候即 $F_{内} \geqslant P + F_{固}$ 时压力阀瓣 1 开启泄压，当储罐内压力 $F_{内}$ 小于外界大气压 P 与阀固有压力 $F_{固}$ 之和的时候即

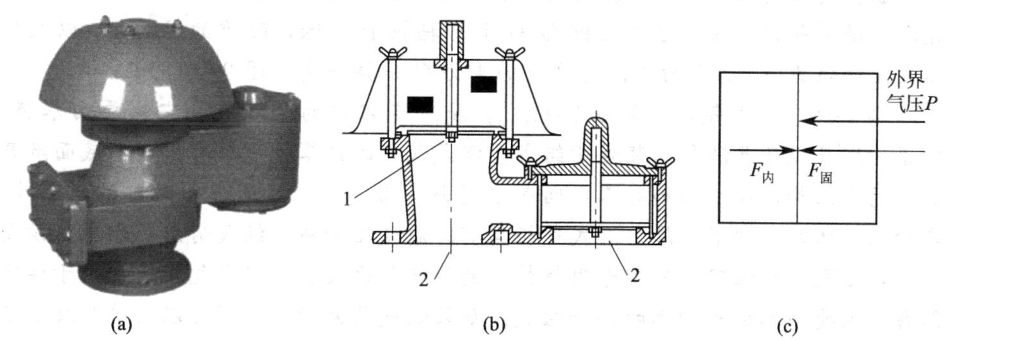

图 2-24 例 2-14 图

1,2—压力阀瓣

$F_内 \leqslant P + F_固$ 压力阀瓣 2 开启，空气进入储罐，阀瓣两侧的力构成二力平衡。

例 2-15 气柜（gas holder，gas tank）：用于储存各种工业气体，同时也用于平衡气体需用量的不均匀性的一种容器设备。可以分为低压气柜和高压气柜两大类。前者又有湿式与干式两种结构。干式低压气柜的基础费用低，占地少，运行管理和维修方便，维修费用低，无大量污水产生，煤气压力稳定，寿命可长达 30 年。威金斯气柜又称橡胶膜密封干式气柜，外部结构为圆柱形筒体，其工作原理主要是借助柜内活塞的升降来改变柜内的容积，其作用是暂时储存和混匀煤气、稳定管网压力［图 2-25(a)、(b)］。已知工作过程中主要受到一个配重向上的拉力 F_1，气体向上的推力 F_2，以及一个活塞系统本身的重力 G。试分析气柜内部活塞挡板 Q 受力上升与 P 之间的力的作用。

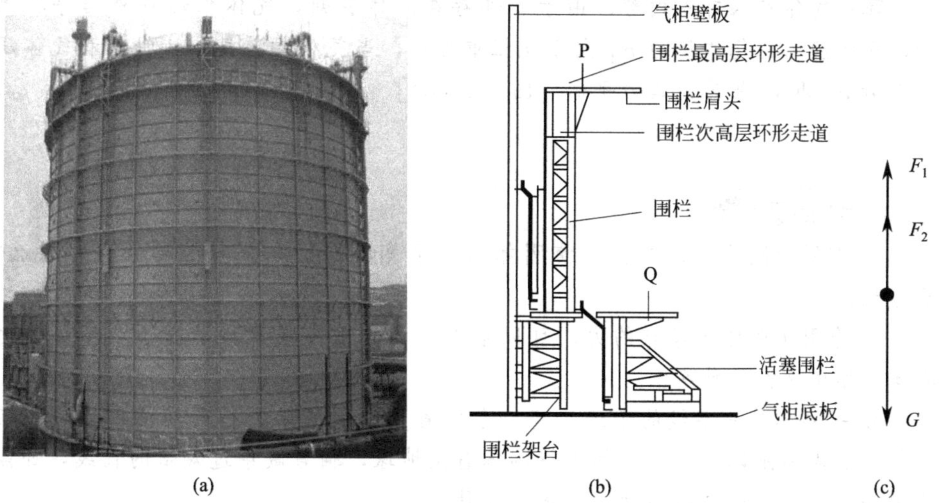

图 2-25 例 2-15 图

解： 气体充入内部，活塞受力上移，橡胶膜从波纹板上卸下由褶皱状态变得光滑，随着气体充入，活塞挡板Q与T形挡板P接触，配重的拉力 F_1 以及气体向上的推力 F_2 的合力与活塞系统的重力 G 保持平衡［图 2-25(c)］。

例 2-16 湿式气柜［图 2-26(a)］，属可变容积的金属柜，它主要由水槽、钟罩、塔节以及升降导向装置所组成。湿式气柜的钟罩是一个有拱顶的底面敞开的圆筒形结构，在水槽和钟罩之间是水密封。当向气柜压送气体时，钟罩上升；在输出气体时，钟罩下降。湿式气柜具有防腐处理措施，经久耐用，基础建设要求低，沼气压力恒定；采用专用材料，使用寿命比较长。湿式气柜通常用于煤气储存，主要由水槽和钟罩两部分组成。如果储气量大时，钟罩可以由单层改成多层套筒式，各节之间以水封环形槽密封。寒冷地区为防冬季密封用水结冰，必须加防冻液或加热槽中的水。湿式气柜构造简单，承受压力大。试通过二力平衡简述湿式气柜的工作原理。

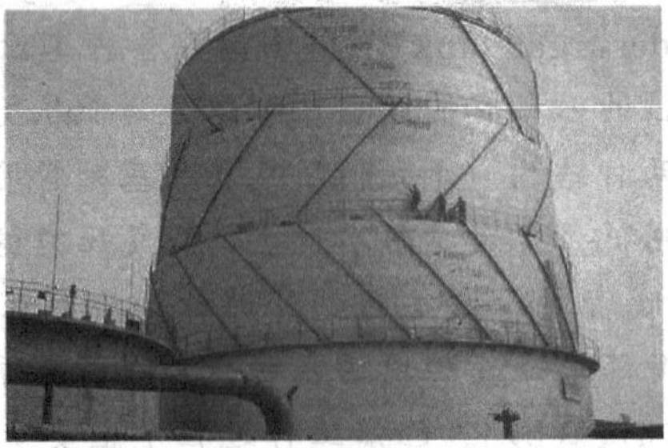
(a)

(b)

图 2-26 例 2-16 图

解： 气体充入钟罩内部，由于底部存在液体密封，气体推动钟罩沿导轨上行，气柜静止前气体压力 F_1 大于气柜重力 G，当气柜蓄满气体，钟罩和气体压力平衡 F_1 和 G 相等，二力平衡［图 2-26(b)］。

思考题

1. 作用于刚体上的二力，使刚体保持平衡状态的充分与必要条件是什么？三力呢？

2. 作用于刚体上某点的力，可以沿着它的作用线任意移动而不改变该力对刚体的作用么？为什么？

3. 一刚体受一条线的牵连，绕一条垂直于地面的轴进行圆周运动，试用转动与移动描述刚体的运动。如果将刚体看做地球，轴看做穿过太阳的直线，还能否用相同的方式来进行运动的描述？为什么？

4. 分析①齿轮与轴的键连接、②三爪卡盘卡住工件、③在立方体上加工通孔。各限制几个自由度，如何限制自由度？

5. 平面一般力系简化的结果有哪些？

6. 简述力偶、力矩、力偶矩之间的关系。

7. 力的性质有哪些？

8. 工程上常见的约束形式有哪些？并举例说明？

第3章

静力学

静力学（statics）是研究质点系受力作用时的平衡规律。平衡即物体相对于惯性参照系处于静止或作匀速直线运动的状态，就是加速度为零时的状态。

3.1 平面力系问题

（1）概念

平面力系：作用于刚体上的外力处于同一平面内。

平面汇交力系：平面力系中各力汇交于一点。

平面平行力系：平面力系中各力相互平行。

平面一般力系：平面力系中各力既不汇交于一点也不彼此平行。

平面力偶系：平面力系中只有力偶作用。

（2）平面汇交力系

① 平面汇交力系简化（解析法） 将一个力在直角坐标系中分别沿 x 轴、y 轴分解，如图 3-1 所示，其合力为 x、y 轴上各力代数和。

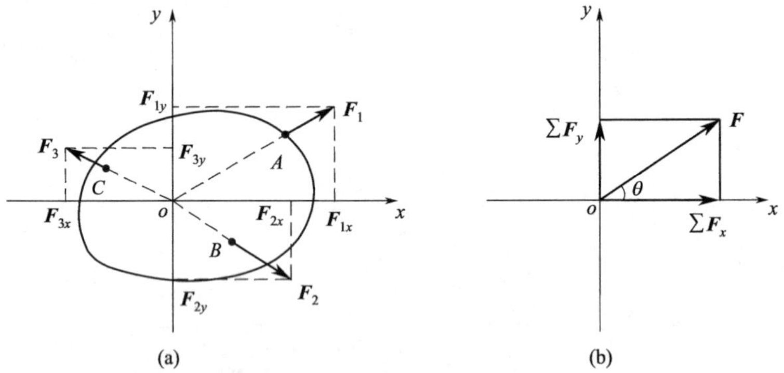

图 3-1 平面汇交力系解析法

在 x 轴方向上：$\boldsymbol{F}'_x=\boldsymbol{F}_{1x}+\boldsymbol{F}_{2x}+\cdots\cdots=\sum\boldsymbol{F}_x$

在 y 轴方向：$\boldsymbol{F}'_y=\boldsymbol{F}_{1y}+\boldsymbol{F}_{2y}+\cdots\cdots=\sum\boldsymbol{F}_y$

合力：$$\boldsymbol{F}=\sqrt{(\sum\boldsymbol{F}_x)^2+(\sum\boldsymbol{F}_y)^2} \tag{3-1}$$

$$\theta = \arctan \frac{\sum F_y}{\sum F_x} \tag{3-2}$$

式中，θ 为$\sum F_x$ 与 $\boldsymbol{F}$ 的夹角。

② 平面汇交力系平衡　刚体在外力作用下处于平衡，实际上是这些外力对刚体所产生的外效应相互抵消，即总的外效应为零，也就是合力为零。

平衡条件为：

$$\begin{cases} \sum F_x = 0 \\ \sum F_y = 0 \end{cases} \tag{3-3}$$

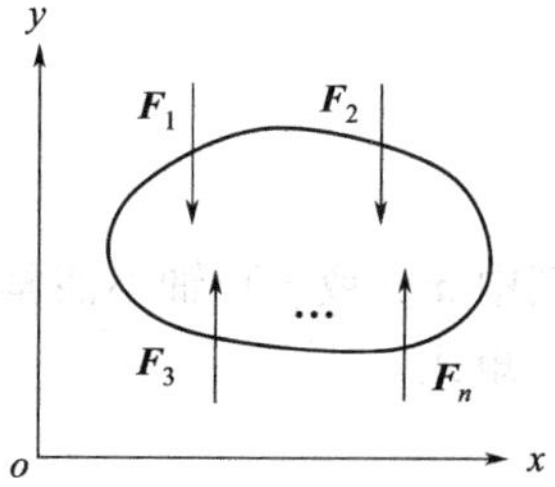

图 3-2　平面平行力系

(3) 平面平行力系

如图 3-2 所示，为一平面平行力系，取 y 轴平行于各力作用线。

其中$\sum F_x = 0$ 为恒能满足，因此其平衡方程为：

$$\begin{cases} \sum F_y = 0 \\ \sum M_0(F) = 0 \end{cases} \tag{3-4}$$

式中，$\sum M_0(F)$ 表示力 $\boldsymbol{F}$ 对 o 点的力偶矩。

(4) 平面力偶系

平面力偶系平衡的充分必要条件是：所有各力偶矩的代数和等于零，即：

$$M = \sum M_i = 0 \tag{3-5}$$

(5) 平面一般力系

平面一般力系即作用在物体上的力都分布在同一个平面内，或近似地分布在同一平面内，同时它们的作用线任意分布且不交于一点。

① 平面一般力系简化　如图 3-3 所示，根据力的平移定理，将各力向一点平移，求汇交合力 F_0 和合力偶矩 M_0，再根据 F_0、M_0 和力的平移定理，求得合力 $\boldsymbol{F}$。

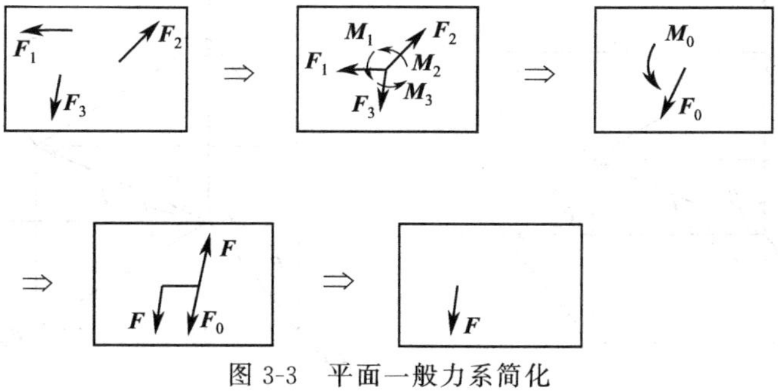

图 3-3　平面一般力系简化

② 平面一般力系平衡　平面一般力系平衡条件是：刚体不发生转动（即合力偶矩为零），刚体也不发生移动（即合力为零）。基本形式为：

$$\begin{cases}\sum \boldsymbol{F}_x = 0 \\ \sum \boldsymbol{F}_y = 0 \\ \sum \boldsymbol{M}_0(\boldsymbol{F}) = 0\end{cases} \tag{3-6}$$

二矩式：

$$\begin{cases}\sum \boldsymbol{F}_x = 0 \\ \sum \boldsymbol{M}_A(\boldsymbol{F}) = 0 \\ \sum \boldsymbol{M}_B(\boldsymbol{F}) = 0\end{cases} \tag{3-7}$$

其中 x（或 y）轴不能垂直于 AB 直线。

三矩式：

$$\begin{cases}\sum \boldsymbol{M}_A(\boldsymbol{F}) = 0 \\ \sum \boldsymbol{M}_B(\boldsymbol{F}) = 0 \\ \sum \boldsymbol{M}_C(\boldsymbol{F}) = 0\end{cases} \tag{3-8}$$

其中，A，B，C 三点不在同一直线上。

3.2 空间力系问题

空间力系是指力系中各力不在同一平面内。

（1）力在空间直角坐标轴上的投影

① 直接投影法　如图 3-4(a) 所示，力 $\boldsymbol{F}$ 在 x，y，z 轴上的投影分别是 $\boldsymbol{F}_x$，$\boldsymbol{F}_y$，$\boldsymbol{F}_z$，其夹角依次为 α，β，γ，则：

$$\begin{cases}\boldsymbol{F}_x = \boldsymbol{F}\cos\alpha \\ \boldsymbol{F}_y = \boldsymbol{F}\cos\beta \\ \boldsymbol{F}_z = \boldsymbol{F}\cos\gamma\end{cases} \tag{3-9}$$

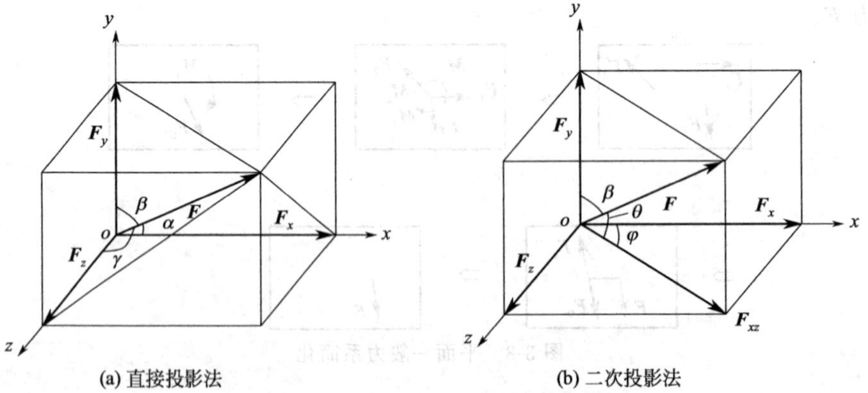

图 3-4　力在空间直角坐标轴上的投影

② 二次投影法　如图 3-4(b) 所示，力 $\boldsymbol{F}$ 与 xoz 平面的夹角为 θ，与 y 轴的

夹角为β。力$\boldsymbol{F}$在xoz平面投影为$\boldsymbol{F}_{xz}$，$\boldsymbol{F}_{xz}$与x轴的夹角为φ，在xoz平面投影$\boldsymbol{F}_{xz}$分解为F_x，F_z则：

$$\boldsymbol{F} \Rightarrow \begin{cases} \boldsymbol{F}_y = \boldsymbol{F}\cos\beta \\ \boldsymbol{F}_{xz} = \boldsymbol{F}\cos\theta \end{cases} \tag{3-10a}$$

$$\begin{cases} \boldsymbol{F}_x = \boldsymbol{F}_{xz}\cos\varphi = \boldsymbol{F}\cos\theta\cos\varphi \\ \boldsymbol{F}_z = \boldsymbol{F}_{xz}\sin\varphi = \boldsymbol{F}\cos\theta\sin\varphi \end{cases} \tag{3-10b}$$

（2）空间汇交力系

① 空间汇交力系合成　$\boldsymbol{F}_1$，$\boldsymbol{F}_2$，…，$\boldsymbol{F}_n$为空间力系并汇交于一点组成空间汇交力系，其合力矢量式为：

$$\boldsymbol{F} = \sum \boldsymbol{F}_i = \boldsymbol{F}_1 + \boldsymbol{F}_2 + \cdots + \boldsymbol{F}_n$$

将各力向x，y，z坐标轴上投影，其合力标量式为：

$$\begin{cases} F_x = \sum F_{ix} = F_{1x} + F_{2x} + \cdots + F_{nx} \\ F_y = \sum F_{iy} = F_{1y} + F_{2y} + \cdots + F_{ny} \\ F_z = \sum F_{iz} = F_{1z} + F_{2z} + \cdots + F_{nz} \end{cases} \tag{3-11}$$

因此合力为：

$$\boldsymbol{F} = F_x\boldsymbol{i} + F_y\boldsymbol{j} + F_z\boldsymbol{k} \tag{3-12}$$

$$|\boldsymbol{F}| = \sqrt{(\boldsymbol{F}_x)^2 + (\boldsymbol{F}_y)^2 + (\boldsymbol{F}_z)^2}$$

$$\cos\alpha = \frac{F_x}{\boldsymbol{F}}, \quad \cos\beta = \frac{F_y}{\boldsymbol{F}}, \quad \cos\gamma = \frac{F_z}{\boldsymbol{F}}$$

② 空间汇交力系平衡方程　空间汇交力系平衡的充分必要条件是合力为零，即：

$$\boldsymbol{F} = \sum \boldsymbol{F}_i = 0 \tag{3-13a}$$

$$\begin{cases} \boldsymbol{F}_x = 0 \\ \boldsymbol{F}_y = 0 \\ \boldsymbol{F}_z = 0 \end{cases} \tag{3-13b}$$

（3）力对轴矩及合力矩

① 力对轴矩　空间一力$\boldsymbol{F}$在空间直角坐标系中，过力$\boldsymbol{F}$作用线作一平面平行于z轴，如图3-5所示，$\boldsymbol{F}$在此平面内分解成两个力，其一力平行于z轴，对绕z轴转动不起作用，另一力$\boldsymbol{F}_{xy}$产生绕z轴力矩，因此有：

$$\boldsymbol{M}_z(\boldsymbol{F}) = \boldsymbol{M}_0(\boldsymbol{F}_{xy}) = \pm \boldsymbol{F}_{xy}d \tag{3-14}$$

综上：力对轴之矩是个标量值，其大小等于此力垂直于该轴平面上的投影乘以该轴与此平面交点的距离。

② 合力矩　设空间有一力系$\boldsymbol{F}_1$，$\boldsymbol{F}_2$，…，$\boldsymbol{F}_n$，其合力为$\boldsymbol{F}$，则合力对某轴取矩等于各分力对同轴取矩的代数和，表达式为：

$$\boldsymbol{M}_z(\boldsymbol{F}) = \sum \boldsymbol{M}_z(\boldsymbol{F}_i) \tag{3-15}$$

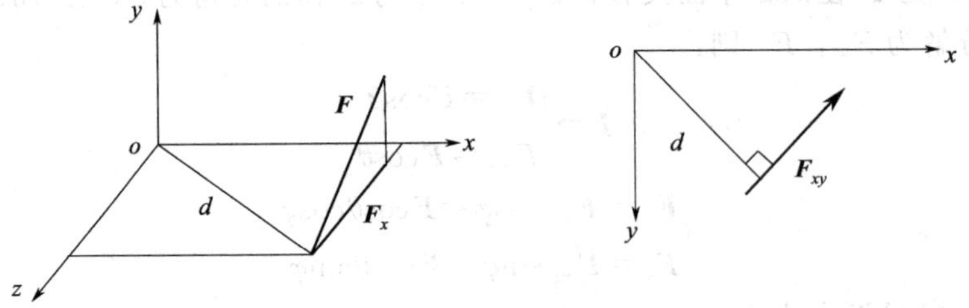

图 3-5 力对轴矩

(4) 空间任意力系的平衡

在空间任意力系中，有一物体受力 $\boldsymbol{F}_1$，$\boldsymbol{F}_2$，…，$\boldsymbol{F}_n$ 作用，如果物体处于平衡状态，那么充分必要条件是：物体在诸力作用下，即不沿各坐标轴移动，也不绕各坐标轴转动，因此其平衡方程为：

$$\begin{cases}\sum \boldsymbol{F}=0\\ \sum \boldsymbol{M}=0\end{cases} \tag{3-16a}$$

即

$$\begin{cases}\sum F_x=0, \sum F_y=0, \sum F_z=0\\ M_x(\boldsymbol{F})=0, M_y(\boldsymbol{F})=0, M_z(\boldsymbol{F})=0\end{cases} \tag{3-16b}$$

工程实践例题与简解

例 3-1 塔设备是化工、石油化工、炼油生产中的重要设备之一，是用于相际间传质、传热的设备。所谓传质、传热是体系中由于物质浓度、温度不均匀而发生的质量转移、热量转移过程。根据其结构可分为板式塔和填料塔两类[图 3-6(a)、(b)]。常用的有泡罩塔、填料塔、筛板塔、浮阀塔等。应用于蒸馏、吸收、萃取、吸附等操作。图 3-6(c) 所示为一塔设备，塔重 $G=450\text{kN}$，塔高 $h=30\text{m}$。塔底用螺栓与基础紧固连接。塔体所受的风力可简化为两段均布载荷，在离地面 $h_1=15\text{m}$ 高度以下均布载荷的载荷密度为 $q_1=380\text{N/m}$，在 h_1 以上高度，其载荷密度为 $q_2=700\text{N/m}$。试求塔设备在 A 处所受的约束反力。

解： 由于塔体与基础用地脚螺栓牢固连接，塔体既不能移动，也不能转动，所以将塔设备与基础的约束情况视为固定端约束。选塔体为力研究对象，画出受力图，建立坐标系，为简化计算，矩心一般选在未知力的交点上，现取 A 点为矩心，列出平衡方程。

$$\sum F_x=0：q_1h_1+q_2h_2-N_x=0$$

$$\sum F_y=0：N_y-G=0$$

$$\sum M_\text{A}=0：m_\text{A}-q_1h_1\frac{h_1}{2}-q_2h_2\left[h_1+\frac{(h-h_2)}{2}\right]=0$$

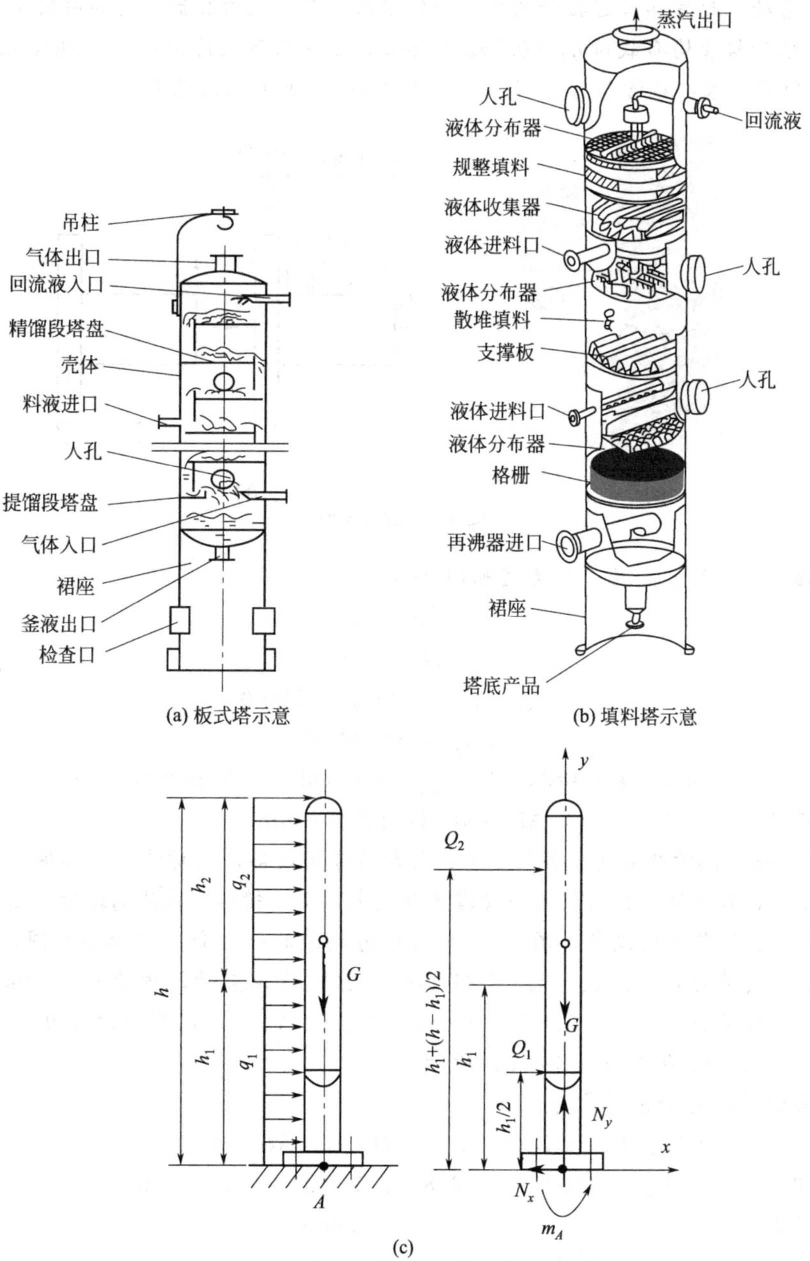

图 3-6 例 3-1 图

解得 $N_x=16.2\text{kN}$，$N_y=450\text{kN}$，$m_A=279\text{kN}\cdot\text{m}$。

例 3-2 压力容器接管就是安装在压力容器封头或者筒体、夹套上的管子，作用是进料、出料、进气、排气等。最常用的可拆的连接接管的就是管法兰，由法兰、螺栓、垫片和被连接的两部分壳体组成。有一压力容器，局部由接管及法兰连接，已知接管均布载荷 $q_1=0.5625\text{N/mm}$，法兰均布载荷为 $q_2=1.96\text{N/mm}$，如图 3-7 所示。求：接管压力为 G 和法兰重力 W 时为 A 端的约束力。

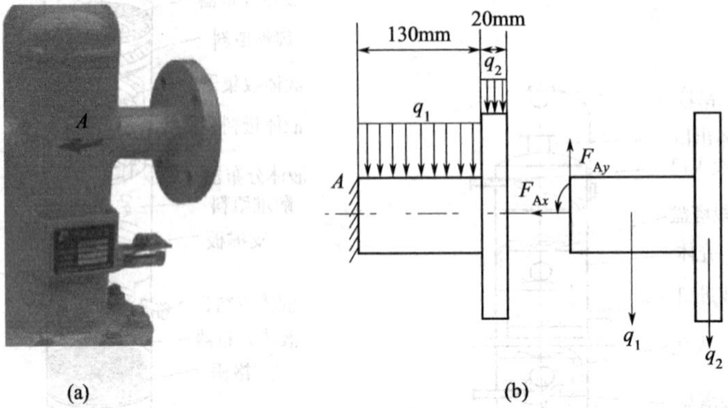

图 3-7 例 3-2 图

解：研究接管法兰，受力图如图 3-7(b) 所示

$$\sum F_x=0$$

所以 $$\sum F_{Ax}=0$$

$$F_{Ay}-q_1\times 130-q_2\times 20=0$$

所以 $$F_{Ay}=112.325\text{N}$$

$$\sum M_A(\boldsymbol{F})=0,\ M_A-q_1\times 130\times 65-q_2\times 20\times 140=0$$

所以 $$M_A=10241.125\text{N}\cdot\text{mm}$$

例 3-3 鹤管是石化设备行业流体装卸的专用设备，又称流体装卸臂。是由转动灵活、密封性好的旋转接头与管道串联起来，用于槽车与栈桥储运管线之间进行液体介质传输作业的设备。图 3-8(a) 所示为鹤管的一部分力学模型简图，AB 杆为长臂，质量为 $m=15\text{kg}$，AB 长 4100mm，B 端有垂直管，质量 $w_1=10\text{kg}$，ED 为平衡器质量 $w_2=5\text{kg}$，AD 长 1200mm。求：点 A、D、E 所受约束力。

解：(1) 受力图如图 3-8(b) 所示

当以 AB 为研究对象时：

$$\sum M_A(\boldsymbol{F})=0,\quad -F'_{Dy}\times AD-G\times AC-W_1\times AB=0$$

即 $$-F'_{Dy}\times 1200-15\times 9.8\times 2050-10\times 9.8\times 4100=0$$

所以 $$F'_{Dy}=-585.96\text{N}$$

$$\sum F_y=0,\ F_{Ay}-F'_{Dy}-G-W_1=0$$

$$F_{Ay}=F'_{Dy}+G+W_1=-585.96+15\times 9.8+10\times 9.8=-340.96\ (\text{N})$$

$$\sum F_x=0,\ F_{Ax}-F'_{Dx}=0,\ 即\ F_{Ax}=F'_{Dx}$$

当以 ED 杆为研究对象时：

$$\sum M_E(\boldsymbol{F})=0,\ -W_2\times 600+F_{Dy}\times 1200+F_{Dx}\times 1200\tan 30°=0$$

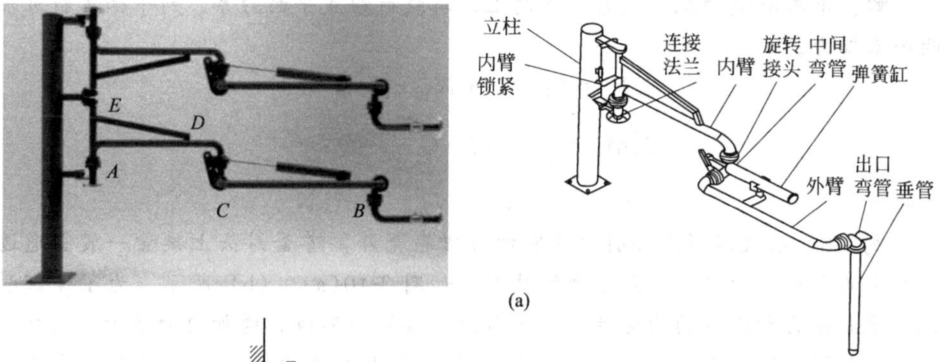

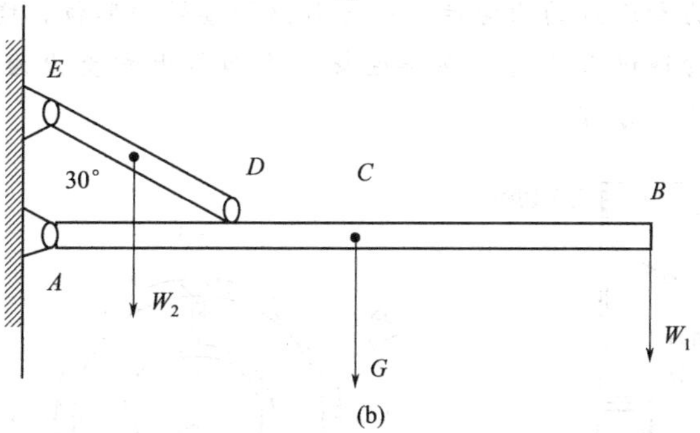

图 3-8 例 3-3 图

所以 $$F_{Dx}=1057.32\text{N}$$

$$\sum F_x=0,\ -F_{Ex}+F_{Dx}=0,\ F_{Ex}=1057.32\text{N}$$

$$\sum F_y=0,\ F_{Ey}-w_2-F_{Dy}=0$$

所以 $$F_{Ey}=5\times9.8-585.96=-536.96\ (\text{N})$$

$$F_{Ax}=F'_{Dx}=1057.32\text{N}$$

例 3-4 桥式起重机是指取物装置悬挂在能沿着桥架行走的起重小车上，或者可行走的葫芦上的起重机。而起重机直接由运行装置支撑在高架轨道上连接桥架两端，如图 3-9 所示，桥式起重机梁重 $G=60\text{kN}$，跨度为 $l=12\text{m}$。当起吊重物 $Q=40\text{kN}$ 离左端轮子距离为 $a=4\text{m}$ 时，求轨道 A、B 对起重机的反力。

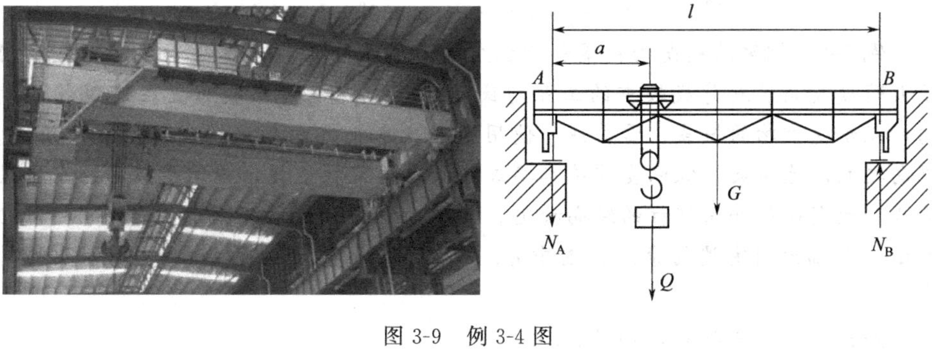

图 3-9 例 3-4 图

解： 吊车所受的轨道反力垂直向上，与载荷组成平面力系。列平衡方程可求两个未知力。

$$\sum F_y=0：N_A+N_B-G-Q=0$$

$$\sum M_A=0：N_B l-G\frac{l}{2}-Qa=0$$

解得 $$N_B=43.3\text{kN}，N_A=56.7\text{kN}$$

例 3-5 塔式容器底部引出管宜伸出裙座壳外，塔釜封头上接管一般需通过裙座上的引出孔加强管引到裙座的外部，如图 3-10(a)、(b) 所示。为了保证管道的承载能力和承载的均匀性，在与引出管接触的部位，增加内加强管，内加强管与外加强管通过三块筋板焊接连接。已知引出管重力为 G，试列出 x 轴和 y 轴方向上的平衡方程。

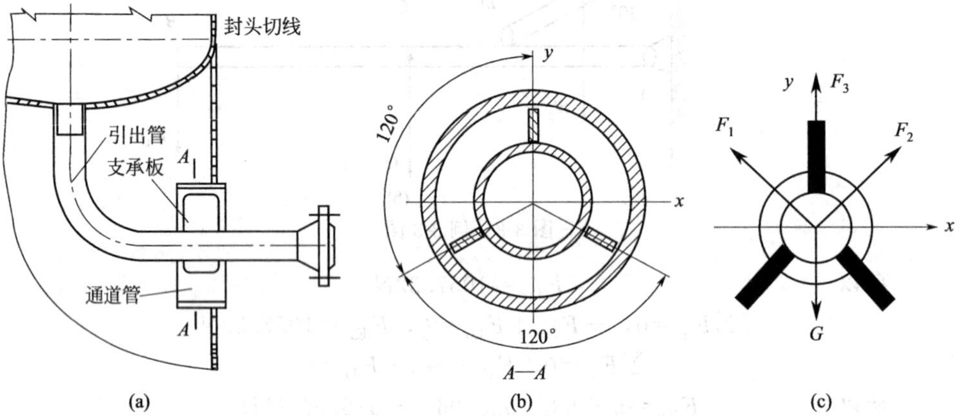

图 3-10 例 3-5 图

解： 取引出管为研究对象。

(1) 受力分析：画出引出管受力图，如图 3-10(c) 所示。

(2) 列平衡方程：

$$\sum F_x=0，F_2\cos30°-F_1\cos30°=0$$

$$\sum F_y=0，F_1\cos60°+F_2\cos60°+F_3-G=0$$

例 3-6 钢架结构是由钢梁和钢柱组成的能承受垂直和水平荷载的结构。用于大跨度或高层或荷载较重的工业与民用建筑。钢框架一般布置在建筑物的横向，以承受重物的恒载、雪荷载、使用荷载及水平方向的风荷载及地震作用等。纵向之间以连系梁、纵向支撑吊车梁或墙板与框架柱连接，以承受纵向的水平风荷载和地震荷载并保证柱的纵向稳定。某平面钢架的受力及各部分如图 3-11(a) 所示，A 端为固定端约束。若图中 q、F_1、M、l 等均为已知，试求 A 端的约束力。

解： (1) 研究对象，钢架 $ABCD$

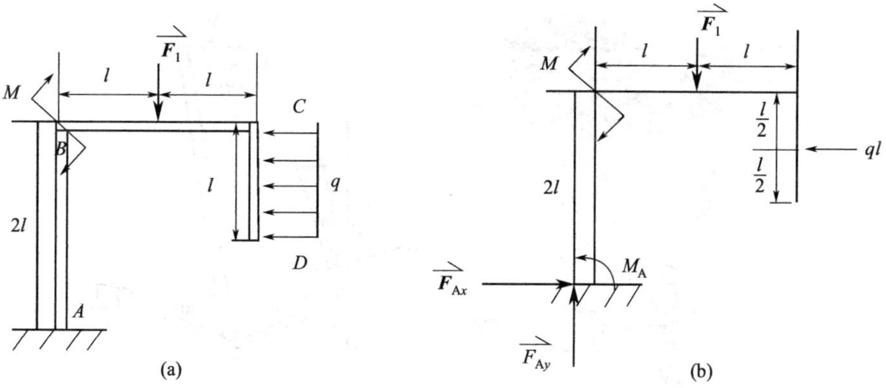

图 3-11 例 3-6 图

（2）受力分析：如图 3-11(b) 所示

（3）列方程求解：$\sum F_{ix}=0 \quad F_{Ax}-ql=0$

$$\sum F_{iy}=0 \quad F_{Ay}-F_1=0$$

$$\sum M_A(\vec{F_i})=0 \quad M_A-M-F_1l+ql\times\frac{3}{2}l=0$$

解得

$$\begin{cases} F_{Ax}=ql \\ F_{Ay}=F_1 \\ M_A=M+F_1l-\frac{3}{2}ql^2 \end{cases}$$

例 3-7 颚式破碎机俗称颚破，又名老虎口。是由动颚和静颚两块颚板组成破碎腔，模拟动物的两颚运动而完成物料破碎作业的破碎机。广泛运用于矿山冶炼、建材、公路、铁路、水利和化工等行业中各种矿石与大块物料的破碎。图 3-12 所示破碎机传动机构，活动颚板 $AB=60\text{cm}$，设破碎时对颚板作用力垂直于 AB 方向的分力 $P=1.5\text{kN}$，$AH=40\text{cm}$，$BC=CD=60\text{cm}$，$OE=10\text{cm}$，$OC=110\text{cm}$。求图示位置时电机对杆 OE 作用的转矩 M。

解：(1) 研究 AB 杆，受力分析（注意 BC 是二力杆），画受力图：

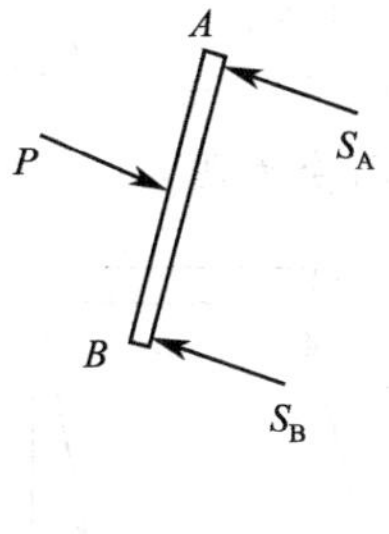

列平衡方程：

$$\sum m_A(\boldsymbol{F})=0：-S_B\times 60+P\times 40=0$$

所以

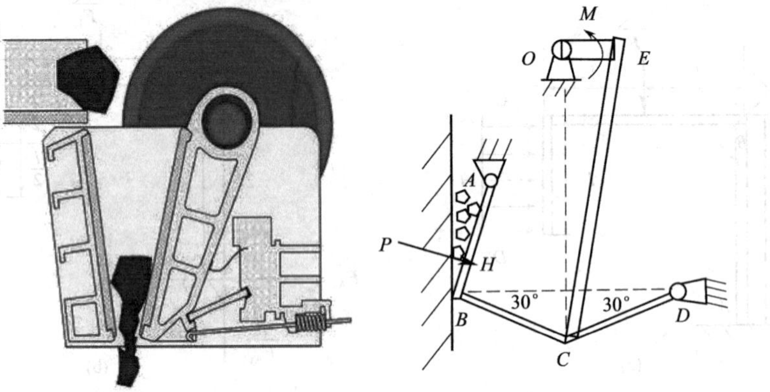

图 3-12 例 3-7 图

$$S_B=\frac{2}{3}P=1000\text{N}$$

(2) 研究铰接点 C，受力分析（注意 BC、CD、CE 均是二力杆），画受力图：

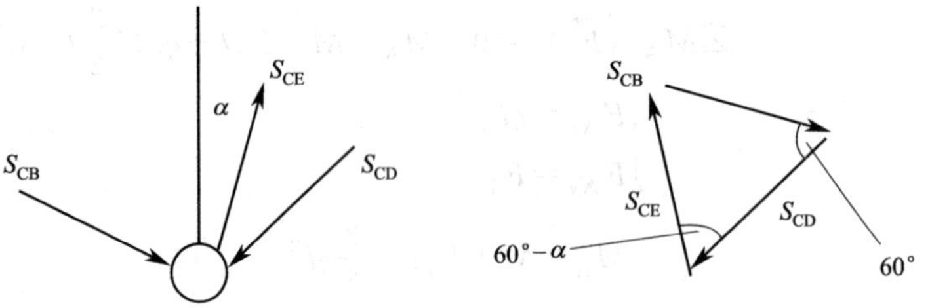

由力三角形：

$$\frac{S_{CB}}{\sin(60°-\alpha)}=\frac{S_{CE}}{\sin60°}$$

$$S_{CB}=S_B=1000\text{N}$$

其中：

$$\alpha=\arctan\frac{OE}{OC}=\arctan\frac{10}{110}=5.194°$$

$$S_{CE}=\frac{\sin60°}{\sin\ (60°-\alpha)}\times S_{CB}=1059\text{N}$$

(3) 研究 OE，受力分析，画受力图：

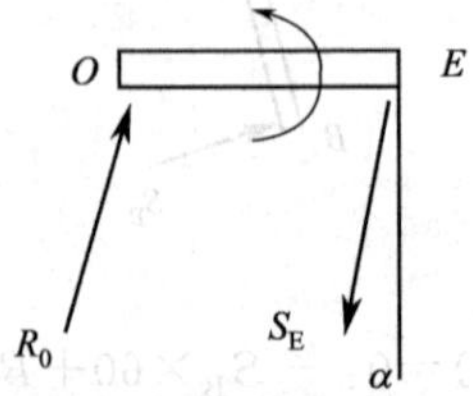

列平衡方程：

$$\sum m_0(\boldsymbol{F})=0: M-S_E\cos\alpha\times0.1=0$$

$$S_E=S_{CE}=1059\text{N}$$

所以

$$M=S_E\cos\alpha\times0.1=105.47\text{N}\cdot\text{m}$$

例 3-8 齿条是一种齿分布于条形体上的特殊齿轮。齿条也分直齿齿条和斜齿齿条，分别与直齿圆柱齿轮和斜齿圆柱齿轮配对使用；齿条的齿廓为直线而非渐开线（对齿面而言则为平面），相当于分度圆半径为无穷大圆柱齿轮。如图 3-13(a) 所示，在齿条送料机构中杠杆 $AB=600$mm，$AC=200$mm，齿条受到水平阻力 F_Q 的作用。已知 $F_Q=4000$N，各零件自重不计，试求移动齿条时在点 B 的作用力 F 是多少？

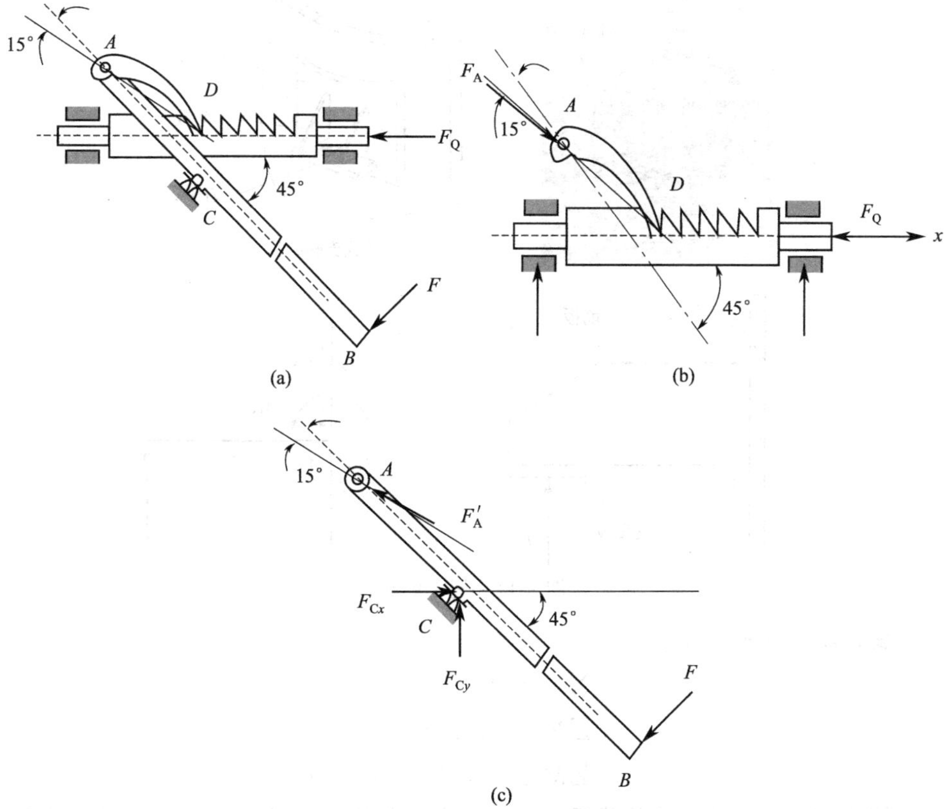

图 3-13 例 3-8 图

解：(1) 研究齿条和二力杆（插瓜），受力分析，画出受力图［平面任意力系，见图 3-13(b)］；

(2) 选 x 轴为投影轴，列出平衡方程；

$$\sum F_x=0: -F_A\cos30^\circ+F_Q=0$$

$$F_A=4618.8\text{N}$$

(3) 研究杠杆 AB，受力分析，画出受力图［平面任意力系，见图 3-13(c)］；

(4) 选 C 点为矩心，列出平衡方程：

$$\sum M_C\ (\boldsymbol{F})=0:\ F'_A\times\sin15°\times AC-F\times BC=0$$

$$F=597.7\text{N}$$

例 3-9 耳式支座又称悬挂式支座，由支脚板、筋板、垫板组成。耳式支座在立式容器中用得极为广泛，尤其是中小型设备。置于钢架、墙架或穿越楼板的立式容器需采用耳式支座。耳式支座一端受力可简化为一个悬臂梁，受力如图 3-14 所示，试列出平衡方程。

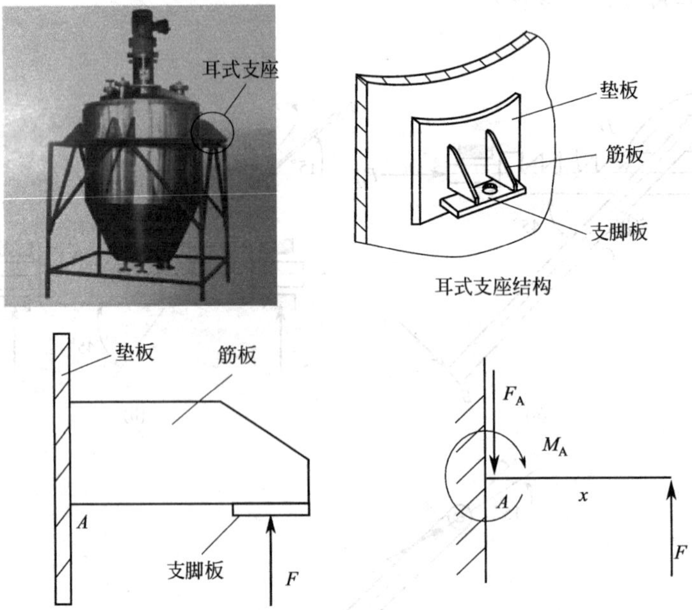

图 3-14 例 3-9 图

解：受力分析列方程：

$$\sum F_x=0$$

$$\sum F_y=0,\ F=F_A$$

$$\sum M_{合}=0,\ Fx+M_A=0$$

例 3-10 锻锤是由重锤落下或加工外力使其高速运动产生动能对坯料做功，使之发生塑性变形的机械。压力容器的各种封头就是由锻锤锻造成形的。锻锤工作时，若锻件给它的反作用力有偏心，就会使锤头发生偏斜，在导轨上产生很大的压力，从而加速导轨的磨损，影响锻件的精度。如图 3-15(a)、(b) 所示，已知打击力 $P=2000\text{kN}$，偏心距 $e=30\text{mm}$，锤头高度 $h=300\text{mm}$；求锤头给两侧导轨的压力 N。

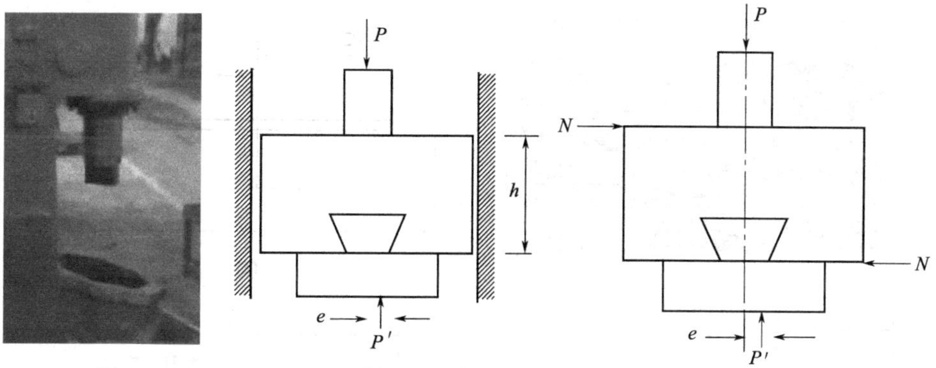

(a) (b) (c)

图 3-15 例 3-10 图

解：(1) 研究锤头，受力分析，画受力图，如图 3-15(c) 所示。

(2) 列平衡方程：

$$\sum m=0: m(N, N)-Pe=0$$

$$m(N,N)=Nh=Pe$$

解方程：

$$N=\frac{Pe}{h}=\frac{2000\times 0.03}{0.3}=200\ (\text{kN})$$

例 3-11 吊车、行车、天车都是人们对起重机的俗称，行车和现在所称的起重机基本一样。行车驱动方式基本有两类：一为集中驱动，即用一台电动机带动长传动轴驱动两边的主动车轮；二为分别驱动，即两边的主动车轮各用一台电动机驱动。中、小型桥式起重机较多采用制动器、减速器和电动机组合成一体的"三合一"驱动方式，大起重量的普通桥式起重机为便于安装和调整，驱动装置常采用万向联轴器。已知梁 AB 上作用一力偶，力偶矩为 M，梁长为 l，梁重不计。求在图 3-16(a)，(b)，(c) 三种情况下支座 A 和 B 的约束力。

解：

(a) 梁 AB，受力如图 3-16(a) 所示，F_A，F_B 组成力偶，故

$$F_A=F_B$$

$$\sum M_A=0,\ F_B l-M=0$$

$$F_B=\frac{M}{l},\ F_A=\frac{M}{l}$$

(b) 梁 AB，受力如图 3-16(b) 所示

$$\sum M_A=0,\ F_B l-M=0$$

$$F_B=F_A=\frac{M}{l}$$

(c) 梁 AB，受力如图 3-16(c) 所示

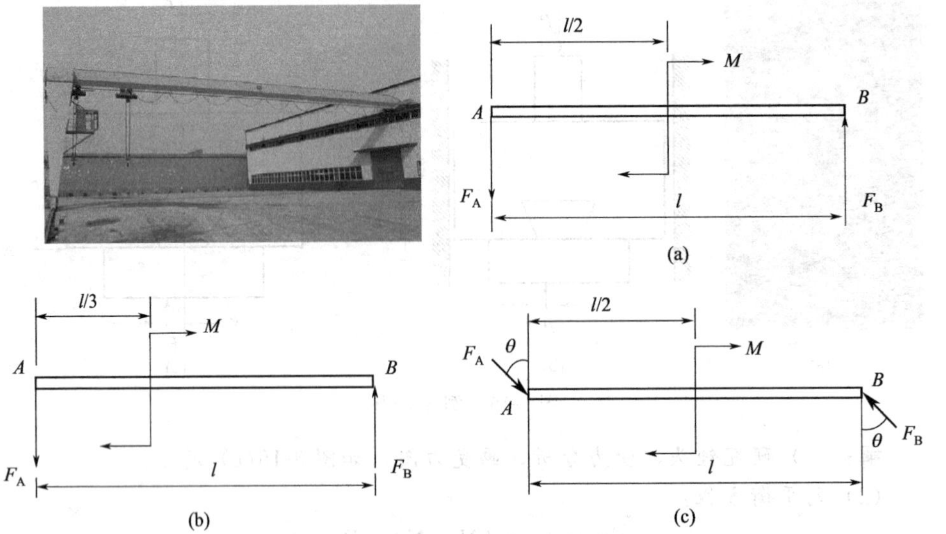

图 3-16 例 3-11 图

$$\sum M_A=0, \quad F_B l\cos\theta-M=0$$

$$F_B=F_A=\frac{M}{l\cos\theta}$$

例 3-12 需对一立式容器器壁进行作业，将长为 l 的梯子，一端靠在器壁上，另一端搁在容器底部。如图 3-17(a)、(b) 所示，假设梯子与墙壁光滑接触，梯子与容器底部有摩擦，静摩擦因数为 f_s。梯子重量忽略不计。今有一重为 F_W 的人沿梯子下行，为保证人下至底端梯子不下滑，试求梯子和墙壁间的最大夹角 β。

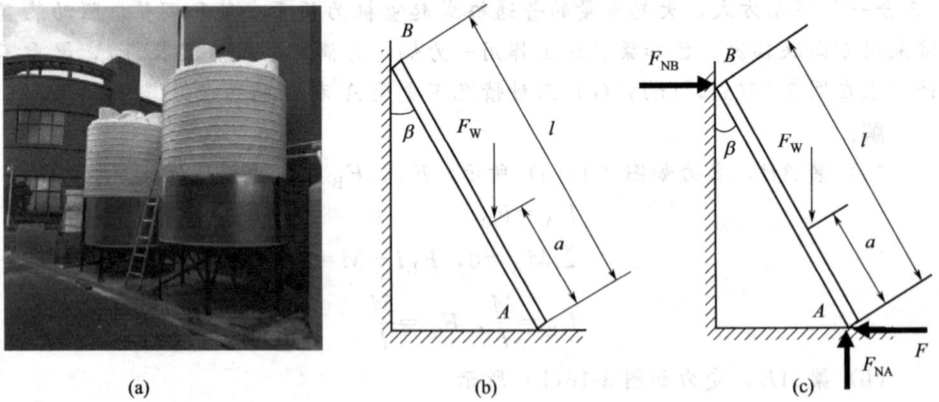

图 3-17 例 3-12 图

解： 以梯子 AB 为研究对象，人在梯子上的位置用距离 a 表示。梯子的受力如图 3-17(c) 所示。为使梯子保持静止，必须满足下列平衡方程：

$$\sum F_x = 0,\ F_{NB} - F = 0$$

$$\sum F_y = 0,\ F_{NA} - F_W = 0$$

$$\sum M_A(\boldsymbol{F}) = 0,\ F_W a \sin\beta - F_{NB} l \cos\beta = 0$$

此外：

$$F \leqslant f_s F_{NA}$$

$$F_{NA} = \frac{l\cos\beta}{a\sin\beta} F_{NB}$$

$$F_{NB} \leqslant f_s F_{NA}$$

$$F_{NB} \leqslant f_s \frac{l\cos\beta}{a\sin\beta} F_{NB}$$

$$\tan\beta \leqslant \frac{1}{a} f_s$$

$$\beta \leqslant \arctan \frac{1}{a} f_s$$

例 3-13 加热炉，具有用耐火材料包围的燃烧室，利用燃料燃烧产生的热量将物质（固体或流体）加热，这样的设备叫“炉子”。工业上有各种各样的炉子，如冶金炉、热处理炉、窑炉、焚烧炉和蒸汽锅炉等。石油化工加热炉是其生产过程中的高温反应设备和高温加热设备。加热炉一般由辐射室、对流室、燃烧器、余热回收系统以及通风系统五部分组成。如图 3-18 所示，某企业有一加热

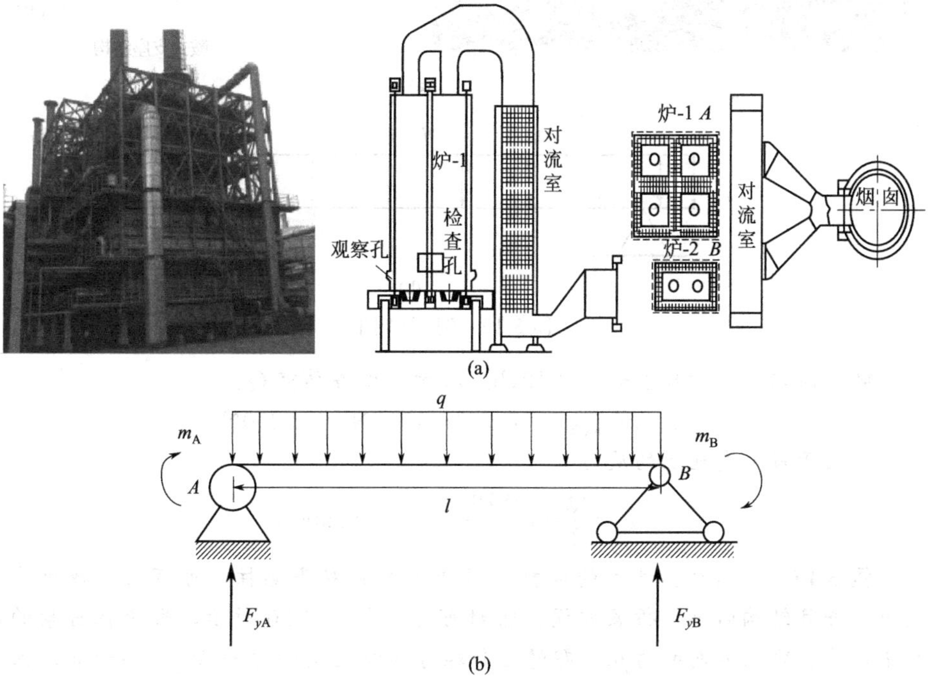

图 3-18 例 3-13 图

炉，用梁式支座支撑，可简化成图 3-18(b) 所示简支梁。求支座 A、B 所受的支反力。

解：

$$F_{yA}=-\frac{m_A+m_B}{l}+\frac{1}{2}ql$$

$$F_{yB}=\frac{m_A+m_B}{l}+\frac{1}{2}ql$$

例 3-14 按设备外壳即容器自身的形式及安装位置分有立式、卧式压力容器。立式容器的支座可分悬挂式、支承式和裙式。卧式容器的支座可分支承式、圈式和鞍式。如图 3-19(a) 所示卧式容器采用鞍式支座支撑。现有一压力容器重 78780kg，试求每个支座上的反力。

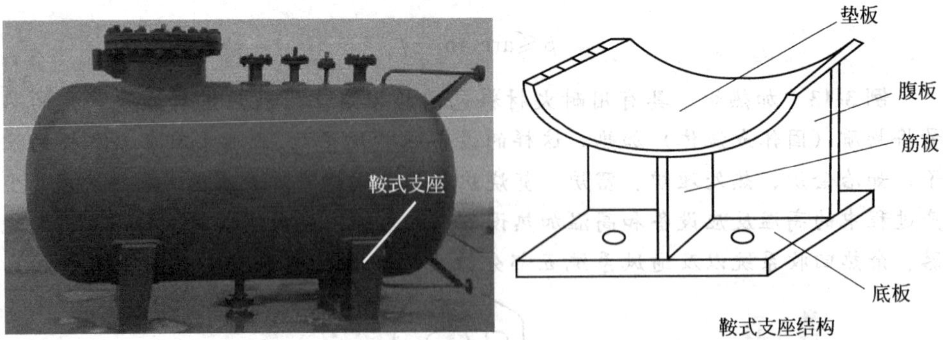

(a)

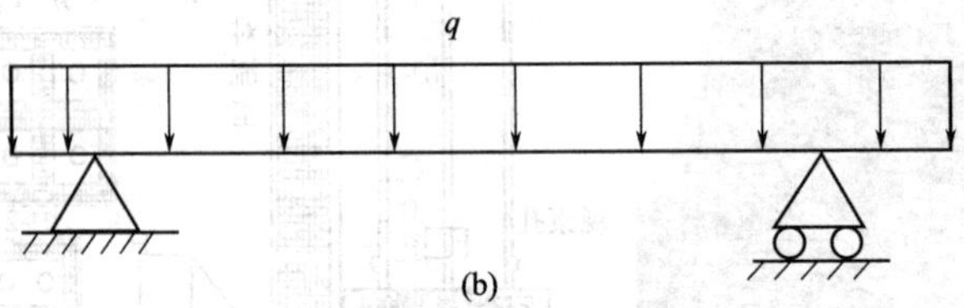

(b)

图 3-19 例 3-14 图

解： 简化成力学模型如图 3-19(b) 所示。设备总重 Q：

$$Q=m_{\max}g=(78780\times10)\ \mathrm{N}=787800\mathrm{N}$$

作用于每个支座上的反力：

$$F=\frac{Q}{2}=\left(\frac{787800}{2}\right)\ \mathrm{N}=393900\mathrm{N}$$

例 3-15 压力容器法兰的连接一般使用等长双头螺柱，可有效地减少应力集中，并且结构简单，拆装方便，密封可靠。如图 3-20 所示，螺栓在拧紧的过程中，要克服两方面的力矩，即螺栓和螺母螺纹之间的力矩 M_1，螺母和法兰或垫片之间的摩擦力矩 M_2。试计算压力容器拧紧螺栓力矩。

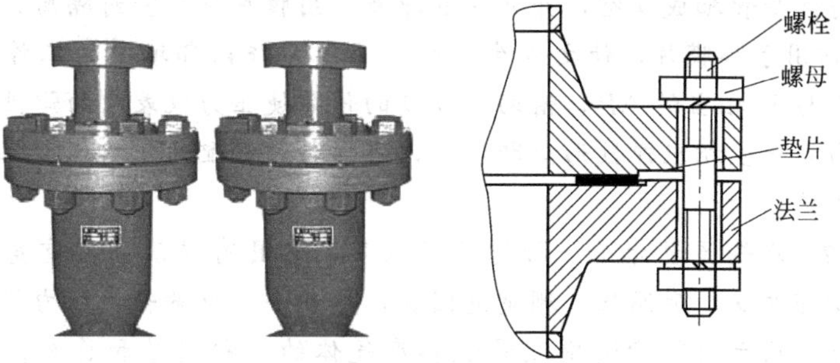

图 3-20 例 3-15 图

解：拧紧螺栓的预紧力矩 M 至少为：

$$M=M_1+M_2$$

每条螺栓的预紧力矩为：

$$M_t=\frac{M}{n}$$

式中，M_t 为预紧力矩；n 为螺栓个数。

例 3-16 隔膜压力表由隔膜隔离器与通用型压力表组成一个系统的隔膜表，适用于测量强腐蚀、高温、高黏度、易结晶、易凝固、有固体浮游物的介质压力，以及必须避免测量介质直接进入通用型压力表和防止沉淀物积聚的场合。隔膜压力表主要用于测量石油化工、制碱、化纤、染化、制药、食品等工业部门生产过程中流体介质压力。隔膜压力表结构如图 3-21 所示，试简述其工作原理。

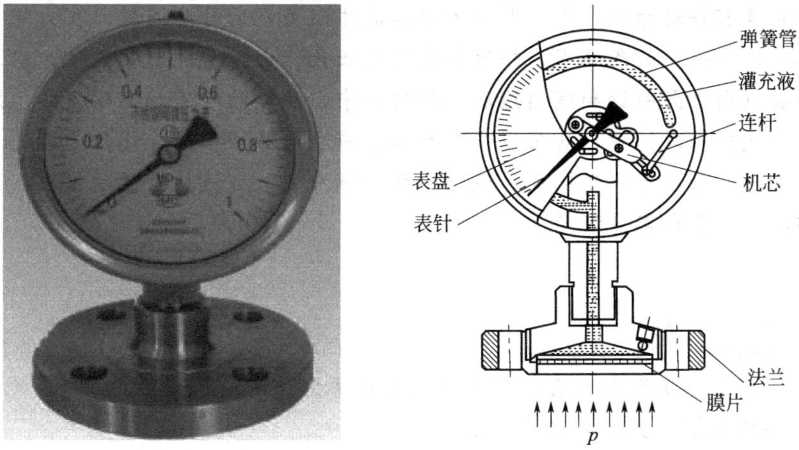

图 3-21 例 3-16 图

解：隔膜压力表由隔膜隔离器与通用型压力表组成一个系统的压力表，通过专用设备将弹簧管抽成真空，并充入灌冲液，用膜片将其密封隔离，当被测介质的压力 P 作用于隔膜片，使之发生变形，压缩系统内部填充的工作液，使工作液形成一个与 P 相当的 ΔP，借助工作液的传导使压力仪表中的弹性元件（弹簧管）的自由端产生相应弹性形变即位移，再按与之相配的压力仪表工作原理显示出被测压力值。

例 3-17 涡轮流量计是一种速度式仪表，它具有精度高，重复性好，结构简单，运动部件少，耐高压，测量范围宽，体积小，重量轻，压力损失小，维修方便等优点，用于封闭管道中测量低黏度气体的体积流量和总量。在石油，化工，冶金，城市燃气管网等行业中具有广泛的使用价值。涡轮流量计结构如图 3-22 所示。试说明其工作原理。

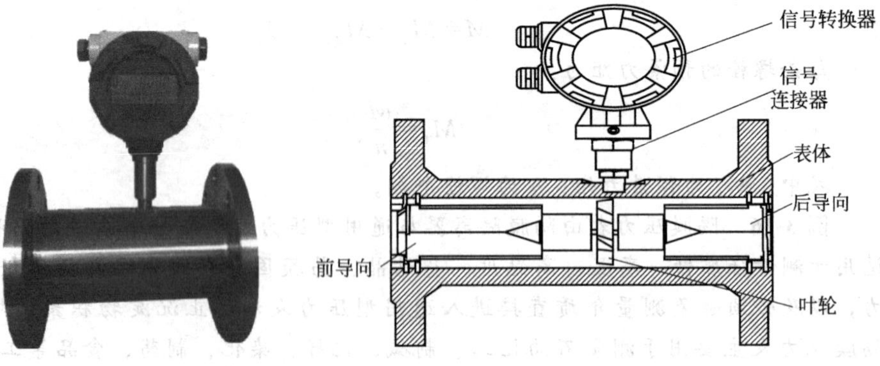

图 3-22 例 3-17 图

解： 流体流经传感器壳体，由于叶轮的叶片与流向有一定的角度，流体的冲力使叶片具有转动力矩，克服摩擦力矩和流体阻力之后叶片旋转，在力矩平衡后转速稳定，在一定的条件下，转速与流速成正比，由于叶片有导磁性，它处于信号检测器（由永久磁钢和线圈组成）的磁场中，旋转的叶片切割磁力线，周期性地改变着线圈的磁通量，从而使线圈两端感应出电脉冲信号，此信号经过放大器的放大整形，形成有一定幅度的连续的矩形脉冲波，可远传至显示仪表，显示出流体的瞬时流量和累计流量。

思考题

1. 力的平移定理是什么？在生产实践中举例说明。
2. 平面汇交力系的平衡条件是什么？
3. 三力平衡汇交定理是什么？
4. 二力平衡条件是什么？
5. 什么是约束和约束力？在生产实践中举例说明。

6. 什么是合力矩?
7. 什么是平衡? 在生产实践中举例说明。
8. 什么是平面力系? 在生产实践中举例说明。
9. 平面一般力系平衡条件是什么?
10. 什么是空间力系? 在生产实践中举例说明。

第4章

运 动 学

运动学（kinematics）是研究物体在空间的位置随时间的变化规律的学科，其内容包括运动轨迹、运动方程、速度和加速度。

4.1 点的运动

（1）矢量法

① 点的运动（motion of point）轨迹　在坐标系 $oxyz$ 中，动点 M 在空间随时间连续变化而形成的曲线称为点 M 的运动轨迹，如图 4-1(a) 所示。

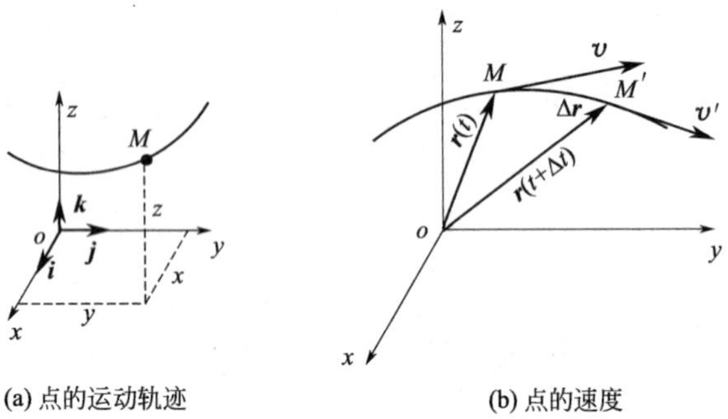

图 4-1　矢量法表示点的运动

② 点的运动方程　由坐标系点 o 向动点 M 作一矢量 $\boldsymbol{r}$，称为动点 M 的矢径［图 4-1(b)］。动点 M 在空间的位置是由 $\boldsymbol{r}$ 唯一确定。动点运动时，矢径 $\boldsymbol{r}$ 的大小和方向只是时间 t 的单值连续函数。因此，用矢径 $\boldsymbol{r}$ 可确定动点 M 在空间随时间 t 变化的位置变化，其数学表达式为：

$$\boldsymbol{r}=\boldsymbol{r}(t) \tag{4-1}$$

此方程是描述动点在空间的位置方程，称为运动方程。

③ 点的速度　速度量表示动点在单位时间内移动的位移，描述动点运动的快慢程度。如图 4-1(b) 所示，时刻 t 动点在 M 点，经过 Δt 时间后，在 $t+\Delta t$ 时刻，动点在 M'位置，矢径的变化为 $\Delta\boldsymbol{r}$，并且 $\boldsymbol{r}$ 是 t 的等值连续函数。因此，速度为：

$$\boldsymbol{v}=\lim_{\Delta t\to 0}\frac{\Delta \boldsymbol{r}}{\Delta t}=\frac{\mathrm{d}\boldsymbol{r}}{\mathrm{d}t} \tag{4-2}$$

速度是矢量，大于等于 $|\boldsymbol{v}|$，方向为动点 M 的切向正方向。

④ 点的加速度　加速度是表示单位时间内速度的变化。如图 4-1(b) 所示，时刻 t 动点 M 速度为 $\boldsymbol{v}$，$t+\Delta t$ 时刻，动点 M 运动至 M'，其速度为 $\boldsymbol{v}'$，并且 $\boldsymbol{v}$ 是 t 的等值连续函数，则加速度为：

$$a=\lim_{\Delta t\to 0}\frac{\Delta v}{\Delta t}=\frac{\mathrm{d}v}{\mathrm{d}t}=\frac{\mathrm{d}^2 r}{\mathrm{d}t^2} \tag{4-3}$$

(2) 直角坐标法

① 点的轨迹　用直角坐标中坐标运动分量来描述点的运动，并且坐标 (x，y，z) 的变化确定空间点的轨迹，并且是唯一确定。

② 点的运动方程　如图 4-1(a) 所示，矢径 $\boldsymbol{r}$ 在坐标轴上的分量分别为 x，y，z，则 $\boldsymbol{r}=x\boldsymbol{i}+y\boldsymbol{j}+z\boldsymbol{k}$。

用坐标 (x，y，z) 来描述点的运动轨迹的方程为运动方程。当点运动时，坐标 (x，y，z) 都是 t 的等值连续函数，即运动方程为：

$$\begin{cases}x=x(t)\\ y=y(t)\\ z=z(t)\end{cases} \tag{4-4}$$

③ 点的速度

$$v=\frac{\mathrm{d}r}{\mathrm{d}t}=\frac{\mathrm{d}}{\mathrm{d}t}(x\boldsymbol{i}+y\boldsymbol{j}+z\boldsymbol{k})=\frac{\mathrm{d}x}{\mathrm{d}t}\boldsymbol{i}+\frac{\mathrm{d}y}{\mathrm{d}t}\boldsymbol{j}+\frac{\mathrm{d}z}{\mathrm{d}t}\boldsymbol{k}=v_x\boldsymbol{i}+v_y\boldsymbol{j}+v_z\boldsymbol{k} \tag{4-5}$$

$$v_x=\frac{\mathrm{d}x}{\mathrm{d}t},\quad v_y=\frac{\mathrm{d}y}{\mathrm{d}t},\quad v_z=\frac{\mathrm{d}z}{\mathrm{d}t} \tag{4-6}$$

④ 点的加速度

$$\begin{aligned}a&=\frac{\mathrm{d}v}{\mathrm{d}t}=\frac{\mathrm{d}(v_x\boldsymbol{i}+v_y\boldsymbol{j}+v_z\boldsymbol{k})}{\mathrm{d}t}=\frac{\mathrm{d}v_x}{\mathrm{d}t}\boldsymbol{i}+\frac{\mathrm{d}v_y}{\mathrm{d}t}\boldsymbol{j}+\frac{\mathrm{d}v_z}{\mathrm{d}t}\boldsymbol{k}\\&=\frac{\mathrm{d}^2x}{\mathrm{d}t^2}\boldsymbol{i}+\frac{\mathrm{d}^2y}{\mathrm{d}t^2}\boldsymbol{j}+\frac{\mathrm{d}^2z}{\mathrm{d}t^2}\boldsymbol{k}=a_x\boldsymbol{i}+a_y\boldsymbol{j}+a_z\boldsymbol{k}\end{aligned} \tag{4-7}$$

其中

$$a_x=\frac{\mathrm{d}v_x}{\mathrm{d}t}=\frac{\mathrm{d}^2x}{\mathrm{d}t^2},\quad a_y=\frac{\mathrm{d}v_y}{\mathrm{d}t}=\frac{\mathrm{d}^2y}{\mathrm{d}t^2},\quad a_z=\frac{\mathrm{d}v_z}{\mathrm{d}t}=\frac{\mathrm{d}^2z}{\mathrm{d}t^2} \tag{4-8}$$

(3) 自然法

① 弧坐标表示点的运动方程　当点的运动轨迹已知时，动点在空间位置的确定由点沿运动轨迹到动点的距离来描述。如图 4-2(a) 所示，s 为弧坐标，当点 M 沿已知轨迹运动时，弧坐标是时间 t 的单值连续函数，其运动方程为：

$$s=s(t) \tag{4-9}$$

② 自然法表示点的速度　自然坐标轴系，即动点 M 沿已知轨迹运动，以动

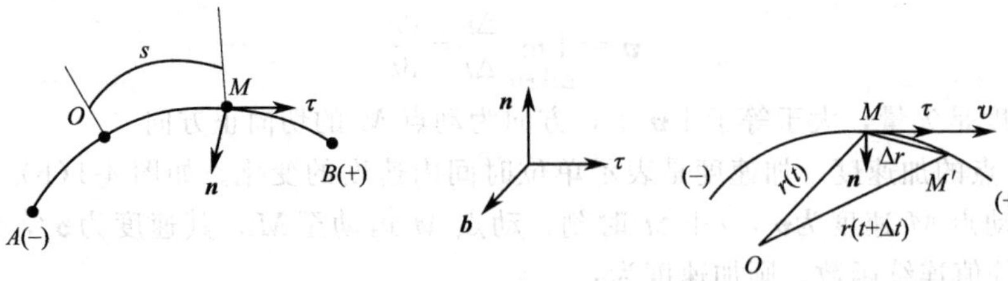

(a) 弧坐标法表示的运动方程 (b) 坐标法 (c) 自然法表示点的速度

图 4-2 弧坐标法表示点的运动

点 M 为坐标原点，以轨迹上过 M 点的切线和法线为坐标轴，得到的随动点的变化而变化的坐标系。其中切向轴、法向轴、轴上单位矢量分别用 $\boldsymbol{\tau}$，$\boldsymbol{n}$，$\boldsymbol{b}$ 表示，$\boldsymbol{\tau}$，$\boldsymbol{n}$，$\boldsymbol{b}$ 符合右手定则，如图 4-2(b)、(c) 所示，点的速度为：

$$U=\lim_{\Delta t\to 0}\frac{\Delta \boldsymbol{r}}{\Delta t}=\lim_{\Delta t\to 0}\frac{\Delta \boldsymbol{r}}{\Delta \boldsymbol{s}}\times\frac{\Delta \boldsymbol{s}}{\Delta t}=\lim_{\Delta t\to 0}\frac{\Delta \boldsymbol{r}}{\Delta \boldsymbol{s}}\lim_{\Delta t\to 0}\frac{\Delta \boldsymbol{s}}{\Delta t}$$

其中$\dfrac{\Delta \boldsymbol{r}}{\Delta \boldsymbol{s}}$是一矢量，大小为：当 $\Delta t\to 0$，$\left|\dfrac{\Delta \boldsymbol{r}}{\Delta \boldsymbol{s}}\to 1\right|$，而方向趋于切向，因此：

$$\lim_{\Delta t\to 0}\frac{\Delta \boldsymbol{r}}{\Delta \boldsymbol{s}}=\boldsymbol{\tau}$$

$$\lim_{\Delta t\to 0}\frac{\Delta \boldsymbol{s}}{\Delta t}=\frac{\mathrm{d}s}{\mathrm{d}t}=v$$

故 $$\boldsymbol{U}=v\boldsymbol{\tau}=\frac{\mathrm{d}s}{\mathrm{d}t}\boldsymbol{\tau} \tag{4-10}$$

③ 自然法表示点的加速度

$$a=\frac{\mathrm{d}\boldsymbol{U}}{\mathrm{d}t}=\frac{\mathrm{d}(v\boldsymbol{\tau})}{\mathrm{d}t}=\frac{\mathrm{d}v}{\mathrm{d}t}\boldsymbol{\tau}+v\frac{\mathrm{d}\boldsymbol{\tau}}{\mathrm{d}t} \tag{4-11}$$

现讨论$\dfrac{\mathrm{d}\boldsymbol{\tau}}{\mathrm{d}t}$，如图 4-3 所示，$\Delta\boldsymbol{\tau}=2\mid\boldsymbol{\tau}\mid\sin\dfrac{\Delta\boldsymbol{\varphi}}{2}=2\times 1\times\Delta\boldsymbol{\varphi}=\Delta\boldsymbol{\varphi}\left(\sin\dfrac{\Delta\boldsymbol{\varphi}}{2}\to\dfrac{\Delta\boldsymbol{\varphi}}{2}\right)$

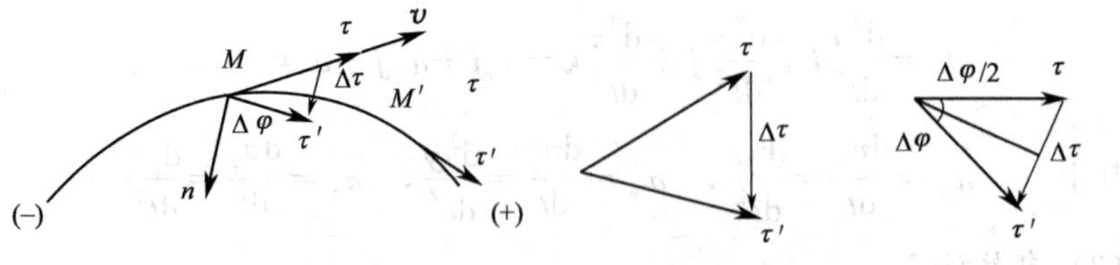

图 4-3 自然法表示点的加速度

$$\left|\frac{\mathrm{d}\boldsymbol{\tau}}{\mathrm{d}t}\right|=\lim_{\Delta t\to 0}\frac{|\Delta\boldsymbol{\tau}|}{\Delta t}=\lim_{\Delta t\to 0}\frac{\Delta\boldsymbol{\varphi}}{\Delta \boldsymbol{s}}\times\frac{\Delta \boldsymbol{s}}{\Delta t}=\lim_{\Delta t\to 0}\frac{\Delta\boldsymbol{\varphi}}{\Delta \boldsymbol{s}}\lim_{\Delta t\to 0}\frac{\Delta \boldsymbol{s}}{\Delta t}$$

其中 $$\lim_{\Delta t\to 0}\frac{\Delta \boldsymbol{s}}{\Delta t}=\frac{\mathrm{d}s}{\mathrm{d}t}=v$$

对于 $\lim\limits_{\Delta t \to 0} \dfrac{\Delta \boldsymbol{\varphi}}{\Delta \boldsymbol{s}}$，如图 4-4 所示，在 M 点的曲率为 $\dfrac{d\varphi}{ds} = \lim\limits_{\Delta s \to 0} \dfrac{\Delta \boldsymbol{\varphi}}{\Delta \boldsymbol{s}}$，其曲率半径：

$$\frac{1}{\rho} = \lim_{\Delta t \to 0} \frac{\Delta \boldsymbol{\varphi}}{\Delta \boldsymbol{s}} = \frac{d\varphi}{ds}$$

故 $$\lim_{\Delta t \to 0} \frac{|\Delta \boldsymbol{\tau}|}{\Delta \boldsymbol{s}} = \frac{v}{\rho}$$

因此，矢量 $\dfrac{d\boldsymbol{\tau}}{dt}$ 的大小为 $\dfrac{v}{\rho}$，方向为 $\boldsymbol{n}$，即

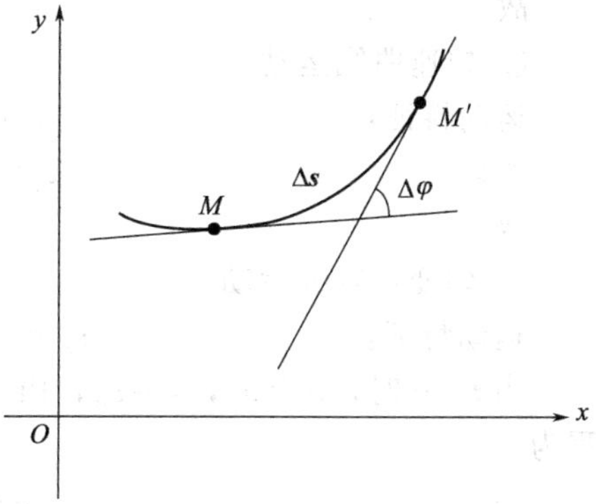

图 4-4 M 点曲率

$$\frac{d\boldsymbol{\tau}}{dt} = \frac{v}{\rho}\boldsymbol{n} \tag{4-12}$$

将式(4-12) 代入式(4-11)，得：

$$\boldsymbol{a} = \frac{dv}{dt}\boldsymbol{\tau} + \frac{v^2}{\rho}\boldsymbol{n} \tag{4-13}$$

令 $$a_\tau = \frac{dv}{dt},\ a_n = \frac{v^2}{\rho}$$

所以 $$\boldsymbol{a} = a_\tau \boldsymbol{\tau} + a_n \boldsymbol{n} = \boldsymbol{a}_\tau + \boldsymbol{a}_n \tag{4-14}$$

式中，a_τ 为切向加速度；a_n 为法向加速度。

切向加速度： $$a_\tau \boldsymbol{\tau} = \frac{dv}{dt}\boldsymbol{\tau} = \frac{d^2 s}{dt^2}\boldsymbol{\tau}$$

$$a_\tau = \frac{dv}{dt} = \frac{d^2 s}{dt^2} \tag{4-15}$$

切向加速度大小为 $\dfrac{dv}{dt}$，方向与 $\boldsymbol{\tau}$ 同向。

法向加速度： $$a_n \boldsymbol{n} = \frac{v^2}{\rho}\boldsymbol{n}$$

$$a_n = \frac{v^2}{\rho} \tag{4-16}$$

法向加速度大小为 $\dfrac{v^2}{\rho}$，方向与 $\boldsymbol{n}$ 同向。

(4) 几种点的运动特例

① 匀速直线运动

运动特征： $$v = \text{const}, \rho \to \infty$$

所以 $$a_\tau = 0,\ a_n = 0$$

故 $$a=0$$

② 匀速曲线运动

运动特征： $$|v|=\text{const}$$

所以 $$a_\tau=0,\ a_n\neq 0$$

故 $$a=a_n$$

③ 匀变速直线运动

运动特征： $$a_\tau=\text{const},\ a_n=0$$

当 $t=0$ 时，$v=v_0$，$s=s_0$，由 $\mathrm{d}v=a\mathrm{d}t$，$\mathrm{d}s=v\mathrm{d}t$，积分其速度和运动方程为：

$$v=v_0+at \tag{4-17}$$

$$s=s_0+v_0t+\frac{1}{2}at^2 \tag{4-18}$$

消去上两式 t，得

$$v^2=v_0^2+2a(s-s_0) \tag{4-19}$$

④ 匀变速曲线运动

运动特征： $$a_\tau=\text{const},\ a_n=\frac{v^2}{\rho}$$

当 $t=0$ 时，$v=v_0$，$s=s_0$，由 $\mathrm{d}v=a_\tau\mathrm{d}t$，$\mathrm{d}s=v\mathrm{d}t$，积分其速度和运动方程为：

$$v=v_0+a_\tau t \tag{4-20}$$

$$s=s_0+v_0t+\frac{1}{2}a_\tau t^2 \tag{4-21}$$

消去上两式 t，得

$$v^2=v_0^2+2a_\tau(s-s_0) \tag{4-22}$$

(5) 点的合成运动

动点相对于定参考系的运动称为绝对运动；动点相对于动参考系的运动称为相对运动；动参考系相对于定参考系的运动称为牵连运动。因此，动点对于定参考系的速度称为动点的绝对速度，用 $\boldsymbol{v}_\mathrm{a}$ 表示；动点对于动参考系的速度称为动点的相对速度，用 $\boldsymbol{v}_\mathrm{r}$ 表示；牵连点相对于定参考系的速度称为动点的牵连速度，用 $\boldsymbol{v}_\mathrm{e}$ 表示。

点的速度合成定理：动点在某瞬时的绝对速度等于它在该瞬时的牵连速度与相对速度矢量和，即

$$\boldsymbol{v}_\mathrm{a}=\boldsymbol{v}_\mathrm{e}+\boldsymbol{v}_\mathrm{r} \tag{4-23}$$

4.2 刚体的运动

刚体（rigid body）是指在运动中的受力作用下，形状和大小不变，并且内

部各点的相对位置也不变的物体。绝对刚体实际是不存在的。刚体的基本运动有两种，即平动和定轴转动。

（1）刚体的平动

刚体在运动过程中，若其上任一直线始终平行于它的初始位置，则这种运动称为刚体的平行移动，简称平动，如图 4-5 所示。

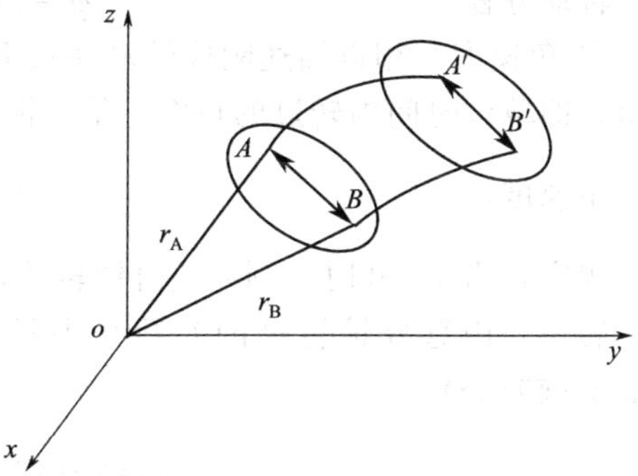

图 4-5 刚体的平动

当刚体平动时，其上各点的轨迹若是直线，则称刚体作直线平动（平移），其上各点轨迹若是曲线，则称刚体作曲线平动。

平动刚体上任一直线矢量$\vec{BA}$，经 Δt 时间平移到 $B'A'$，平移过程中始终与 $\vec{BA}$ 保持平行，根据刚体的不变形性和平动的特征，有：

$$\begin{cases} |\overrightarrow{BA}| = |\overrightarrow{B'A'}| \\ |\overrightarrow{BA}| /\!/ |\overrightarrow{B'A'}| \end{cases}$$

A、B 初始位置用 $\boldsymbol{r}_A$ 和 $\boldsymbol{r}_B$ 表示，则

$$\boldsymbol{r}_A = \boldsymbol{r}_B + \overrightarrow{BA}$$

求导得

$$\frac{d\boldsymbol{r}_A}{dt} = \frac{d\boldsymbol{r}_B}{dt} + \frac{d\,\overline{BA}}{dT}$$

由$\overline{BA}$ 是常量，即$\frac{d\,\overline{BA}}{dt}=0$，于是速度

$$v_A = v_B \tag{4-24}$$

再求导，得加速度

$$a_A = a_B \tag{4-25}$$

结论：刚体平动时，其上各点的运动轨迹形状相同，在每一瞬时，各点速度相同，加速度也相同。因此，研究刚体的平动可归结为研究物体内任一点（如质心）的运动。

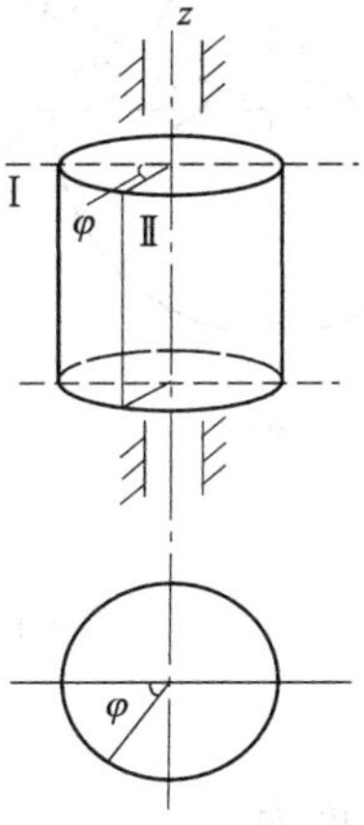

图 4-6 刚体的转动

（2）刚体的转动

刚体以一点为中心或以一直线为定轴作圆周运动称为刚体的转动，如图 4-6 所示。

（3）以角度表示的刚体转动

① 转动方程　用以描述转动刚体任一瞬时在空间中的位置的方程称为转动方程。如图 4-6 所示，刚体绕轴从Ⅰ面转动至Ⅱ面，其转角 φ 用于确定转动刚体在空间中位置的参量，随时间 t 变化而变化，是时间 t 的单值连续函数。

转动方程： $\varphi=\varphi(t)$ (4-26)

② 角速度 用以描述刚体转动快慢和转动方向的物理量称为角速度，用 ω 表示，即单位时间内转过的角度，是一标量，单位为 rad/s。

角速度： $\omega=\dfrac{d\varphi}{dt}$ (4-27)

规定：当 $\omega>0$ 时，刚体逆时针转动，反之，则顺时针转动。

转速：用每分钟转过的圈数来表示刚体转动的快慢，符号为 n，单位为 r/min（转/分）。

$$\omega=2\pi n/60=\frac{1}{30}\pi n \quad (4\text{-}28)$$

③ 角加速度 α 用以描述角速度 ω 的变化快慢的物理量，用 α 表示，即单位时间内角速度的变化量，是一标量，单位为 rad/s^2。

$$\alpha=\frac{d\omega}{dt}=\frac{d^2\varphi}{dt^2} \quad (4\text{-}29)$$

规定：α 与 ω 同号表示刚体作加速转动；反之，刚体作减速转动。

注：角速度、角加速度也可用矢量表示，并以矢量形式参加运算，大小按 $\omega=\dfrac{d\varphi}{dt}$，$\alpha=\dfrac{d\omega}{dt}$ 计算，方向符合右手螺旋法则，即四指为转动方向，大拇指为矢量 $\omega(\alpha)$ 方向。

（4）以线位移表示的刚体转动

如图 4-7 所示。

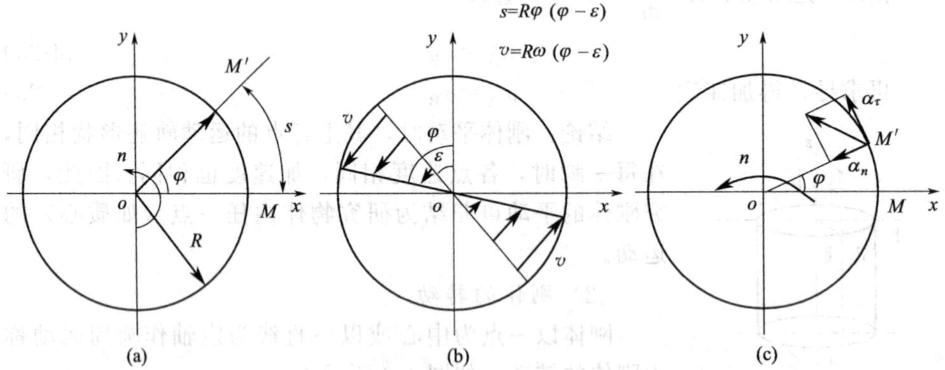

图 4-7 以线位移表示的刚体转动

① 转动方程 $s=R\varphi$ (4-30)

式中，R 为刚体的半径；φ 为刚体转动的角度。

② 速度 $s=R\varphi$ 式两边对 t 求导，得 $\dfrac{ds}{dt}=R\dfrac{d\varphi}{dt}$，因此速度为：

$$v=R\omega \tag{4-31}$$

③ 加速度　切向加速度：

$$\alpha_\tau=\frac{\mathrm{d}^2 s}{\mathrm{d}t^2}=R\frac{\mathrm{d}^2\varphi}{\mathrm{d}t^2} \tag{4-32}$$

$$\alpha_\tau=R\alpha \tag{4-33}$$

又因为
$$\alpha_n=\frac{v^2}{\rho}=\frac{v^2}{R}=\frac{(Rw)^2}{R}$$

所以，法向加速度
$$\alpha_n=R\omega^2 \tag{4-34}$$

工程实践例题与简解

例 4-1　离心泵是利用叶轮旋转而使水产生的离心力来工作的。离心泵在启动前，必须使泵壳和吸水管内充满水，然后启动电机，使泵轴带动叶轮和水做高速旋转运动，水在离心力的作用下，被甩向叶轮外缘，经蜗形泵壳的流道流入水泵的压水管路。如图 4-8(a)、(b) 所示，水泵叶轮中心处，由于水在离心力的

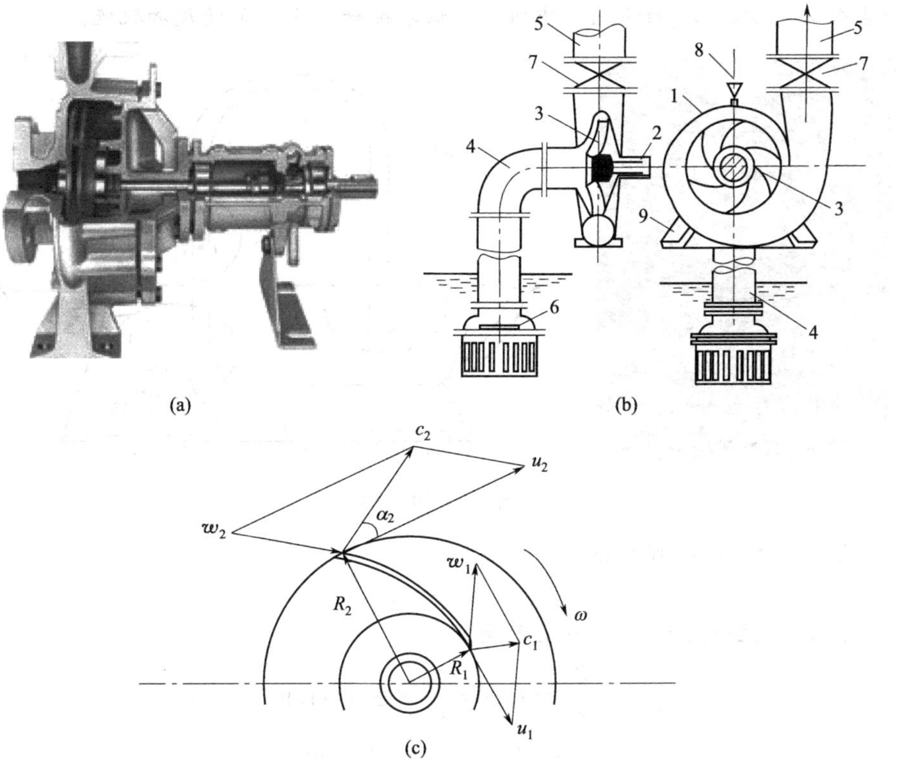

图 4-8　例 4-1 图

1—泵壳；2—泵轴；3 叶轮；4—吸水管；5—压水管；6—底阀；7—控制阀门；8—灌水漏斗；9—泵座

作用下被甩出后形成真空，吸水池中的水便在大气压力的作用下被压进泵壳内，叶轮通过不停地转动，使得水在叶轮的作用下不断流入与流出，达到了输送水的目的。试对叶轮内液体做运动分析。

解： 叶轮旋转是流体一方面和叶轮一起作旋转运动，同时又在叶轮流道中沿叶片向外流动。流体在叶轮内随着叶轮一起旋转的运动为牵连运动，其速度为牵连速度，用 u 表示，流体在叶轮内相对叶轮的运动为相对运动，其速度为相对速度，用 ω 表示，则流体相对机壳等固定件的运动为绝对运动，其速度为绝对速度，用 c 表示，由绝对运动等于牵连运动加上相对运动得，$c=u+\omega$，如图 4-8(c) 所示。

例 4-2 搅拌机依靠搅拌器在搅拌槽中转动对液体进行搅拌，是化工生产中将气体、液体或固体颗粒分散于液体中的常用方法。工业上常用的搅拌槽是一个圆筒形容器，搅拌器一般装在转轴端部，通常从槽顶插入液层，搅拌器轴用电动机通过减速器带动。如图 4-9 所示搅拌机为齿轮减速器型式，搅拌机由主动轴 O_1 同时带动齿轮 O_2、O_3 转动，搅拌杆 ABC 用销钉 A、B 与 O_2、O_3 轮相连。若已知主动轮转速为 $n=1000\mathrm{r/min}$，$AB=O_2O_3$，$O_2A=O_3B=300\mathrm{mm}$，各轮的齿数 Z_1、Z_2、Z_3 如图 4-9 中所示。试求搅杆端点 C 的速度和轨迹。

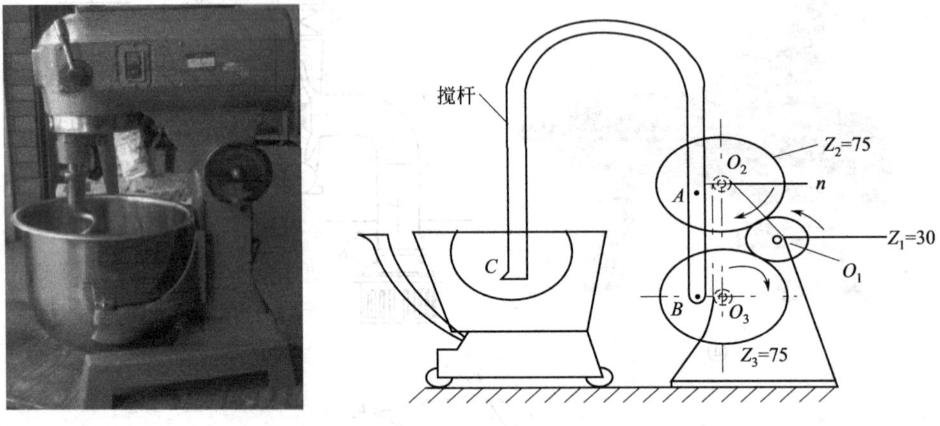

图 4-9 例 4-2 图

解： 搅杆 ABC 作平移

$$v_C=v_A$$

点 C 的轨迹为半径 300mm 的圆。

$$\omega_2=\omega_1\frac{Z_1}{Z_2}=1000\times\frac{2\pi}{60}\times\frac{30}{75}=41.9\ (\mathrm{rad/s})$$

$$v_A=0.3\times\omega_2=12.57\mathrm{m/s}$$

例 4-3 齿轮传动是指由齿轮副传递运动和动力的装置，它是现代各种设备中应用最广泛的一种机械传动方式。它的传动比较准确，效率高，结构紧凑，工作可靠，寿命长。主要用于透平压缩机、石化泵、搅拌釜用立式减速机、石油钻机、抽油机用齿轮减速器等。定传动比齿轮传动的类型很多，当主、从动轮回转轴线平行，即平面齿轮传动，如图4-10所示，图示半径为 r 的齿轮由曲柄 OA 带动，沿半径为 R 的固定齿轮滚动。曲柄 OA 以等角加速度 α 绕轴 O 转动，当运动开始时，初始角速度 $\omega_0=0$，初始转角 $\varphi_0=0$。试求动齿轮以圆心 A 为基点的平面运动方程。

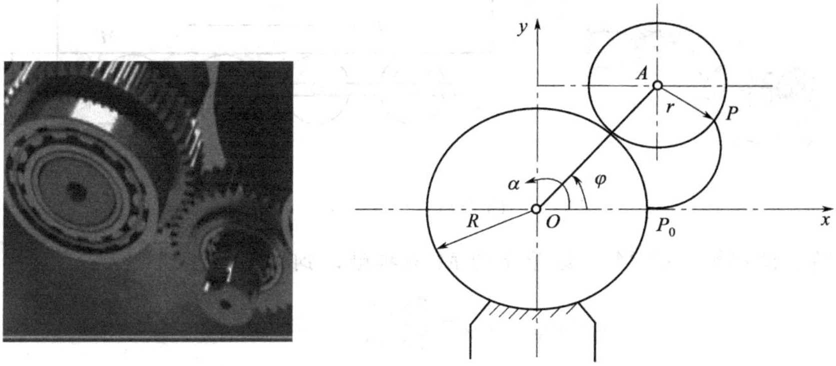

图4-10 例4-3图

解：

$$x_A=(R+r)\cos\varphi \tag{1}$$

$$y_A=(R+r)\sin\varphi \tag{2}$$

α 为常数，当 $t=0$ 时，$\omega_0=\varphi_0=0$

$$\varphi=\frac{1}{2}\alpha t^2 \tag{3}$$

起始位置，P 与 P_0 重合，即起始位置 AP 水平，记$\angle OAP=\theta$，则 AP 从起始水平位置至图示 AP 位置转 $\varphi_A=\varphi+\theta$

因动齿轮纯滚，固有$\overset{\frown}{CP_0}=\overset{\frown}{CP}$，即

$$R\varphi=r\theta$$

$$\theta=\frac{R}{r}\varphi,\quad \varphi_A=\frac{R+r}{r}\varphi \tag{4}$$

将式(3)代入式(1)、式(2)、式(4)得动齿轮以 A 为基点的平面运动方程为：

$$\begin{cases} x_A=(R+r)\cos\left(\dfrac{\alpha}{2}t^2\right) \\ y_A=(R+r)\sin\left(\dfrac{\alpha}{2}t^2\right) \\ \varphi_A=\dfrac{1}{2}\times\dfrac{R+r}{r}\alpha t^2 \end{cases}$$

例 4-4 织物芯滚子传送带由驱动装置、传动系统、控制系统、滚筒、机架、支腿等部件组成。可适用于不同地区、不同冷热条件以及各种粮食食品、化工产品等散装物料的不同条件下输送。图 4-11 所示滚子传送带，已知滚子的直径 $d=0.5\text{m}$，转速 $n=100\text{r/min}$。求钢板在滚子上无滑动运动的速度和加速度，并求在滚子上与钢板接触点的加速度。

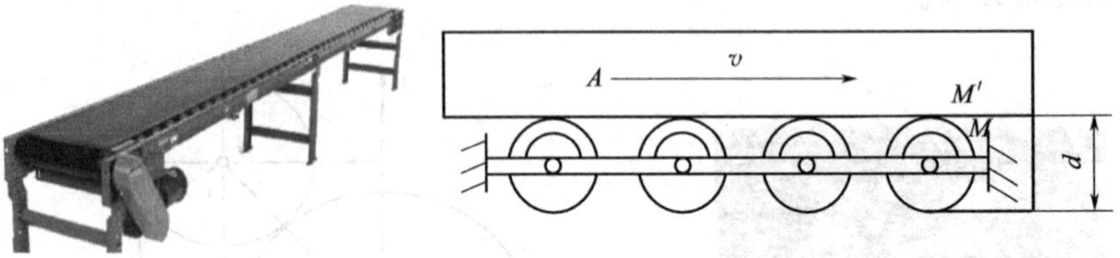

图 4-11　例 4-4 图

解： 设钢板上的 M' 与滚子上的 M 点接触，钢板平动速度

$$v=v_{M'}=v_M=\frac{2\pi nd}{2\times 60}=2.620\text{m/s}$$

钢板加速度
$$a=\frac{\mathrm{d}v}{\mathrm{d}t}=0$$

滚子上 M 点的加速度

$$\alpha_{\tau M}=0,\quad \alpha_{nM}=\frac{2v^2}{d}=27.46\text{m/s}^2$$

例 4-5 内燃机，是一种动力机械，它是通过使燃料在机器内部燃烧，并将其放出的热能直接转换为动力的热力发动机。广义上的内燃机不仅包括往复活塞式内燃机、旋转活塞式发动机和自由活塞式发动机，也包括旋转叶轮式的喷气式发动机，但通常所说的内燃机是指活塞式内燃机。内燃机中的活塞、曲轴、连杆以及气缸体，实际上利用了曲柄滑块机构的运动特征。图 4-12(a) 所示的机构中，曲柄 OA 以角速度逆时针转动，连杆 AB 上有一套筒 C 与杆 CD 相连，并通过套筒 C 带动 CD 杆上下运动。已知 $OA=25\text{mm}$，$AB=60\text{mm}$，$\omega=5\text{rad/s}$。求图 4-12(b) 所示瞬时，CD 杆的速度。

解： 运动分析，在此机构中 OA 杆作定轴转动，AB 杆作平面运动，CD 杆作平动，套筒 C 为复合运动。

$$v_A=OA\times\omega=25\times 5=125\ (\text{mm/s})\qquad v_A\ \text{的方向水平向左}$$

连杆 AB 作平面运动，由于 $v_A /\!/ v_B$，故在该瞬时连杆 AB 作瞬时平动，故

$$v_A=v_B=v_C$$

以 CD 杆上的 C_3 点为动点，连杆 AB 为动系，连杆 AB 上的 C_2 点为牵连点。

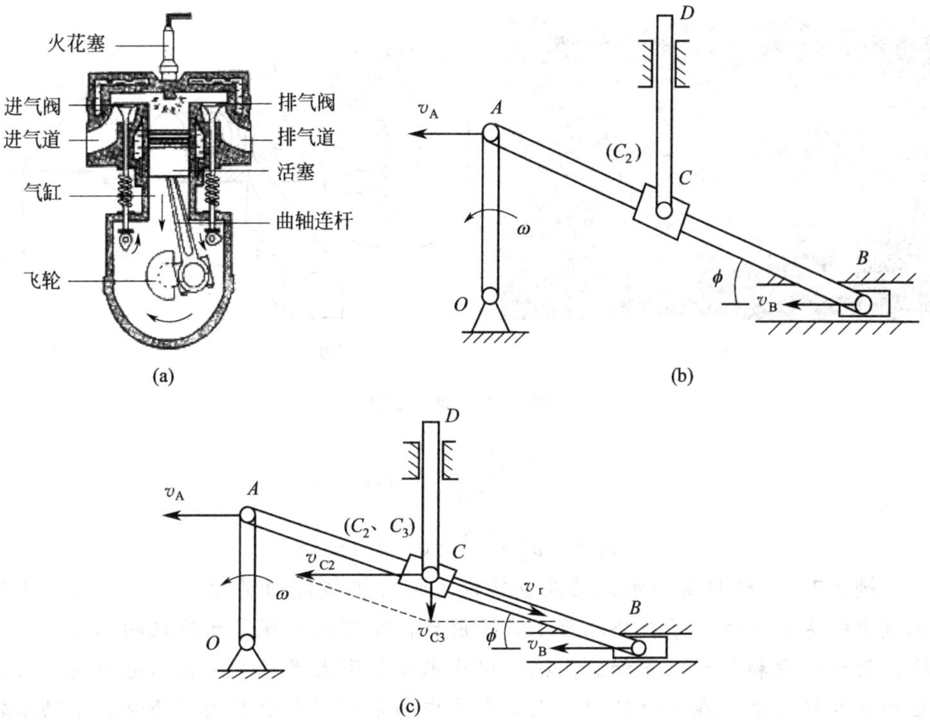

图 4-12 例 4-5 图

$v_e=v_{C2}=125\text{mm/s}$，方向水平向左，$C_3$ 点的绝对速度 $\vec{v}_a$ 沿铅垂方向，相对速度 $\vec{v}_r$ 沿 AB 方向，由点的速度合成定理 $\vec{v}_a=\vec{v}_e+\vec{v}_r$，作出 C 的速度平行四边形。

由图 4-12(c) 中的几何关系知：

$$v_{C3}=v_a=v_e\tan\phi=v_{C2}\frac{OA}{OB}=v_{C2}\frac{OA}{\sqrt{AB^2-OA^2}}=125\times\frac{25}{\sqrt{60^2-25^2}}=57.3\ (\text{mm/s})$$

v_{C3} 的方向铅垂向下。

CD 杆作平动，故其速度等于 C_3 点的绝对速度。

例 4-6 机床主轴指的是机床上带动工件或刀具旋转的轴。通常由主轴、轴承和传动件（齿轮或带轮）等组成主轴部件。在机器中主要用来支撑传动零件如齿轮、带轮，传递运动及扭矩，如机床主轴；有的用来装夹工件，如心轴。图 4-13(a)、(b) 所示车床主轴的转速 $n=30\text{r/min}$，工件的直径 $d=30\text{mm}$，如车刀横向走刀速度为 $v=10\text{mm/s}$。试求车刀对工件的相对速度。

解： 以刀尖 P 点为动点，以工件为动系［图 4-13(c)］，有

$$v_a=v_e+v_r$$
$$v_a=v=0.01\text{m/s}$$

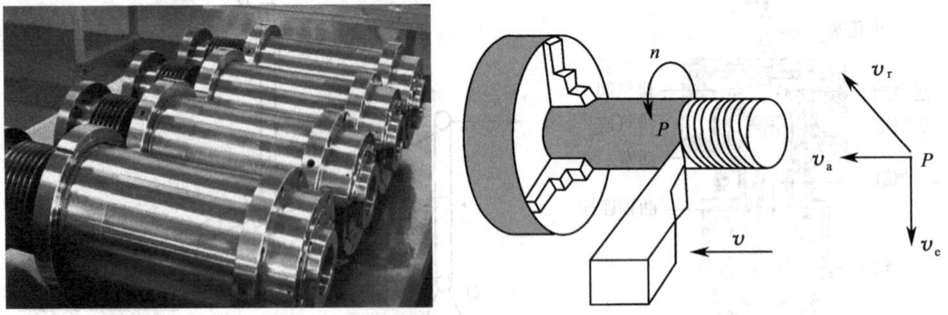

(a) (b) (c)

图 4-13 例 4-6 图

$$v_e=\frac{n\pi d}{60\times1000}=0.0471\text{m/s}$$

$$v_r=\sqrt{v_a^2+v_e^2}=0.0481\text{m/s}$$

例 4-7 水轮机是把水流的能量转换为旋转机械能的动力机械，它属于流体机械中的透平机械。早在公元前 100 年前后，中国就出现了水轮机的雏形——水轮，用于提灌和驱动粮食加工器械。现代水轮机则大多数安装在水电站内，用来驱动发电机发电。在水电站中，上游水库中的水经引水管引向水轮机，推动水轮机转轮旋转，带动发电机发电。做完功的水则通过尾水管道排向下游。水头越高、流量越大，水轮机的输出功率也就越大。水流在图 4-14(a)、(b) 所示水轮机工作轮入口处的绝对速度 $v_a=15\text{m/s}$，其方向与铅垂直径成 $\beta=60^\circ$ 角。工作轮半径 $R=2\text{m}$，转速 $n=30\text{r/min}$。为避免水流与工作轮叶片相冲击，应使水流对工作轮的相对速度与叶片相切。试求在工作轮外缘处水流对工作轮的相对速度。

解： 水轮机工作轮入口处的 1 滴水为动点 P，动系固结于工作轮，定系固结于机架/地面（一般定系可不特别说明，默认为固结于机架，下同）；牵连运动为定轴转动，相对运动与叶片曲面相切，速度分析如图 4-14(c) 所示，设 θ 为 v_r 与 x' 轴的夹角。点 M 的牵连速度：

$$v_e=R\omega=2\times\frac{n\pi}{30}=6.283\text{m/s}$$

方向与 y' 轴平行。由图 4-14(b) 可知：

$$\frac{v_e}{\sin(60^\circ+\theta)}=\frac{v_a}{\sin(90^\circ-\theta)}=\frac{v_r}{\sin30^\circ}$$

所以

$$v_e\cos\theta=v_a\sin(60^\circ+\theta)$$

即

$$\tan\theta=\frac{v_e-v_a\sin60^\circ}{v_a\cos60^\circ}$$

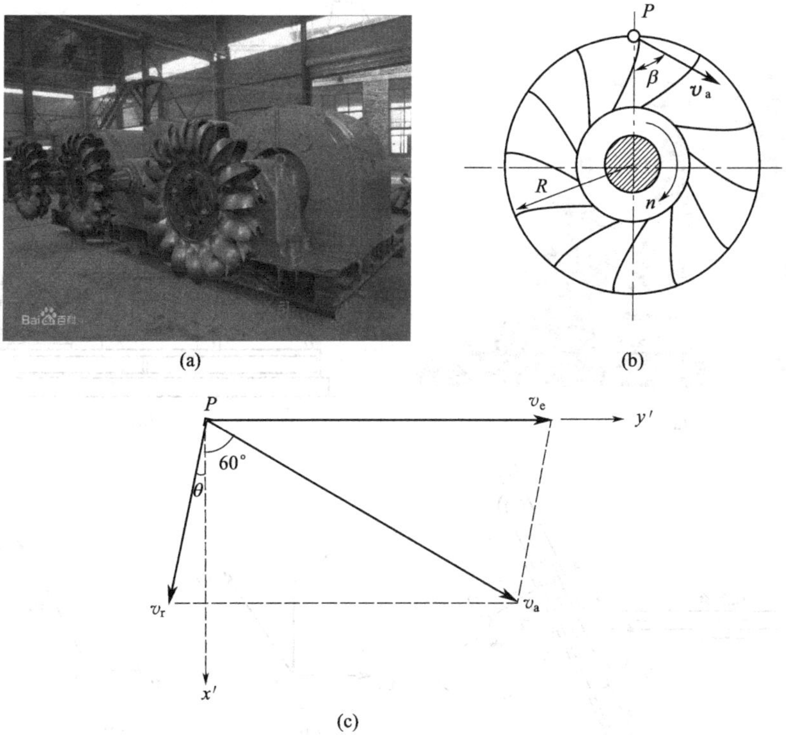

图 4-14 例 4-7 图

把 $v_e=6.283\text{m/s}$ 及 $v_a=15\text{m/s}$ 代入，解得

$$\theta=41°48'$$

解得

$$v_r=\frac{\sin 30°}{\cos\theta}v_a=10.06\text{m/s}$$

例 4-8 游梁式抽油机，也称梁式抽油机、游梁式曲柄平衡抽油机，指含有游梁，通过连杆机构换向，曲柄重块平衡的抽油机，俗称磕头机。游梁式抽油机是油田目前主要使用的抽油机类型之一，主要由“驴头”—游梁—连杆—曲柄机构、减速箱、动力设备和辅助装备等四大部分组成，如图 4-15(a)、(b) 所示。工作时，电动机的传动经变速箱、曲柄连杆机构变成驴头的上下运动，驴头经光杆、抽油杆带动井下抽油泵的柱塞作上下运动，从而不断地把井中的原油抽出井筒。图 4-15(c) 所示为抽油机的曲柄滑道机构，曲柄 $OA=r$，并以匀角速度 ω 绕 O 轴转动。装在水平杆上的滑槽 DE 与水平线成 60°角。试求当曲柄与水平轴的交角分别为 $\varphi=0°$，30°时，杆 BC 的速度。

解： 以 A 为动点，以 BC 杆为动系，有

$$v_a=v_e+v_r$$

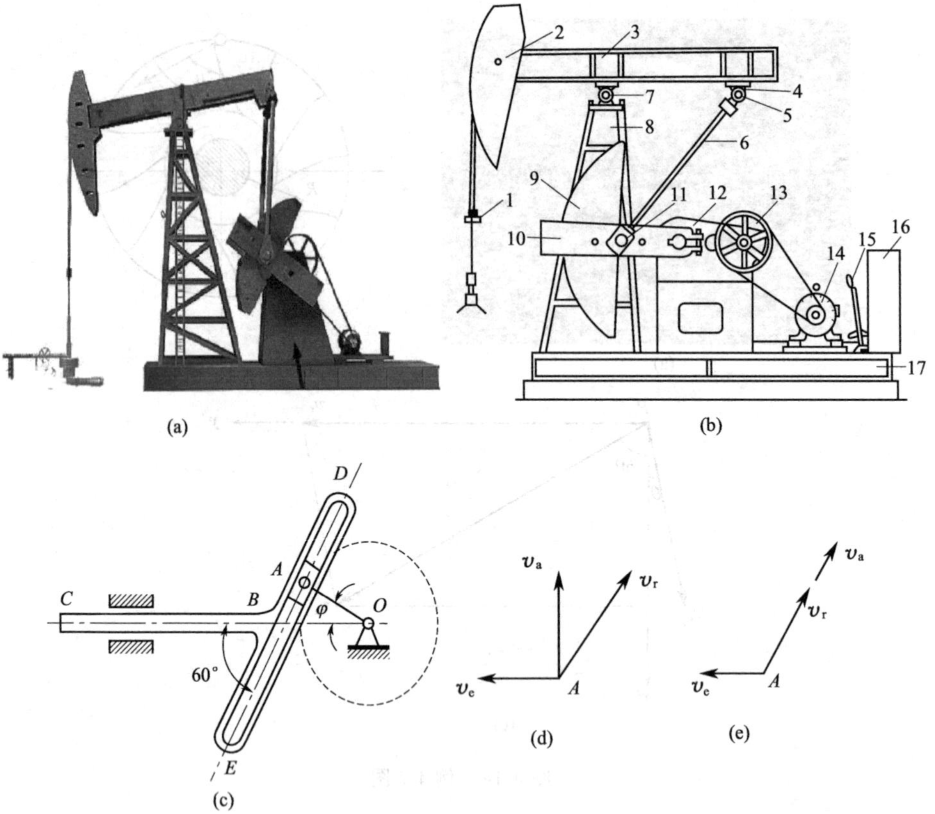

图 4-15　例 4-8 图

1—悬绳器；2—驴头；3—游梁；4—横梁；5—横梁轴；6—连杆；7—支架轴；8—支架；9—平衡块；10—曲柄；11—曲柄销轴承；12—减速箱；13—减速箱皮带轮；14—电动机；15—刹车装置；16—电路控制装置；17—底座

在 $\varphi=0°$ 时，速度矢量如图 4-15(d) 所示：

$$v_{BC}=v_e=\frac{\sqrt{3}}{3}v_a=\frac{\sqrt{3}}{3}\omega r$$

$\varphi=30°$ 时，速度矢量如图 4-15(e) 所示，把各矢量向 OB 轴方向投影可知：

$$v_e=0$$

$$v_{BC}=v_e=0$$

例 4-9　活塞式压缩机是一种依靠活塞往复运动使气体增压和输送气体的压缩机［图 4-16(a)］。主要由工作腔、传动部件、机身及辅助部件组成。如图 4-16(b) 所示，活塞由活塞杆带动在气缸内作往复运动，活塞两侧的工作腔容积大小轮流作相反变化，容积减小一侧气体因压力增高通过气阀排出，容积增大一侧因气压减小通过气阀吸进气体，传动部件用以实现往复运动，有曲轴连杆、偏心滑块、斜盘等，活塞式压缩机是容积型压缩机中应用最广泛的一种。在石油、化工生产中活塞式压缩机的主要用途：一是压缩气体用作动力；二是制冷和气体分离，如气体经压缩、冷却、膨胀而液化，用于人工制冷；三是用于合成及聚合；四是用于气体输送或装瓶。其中以曲轴连杆机构使用最普遍，它由十字头、连杆和曲轴等组成。活塞式压缩机曲柄滑块机构可简化成如图 4-16(c) 所示，已知：$OA=r$，$AB=L$，OA 以匀角速度 ω 转动。试求 $\varphi=90°$ 时杆 AB 的角加速度。

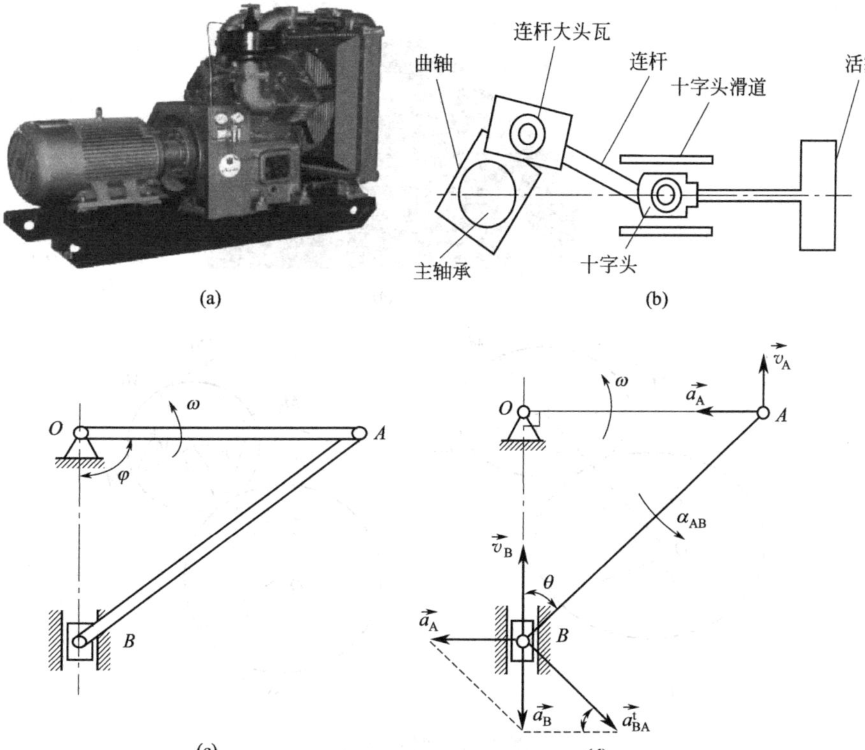

图 4-16　例 4-9 图

解： 因杆 AB 作瞬时平动，故 $\omega_{AB}=0$

如图 4-16(d) 所示，取点 A 为基点 $\vec{a}_B=\vec{a}_A+\vec{a}^t_{BA}$

由加速度矢量合成关系，得

$$a^t_{BA}=\frac{a_A}{\cos\theta}=\frac{r\omega^2L}{\sqrt{L^2-r^2}}$$

$$角加速度\ \alpha_{AB}=\frac{a^t_{BA}}{AB}=\frac{r\omega^2}{\sqrt{L^2-r^2}}$$

例 4-10 行星齿轮是指除了能像定轴齿轮那样围绕着自己的转动轴转动之外，它们的转动轴还随着行星架绕其他齿轮的轴线转动的齿轮系统［图 4-17(a)］。绕自己轴线的转动称为“自转”，绕其他齿轮轴线的转动称为“公转”，就像太阳系中的行星那样，因此得名。常用于减速器中，即行星齿轮减速机。行星齿轮减速机主要传动结构为：行星轮，太阳轮，外齿圈。行星减速机因为结构原因，单级减速最小为3，最大一般不超过10。如图 4-17(b) 所示行星轮半径为 r，在半径为 R 的固定轮上作无滑动的滚动。已知曲柄 OA 以匀角速度 ω_0 转动。求在图示位置，行星轮上 M_1、M_2、M_3 的速度。

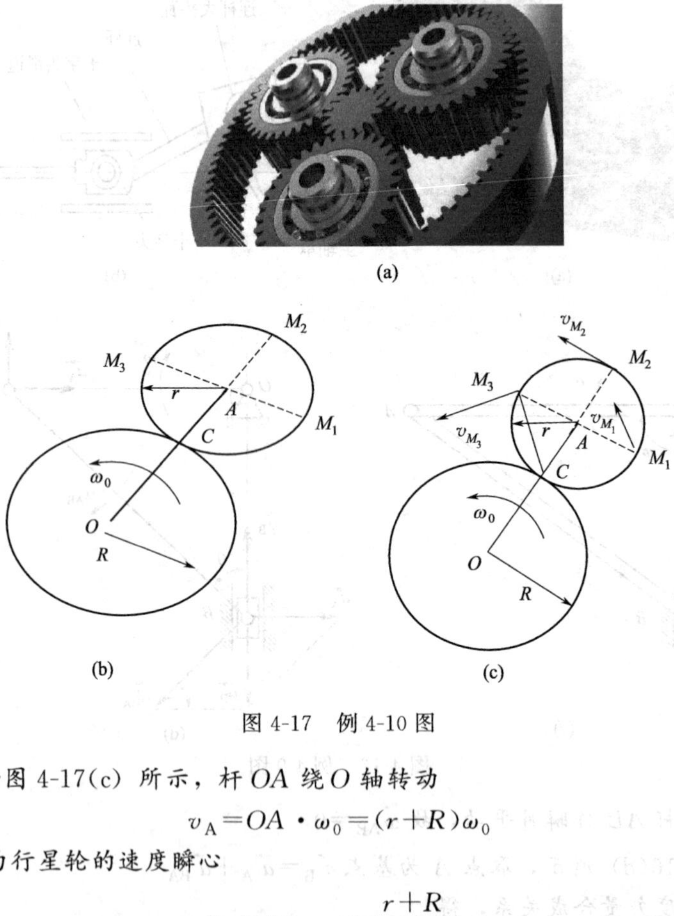

图 4-17 例 4-10 图

解： 如图 4-17(c) 所示，杆 OA 绕 O 轴转动

$$v_A = OA \cdot \omega_0 = (r+R)\omega_0$$

点 C 为行星轮的速度瞬心

$$v_A = r\omega, \quad \omega = \frac{r+R}{r}\omega_0$$

$$v_{M_1} = CM_1\omega = \sqrt{2}(r+R)\omega_0$$

$$v_{M_2} = CM_2\omega = 2(r+R)\omega_0$$

$$v_{M_3} = CM_3\omega = \sqrt{2}(r+R)\omega_0$$

例 4-11 螺旋千斤顶又称机械式千斤顶，是由人力通过螺旋副传动，螺杆或螺母套筒作为顶举件。机械式千斤顶是手动起重工具种类之一，其结构紧凑，合理地利用摇杆的摆动，使小齿轮转动，经一对圆锥齿轮合运转，带动螺杆旋转，推动升降套筒，从而使重物上升或下降。如图 4-18 所示，在千斤顶机构中，当手柄 A 转动时，齿轮 1、2、3、4 与 5 即随意转动，并带动齿条 B 运动，如手柄 A 的转速 ω 为 25r/min，齿轮的齿数 $Z_1=6$，$Z_2=24$，$Z_3=8$，$Z_4=32$，第五齿轮的节圆半径 $r=4$cm，求齿条 B 的速度。

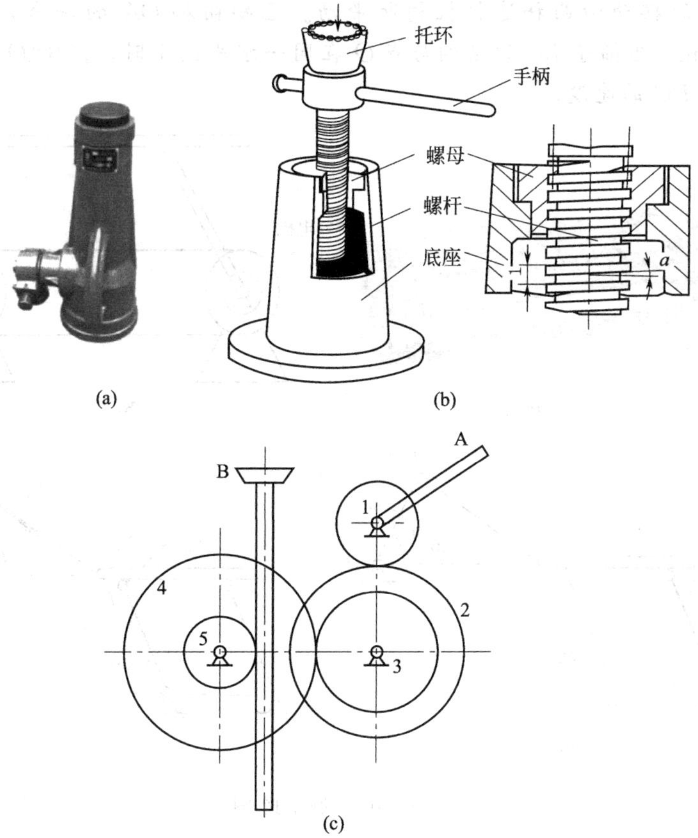

图 4-18 例 4-11 图

解：

$$\frac{\omega_1}{\omega_2}=\frac{Z_2}{Z_1},\ \frac{\omega_3}{\omega_4}=\frac{Z_4}{Z_3}\text{且 }\omega_2=\omega_3$$

所以

$$i_{14}=\frac{\omega_1}{\omega_4}=\frac{Z_2Z_4}{Z_1Z_3}$$

$$\omega_4=\frac{\omega_1}{i_{14}}=\frac{Z_1Z_3}{Z_2Z_4}\omega_1$$

又因为 $\omega_5=\omega_4$，$\omega_1=\omega$

所以 $v_B=\omega_5 r_5=\omega\dfrac{Z_1 Z_3}{Z_2 Z_4}r_5=25\times\dfrac{6\times 8}{24\times 32}\times 4=0.625\ (\text{cm/s})$

例 4-12 摇动筛是以曲柄连杆机构作为传动部件。电动机通过皮带和皮带轮带动偏心轴回转，借连杆使机体沿着一定方向作往复运动。广泛应用于矿山、冶金、化工建材工业中，用作物料的筛分、分级、洗涤、脱介、脱水之用，特别是在选煤工艺中的应用，意义重大。如图 4-19(a)、(b)、(c) 所示，在摇动机构中，筛子的摆动由曲柄连杆机构所带动。已知曲柄 OA 的转速 $n=30\text{r/min}$，$OA=30\text{cm}$。当筛子 BC 运动到与点 O 在同一水平线上时，$\angle BAO=90°$，求此瞬时筛子 BC 的速度。

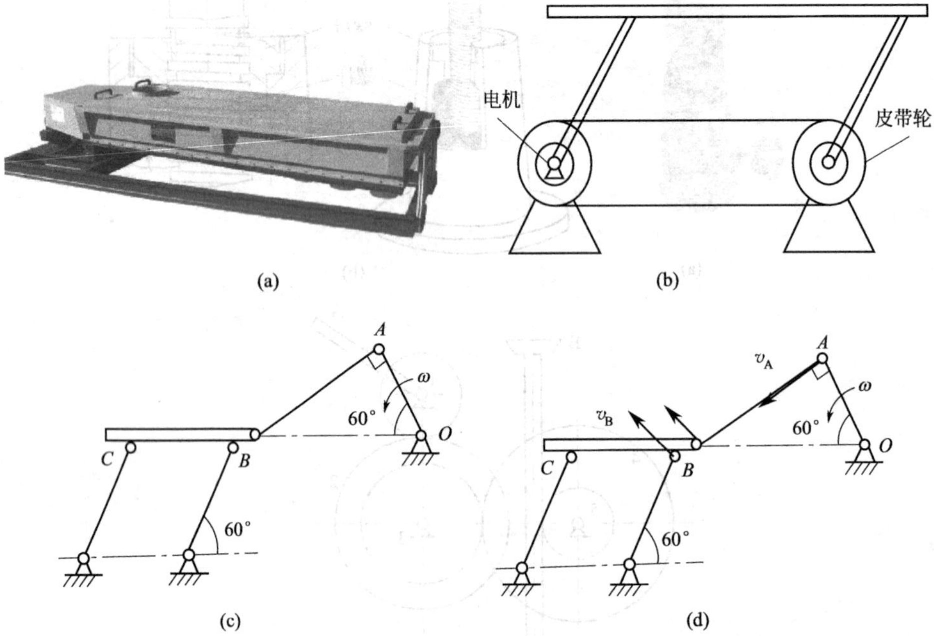

图 4-19 例 4-12 图

解： 由图 4-19(d) 所示机构知 BC 作平行移动，图 4-19(d) 所示位置时，v_B 与 CBO 夹角为 30°，与 AB 夹角为 60°。

由题意知 $v_A=\omega\cdot OA=\dfrac{2\pi\times 30}{60}\times 0.30=0.3\pi\ (\text{m/s})$

由速度投影定理 $(v_A)_{AB}=(v_B)_{AB}$ 得 $v_A=v_B\cos 60°$

$$v_{BC}=v_B=\frac{v_A}{\cos 60°}=0.6\pi=1.88\ (\text{m/s})$$

例 4-13 牛头刨床是一种作直线往复运动的刨床，滑枕带着刨刀，因滑枕前端的刀架形似牛头而得名［图 4-20(a)］。组成结构是：原动部分是电机；传动部分是齿轮，曲轴连杆机构；执行部分是滑枕；控制部分包括工作部，离合手柄，变速控制手柄。牛头刨床主要用中小型牛头刨床，主运动大多采用曲柄摇杆机构传动，故滑枕的移动速度是不均匀的。牛头刨床的机构简图如图 4-20(b) 所示。已知 $O_1A=20\text{cm}$，$\angle O_1O_2A=30°$，匀角速度 $\omega_1=2\text{rad/s}$，试求图 4-20(b) 所示位置滑杆 CD 的速度。

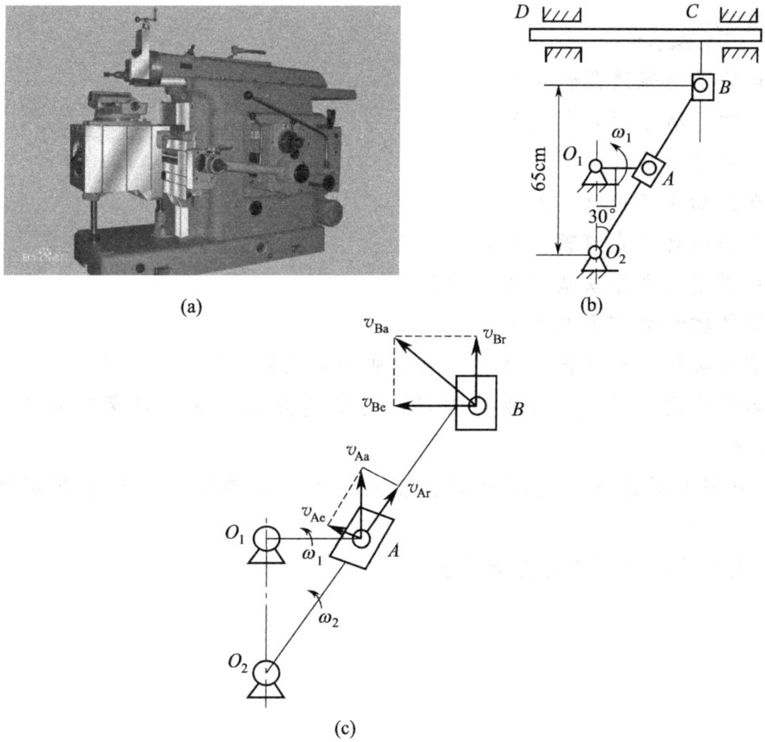

图 4-20 例 4-13 图

解： 如图 4-20(c) 所示，先取 O_2B 为动系，A 为动点，则 A 点的速度为：

$$v_{Aa}=v_{Ae}+v_{Ar} \tag{1}$$

再选取 B 为动点，CD 为动系，则 B 点的速度为：

$$v_{Ba}=v_{Be}+v_{Br} \tag{2}$$

由 A 的速度合成图得：

$$v_{Aa}=\omega_1\cdot O_1A$$

$$v_{Ae}=v_{Aa}\sin 30°$$

$$O_2A=2O_1A$$

所以有

$$\omega_2=\frac{v_{Ae}}{O_2A}=\frac{\omega_1}{4}$$

再由 B 的速度合成图可得：

$$v_{Be}=v_{Ba}\cos30°=\omega_2\cdot O_2B\cdot\cos30°=\frac{\omega_1}{4}\times\frac{130\sqrt{3}}{3}\times\cos30°=32.5\text{cm/s}$$

思考题

1. 点的运动轨迹是什么？
2. 点的运动方程是什么？
3. 点的速度是什么？
4. 点的加速度是什么？
5. 点的运动方式有哪几种？
6. 可以用几个方法描述点的运动？
7. 刚体的运动有哪几种？
8. 切向加速度和法向加速度的表达式是什么？
9. 匀速直线运动、匀速曲线运动、匀变速直线运动、匀变速曲线运动的特征是什么？
10. 分别说明什么是绝对运动、相对运动、牵连运动，在生产实践中举例说明。
11. 点的速度合成定理是什么？

第5章

动力学

动力学（dynamics）是研究物体的机械运动与作用力之间的关系问题，标示的是在力的作用下物体运动状态的改变。

5.1 动力学基本定律

（1）第一定律（惯性定律）（Newton first law）

不受力作用的质点，将保持静止或作匀速直线运动，是物体本身固有的性质，称为惯性。

（2）第二定律（力与加速度关系定律）（Newton second law）

$$\frac{\mathrm{d}}{\mathrm{d}t}(m\boldsymbol{v})=\boldsymbol{F} \tag{5-1}$$

式中，m 为质点质量；$\boldsymbol{v}$ 为质点速度；$\boldsymbol{F}$ 为质点所受的力。当质点的质量守恒时，第二定律变为：

$$m\boldsymbol{a}=\boldsymbol{F} \tag{5-2}$$

此式表明，质点的质量越大，其运动状态越不易改变，也就是质点的惯性越大，质量是惯性的度量。

（3）第三定律（作用力与反作用力定律）（Newton third law）

两个物体间的作用力与反作用力总是大小相等，方向相反，沿着同一直线，且同时分别作用在这两个物体上。

5.2 质点运动微分基本方程

有一质点 M，其质量为 m，在合力 $\boldsymbol{F}$ 的作用下，以加速度 $\boldsymbol{a}$ 运动，如图 5-1 所示，其基本方程为：$m\boldsymbol{a}=\boldsymbol{F}$。

（1）直角坐标系下的微分方程

微分方程：

$$\begin{cases} m\dfrac{d^2x}{dt^2}=F_x \\ m\dfrac{d^2y}{dt^2}=F_y \\ m\dfrac{d^2z}{dt^2}=F_z \end{cases} \tag{5-3}$$

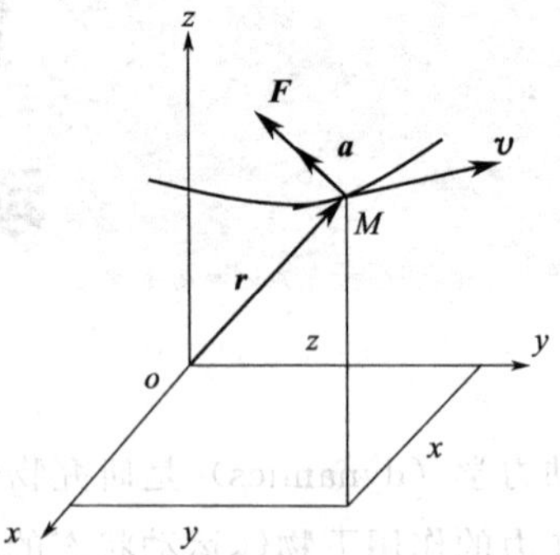

图 5-1 质点受力运动

式中，F_x，F_y，F_z 分别为力 $\boldsymbol{F}$ 在 x，y，z 轴的投影。

(2) 自然坐标系下的微分方程

如图 5-2 所示，坐标轴上 $\boldsymbol{\tau}$，$\boldsymbol{n}$，$\boldsymbol{b}$ 是单位矢，且符合右手定则，在点沿平面曲线运动时的质点运动加速度为：

$$\begin{cases} a=a_\tau\boldsymbol{\tau}+a_n\boldsymbol{n} \\ a_b=0 \end{cases}$$

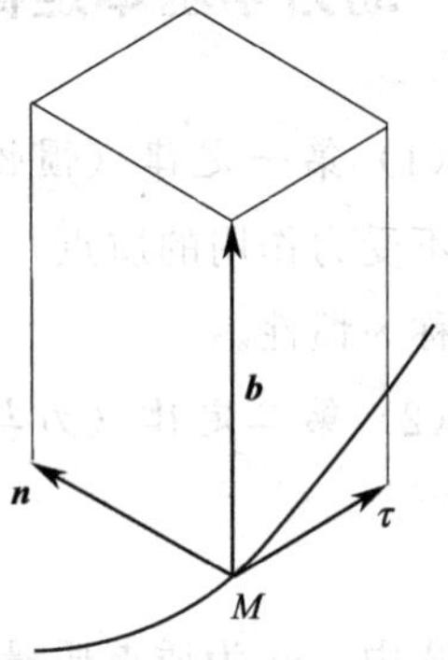

图 5-2 单位矢的位置关系

式中，a_τ，a_n，a_b 分别表示力在 $\boldsymbol{\tau}$，$\boldsymbol{n}$，$\boldsymbol{b}$ 轴的加速度。

微分方程：

$$\begin{cases} m\dfrac{d^2s}{dt^2}=\boldsymbol{F}_\tau \\ m\dfrac{v^2}{\rho}=\boldsymbol{F}_n \\ \boldsymbol{0}=\boldsymbol{F}_b \end{cases} \tag{5-4}$$

式中，$\boldsymbol{F}_\tau$，$\boldsymbol{F}_n$，$\boldsymbol{F}_b$ 分别表示力 $\boldsymbol{F}$ 在 $\boldsymbol{\tau}$，$\boldsymbol{n}$，$\boldsymbol{b}$ 轴的投影。

5.3 惯性力

(1) 概念

一质量为 m 的质点，在主动合力 $\boldsymbol{F}$ 和约束合力 $\boldsymbol{F}_N$ 作用下以加速度 $\boldsymbol{a}$ 运动，如图 5-3 所示，由第二定律得：

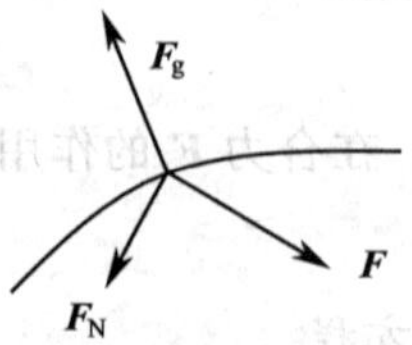

图 5-3 惯性力和假想力

$$m\boldsymbol{a}=\boldsymbol{F}+\boldsymbol{F}_{\mathrm{N}}$$

可写成

$$\boldsymbol{F}+\boldsymbol{F}_{\mathrm{N}}-m\boldsymbol{a}=\boldsymbol{0}$$

令 $\boldsymbol{F}_{\mathrm{g}}=-m\boldsymbol{a}$，则有：

$$\boldsymbol{F}+\boldsymbol{F}_{\mathrm{N}}+\boldsymbol{F}_{\mathrm{g}}=\boldsymbol{0} \tag{5-5}$$

分析式(5-5)，其形式上是一个平衡方程，假想 $\boldsymbol{F}_{\mathrm{g}}$ 是一个力，此力大小等于质点的质量与加速度的乘积，方向与质点加速度方向相反，作用于此质点上，由于 $\boldsymbol{F}_{\mathrm{g}}$ 具有力的量纲，且与质点的质量有关，因此称为质点惯性力。惯性是物体本身固有的性质，是物体保持自身运动状态的特性。

(2) 达朗伯原理

作用在质点上的主动力、约束力和虚加的惯性力在形式上构成一个平衡力系，这就是达朗伯原理（D'Alembert's principle）。

达朗伯原理的意义是：将运动的问题等效成静力问题，使求解简化、方便，这种处理动力学问题的方法称为动静法。

5.4 平面图形的几何问题

(1) 形心

一个厚度 s 极小的薄片物体，如图 5-4 所示。

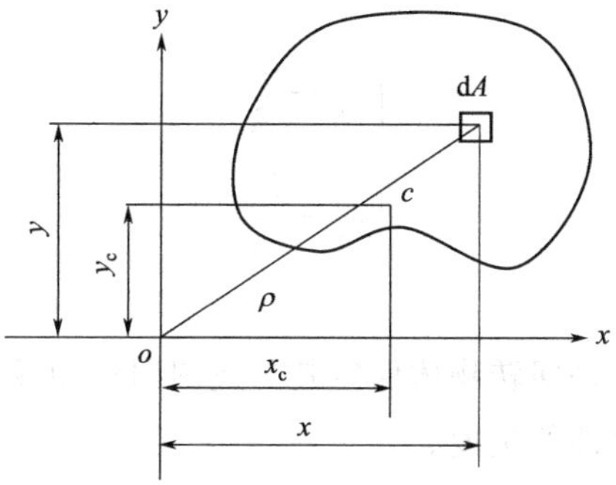

图 5-4 薄片受力分析

其重心的纵坐标 y_{c} 可依据对 x 轴的力矩相等求得：

$$Gy_{\mathrm{c}}=\int_{A}\gamma(\delta\mathrm{d}A)y \tag{5-6}$$

式中，$\mathrm{d}A$ 为微面积；γ 为垂度，即单位体积重量；δ 为厚度；G 为物体总重。其中 $\mathrm{d}G=\gamma(\delta\mathrm{d}A)$，当等厚均质时 $G=\gamma\delta A$，所以得：

$$y_c=\frac{\int y\mathrm{d}G}{G}=\frac{\int_A y\gamma(\delta\mathrm{d}A)}{\gamma\delta A}=\frac{\int_A y\mathrm{d}A}{A}$$

据此可得：

$$\begin{cases}x_c=\dfrac{\int_A x\mathrm{d}A}{A}\\ y_c=\dfrac{\int_A y\mathrm{d}A}{A}\end{cases} \tag{5-7}$$

意义：(x_c，y_c) 为等厚均质薄片物体的重心，即为此薄片图形（平面图形）的形心。

(2) 面矩

定义：微面积 $\mathrm{d}A$ 与其至坐标轴 x 的距离 y 的乘积 $y\mathrm{d}A$，称为 $\mathrm{d}A$ 对 x 轴的面积矩，简称面矩。

$y\mathrm{d}A$ 在整个图形范围内的积分，称为面积 A 对坐标轴 x 的面矩，用 S_x 表示，对 y 轴的面矩用 S_y 表示，即：

$$\begin{cases}S_x=\int_A y\mathrm{d}A\\ S_y=\int_A x\mathrm{d}A\end{cases} \tag{5-8}$$

形心与面矩的关系：

$$\begin{cases}x_c=\dfrac{S_y}{A}\\ y_c=\dfrac{S_x}{A}\end{cases} \tag{5-9}$$

(3) 转动惯量

刚体绕轴转动惯性是回转物体保持其匀速圆周运动或静止的特性，而转动惯量是刚体绕轴转动时惯性的量度。

转动惯量又称质量惯性矩（简称惯矩），它在旋转动力学中的角色相当于线性动力学中的质量，体现出一个物体对于旋转运动的惯性。

① 单质点转动惯量

$$J=mr^2 \tag{5-10}$$

式中，J 为转动惯量；m 为质量；r 是质点和转轴的垂直距离，如图 5-5 所示。

转动惯量只决定于刚体的形状、质量分布和转轴的位置，而与刚体绕轴的转动状态（如角速度大小）无关。

② 不规则非匀质刚体转动惯量

$$J=\sum_i m_i r_i^2 \quad (5\text{-}11)$$

式中，m_i 表示刚体某个质元的质量；r_i 表示该质元到转动轴的垂直距离。

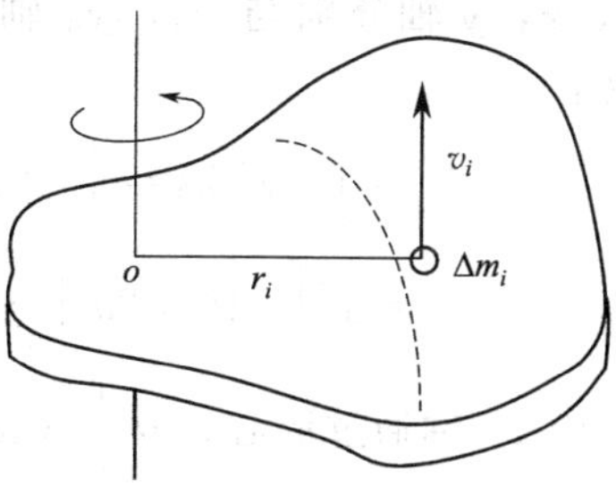

图 5-5 单质点转动惯量

③ 连续刚体转动惯量

当刚体的质量是连续分布时，转动惯量为：

$$J=\iiint_v r^2\mathrm{d}m=\iiint_v r^2\rho\mathrm{d}v \quad (5\text{-}12)$$

式中，ρ 为密度；r 为 dm 质元到转轴的垂直距离。

(4) 惯性矩

惯性矩是一个几何量，用以描述截面抵抗弯曲的性质，是面积二次矩，也称为面积惯性矩，其与质量惯性矩（与转动惯量是两个不同的概念）。

① 如图 5-4 所示，取微面积 dA 与其到 x 轴距离 y 的平方的乘积，在整个图形范围内求积分，亦即图形对 x 轴的二次矩，称为图形对 x 轴的惯性矩，即：

$$\begin{cases} I_x=\int_A y^2\mathrm{d}A \\ I_y=\int_A x^2\mathrm{d}A \end{cases} \quad (5\text{-}13)$$

式中，I_x 称为图形对 x 轴的惯性矩；I_y 称为图形对 y 轴的惯性矩。

② 如果取图形微面积 dA 与其两个坐标 x，y 乘积的积分，称为图形对 x，y 轴的惯积，即：

$$I_{xy}=\int_A xy\mathrm{d}A \quad (5\text{-}14)$$

③ 当采用极坐标系时，图形微面积 dA 与其极坐标原点 O 的距离 ρ 平方乘积的积分，称为图形对坐标原点 O 的惯性矩，即：

$$I_\rho=\int_A \rho^2\mathrm{d}A \quad (5\text{-}15)$$

④ 因为 $\rho^2=x^2+y^2$，则 $I_\rho=\int_A\rho^2\mathrm{d}A=\int_A(x^2+y^2)\mathrm{d}A=\int_A x^2\mathrm{d}A+\int_A y^2\mathrm{d}A$

即：
$$I_\rho=I_x+I_y \quad (5\text{-}16)$$

(5) 平行轴定理

① 惯性矩平行轴定理

有一任意图形，如图 5-6 所示，x_0，y_0 轴为过形心 c 的一对正交轴（形心轴），x，y 轴分别与 x_0，y_0 轴平行，且两轴间距离为 a 和 b，根据惯性矩定义：

$$I_x=\int_A y^2\mathrm{d}A=\int_A (a+y_0)^2\mathrm{d}A=\int_A (a^2+2ay_0+y_0^2)\mathrm{d}A$$
$$=a^2\int_A \mathrm{d}A+2a\int_A y_0\mathrm{d}A+\int_A y_0^2\mathrm{d}A$$

因 x_0 轴通过形心，故 $\int_A y_0\mathrm{d}A=0$，且 $\int_A \mathrm{d}A=A$，$\int_A y_0^2\mathrm{d}A=I_{x_0}$

同理，所以有：

$$\begin{cases}I_x=I_{x_0}+a^2A\\I_y=I_{y_0}+b^2A\\I_{xy}=I_{x_0y_0}+abA\end{cases}\tag{5-17}$$

② 质量转动惯量平行轴定理

定理：刚体对于任一轴的转动惯量等于刚体对于通过质心，并与该轴平行的轴的转动惯量，加上刚体的质量与两轴间距离平方的乘积，如图 5-7 所示。

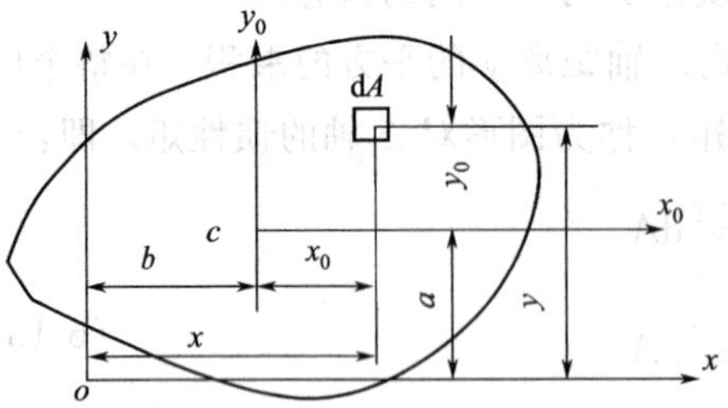

图 5-6 惯性矩平行轴定理

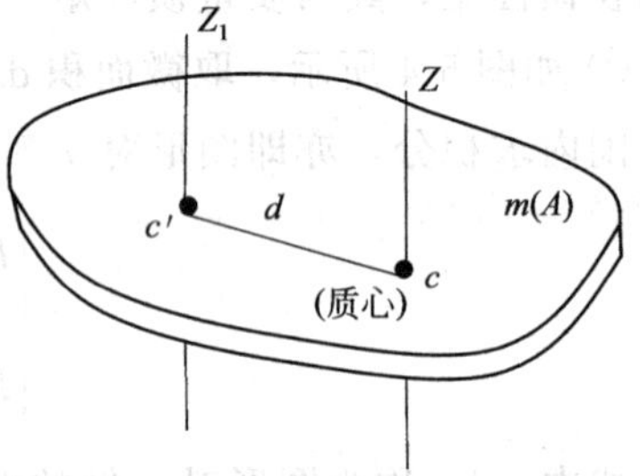

图 5-7 转动惯量平行轴定理

设刚体质量为 m 绕通过质心转动的转动惯量为 J_c，将此轴朝任何方向平行移动一个距离 d，则绕新轴的转动惯量为：

$$J_{c'}=J_c+md^2\tag{5-18}$$

由平行轴定理可知，刚体对于诸平行轴，以通过质心轴的转动惯量最小。

5.5 动力学定理

(1) *动量定理*

① 质点动量　动量是描述机械运动相互传递的物理量，影响机械运动的相互传递有两个因素：速度和质量，因此定义质点的质量与速度的乘积为质点的动量，记为 $m\boldsymbol{v}$。动量是一矢量，单位为 kg·m/s，方向与速度方向一致。

② 冲量　冲量是描述物体在力的作用下引起的运动变化的物理量，在力的作用下，影响物体运动变化的因素有两个：力和力的作用时间，因此定义作用力

与作用时间的乘积称为冲量，记为 $\boldsymbol{F}t$。冲量是一矢量，单位为 N·s，方向与力的方向一致。

③ 动量定理　设质量为 m 的质点 M 在合力 $\boldsymbol{F}$ 的作用下运动，速度为 $\boldsymbol{v}$，如图 5-8 所示，根据动力学基本方程有：

$$m\frac{\mathrm{d}\boldsymbol{v}}{\mathrm{d}t}=\boldsymbol{F} \tag{5-19}$$

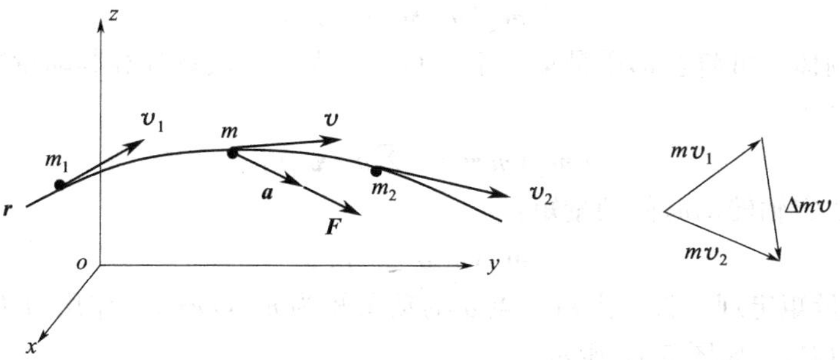

图 5-8　质点 M 的运动

当质点的质量为常量时，得动量定理微分形式：

$$\frac{\mathrm{d}}{\mathrm{d}t}(m\boldsymbol{v})=\boldsymbol{F} \tag{5-20}$$

意义：质点动量对时间的变化率等于该质点所受的合力。

将式(5-20) 积分变形，得动量定理积分形式：

$$m\boldsymbol{v}_2-m\boldsymbol{v}_1=\int_{t_1}^{t}\boldsymbol{F}\mathrm{d}t \tag{5-21}$$

式中，$\boldsymbol{v}_1$ 为 t_1 时刻对应的速度；$\boldsymbol{v}_2$ 为 t 时刻对应的速度。

意义：质点动量在任一时间间隔内的改变，等于在同一时间间隔内作用在该质点上的合力的冲量，动量及动量定理是描述质点运动状态及其变化的规律。

(2) 动量矩定理

对于转动问题，动量矩及动量矩定理描述物体相对于零点的运动状态及其变化规律。

① 动量矩

a. 对点的动量矩　质点 M 绕定点 o 运动，如图 5-9 所示，某瞬时的动量为 $m\boldsymbol{v}$，质点相对于点 o 的矢径为 $\boldsymbol{r}$，定义质点对点 o 的动量矩为：

$$\boldsymbol{m}_0(m\boldsymbol{v})=\boldsymbol{r}\times m\boldsymbol{v} \tag{5-22}$$

动量矩为矢量，单位为 kg·m²/s，其大小为 $|\boldsymbol{m}_0(m\boldsymbol{v})|=m\boldsymbol{v}\cdot\boldsymbol{r}\sin\alpha$，方向符合右手法则。

b. 对轴的动量矩　如图 5-9 所示，$m\boldsymbol{v}$ 在 oxy 平面投影为 $(mv)_{xy}$，其对 z 轴的动量矩为：

$$\boldsymbol{m}_z(m\boldsymbol{v})=r_{xy}\cdot(mv)_{xy} \tag{5-23}$$

式中，$\boldsymbol{m}_z(m\boldsymbol{v})$ 表示对 z 轴的动量矩。因此，质点对点 o 的动量矩在 z 轴上的投影等于对 z 轴的动量矩。

c. 对质点系的动量矩

$$\sum\boldsymbol{m}_z(m_i\boldsymbol{v}_i)=\sum m_i\boldsymbol{v}_i\boldsymbol{r}_i=\sum m_i\omega\boldsymbol{r}_i\boldsymbol{r}_i=\omega\sum m_i\boldsymbol{r}_i^2$$

因为，$\boldsymbol{J}_z=\sum m_i\boldsymbol{r}_i^2$，所以：

$$\sum\boldsymbol{m}_z(m_i\boldsymbol{v}_i)=\boldsymbol{J}_z\omega \tag{5-24}$$

对于刚体，可将全部质量集中于质心，作为一个质点计算其动量矩。刚体平移时的动量矩：

$$\boldsymbol{m}_z(m\boldsymbol{v})=\sum m_i\boldsymbol{v}_i\boldsymbol{r}_i \tag{5-25}$$

刚体绕定轴转动时的动量矩：

$$\boldsymbol{m}_z(m\boldsymbol{v})=\boldsymbol{J}_z\omega \tag{5-26}$$

② 动量矩定理　设质点对定点 o 的动量矩为 $\boldsymbol{m}_0(m\boldsymbol{v})$，作用力 $\boldsymbol{F}$ 对同一点的矩为 $\boldsymbol{m}_0(\boldsymbol{F})$，如图 5-10 所示。

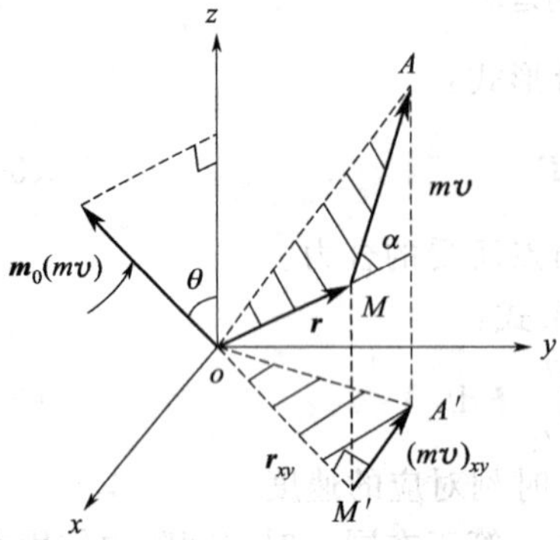

图 5-9　质点 M 的动量矩

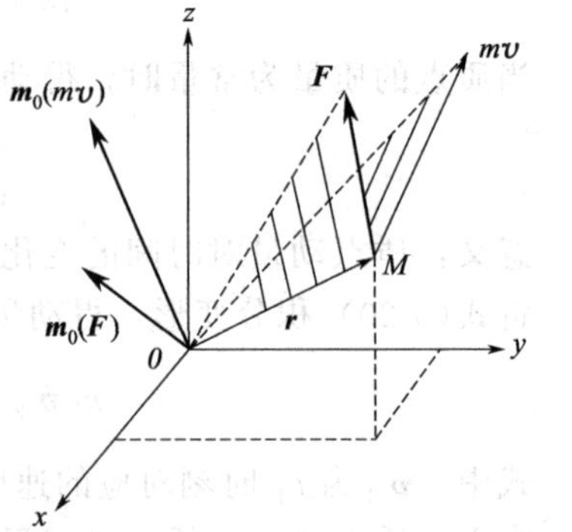

图 5-10　质点 M 的动量矩定理

将动量矩对时间取一阶导数，得：

$$\frac{\mathrm{d}}{\mathrm{d}t}\boldsymbol{m}_0(m\boldsymbol{v})=\frac{\mathrm{d}}{\mathrm{d}t}(\boldsymbol{r}\times m\boldsymbol{v})=\frac{\mathrm{d}\boldsymbol{r}}{\mathrm{d}t}\times m\boldsymbol{v}+\boldsymbol{r}\times\frac{\mathrm{d}}{\mathrm{d}t}(m\boldsymbol{v})$$

根据质点动量定理有 $\frac{\mathrm{d}}{\mathrm{d}t}(m\boldsymbol{v})=\boldsymbol{F}$，且 $\boldsymbol{U}=\frac{\mathrm{d}\boldsymbol{r}}{\mathrm{d}t}$，代入上式得：

$$\frac{\mathrm{d}}{\mathrm{d}t}\boldsymbol{m}_0(m\boldsymbol{v})=\boldsymbol{U}\times m\boldsymbol{v}+\boldsymbol{r}\times\boldsymbol{F}$$

因 $\boldsymbol{U}\times m\boldsymbol{v}=\boldsymbol{0}$，$\boldsymbol{r}\times\boldsymbol{F}=\boldsymbol{m}_0(\boldsymbol{F})$，于是得：

$$\frac{\mathrm{d}}{\mathrm{d}t}\boldsymbol{m}_0(m\boldsymbol{v})=\boldsymbol{m}_0(\boldsymbol{F}) \tag{5-27}$$

意义：质点对某定点的动量矩对时间的一阶导数，等于作用力对同一点的矩。

直角坐标系下的动量矩定理为：

$$\begin{cases}\dfrac{\mathrm{d}}{\mathrm{d}t}\boldsymbol{m}_x(m\boldsymbol{v})=\boldsymbol{m}_x(\boldsymbol{F})\\ \dfrac{\mathrm{d}}{\mathrm{d}t}\boldsymbol{m}_y(m\boldsymbol{v})=\boldsymbol{m}_y(\boldsymbol{F})\\ \dfrac{\mathrm{d}}{\mathrm{d}t}\boldsymbol{m}_z(m\boldsymbol{v})=\boldsymbol{m}_z(\boldsymbol{F})\end{cases} \tag{5-28}$$

意义：质点对某定轴的动量矩对时间的一阶导数，等于作用力对同一轴的矩。

③ 质量动量矩定理　如果作用于质点的力对某定点 o 的矩恒等于零，由式(5-27) 可知，$\boldsymbol{m}_0(\boldsymbol{F})=0$，则$\dfrac{\mathrm{d}}{\mathrm{d}t}\boldsymbol{m}_0(m\boldsymbol{v})=0$，因此：

$$\boldsymbol{m}_0(m\boldsymbol{v})=\text{恒量} \tag{5-29}$$

意义：在作用于质点的力对某定点 o 的矩恒等于零条件下，质点对该点的动量矩保持不变。

④ 质点在有心力作用下运动的面积速度定理　质点在运动中受到恒指向某定点 o 的力 $\boldsymbol{F}$ 作用，称该质点在有心力作用下运动。行星绕太阳运动，人造卫星绕地球运动等，都属于这种情况。

因为作用力恒通过定点 o，如图 5-11 所示，因此力 $\boldsymbol{F}$ 对于点 o 的矩恒等于零，于是质点对于点 o 的动量矩守恒，即：

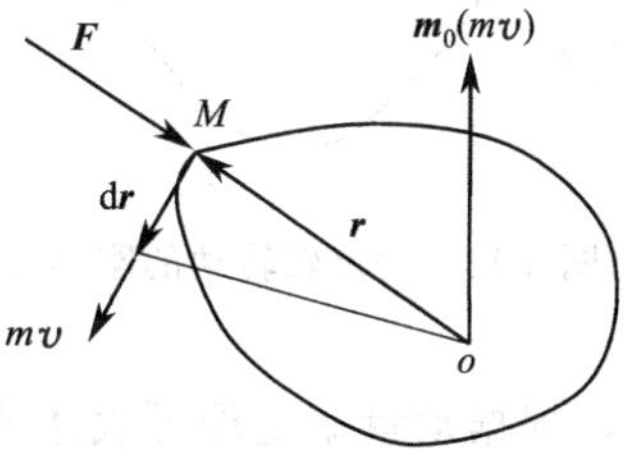

图 5-11　质点在有心力作用下运动

$$\boldsymbol{m}_0(m\boldsymbol{v})=\boldsymbol{r}\times m\boldsymbol{v}=\text{恒矢量}$$

由上式可知：

a. $\boldsymbol{m}_0(m\boldsymbol{v})$ 垂直于 $\boldsymbol{r}$ 与 $m\boldsymbol{v}$ 所在的平面。既然 $\boldsymbol{m}_0(m\boldsymbol{v})$ 是恒矢量，方向始终不变，于是 $\boldsymbol{r}$ 与 $m\boldsymbol{v}$ 始终在一个平面内，因此质心在有心力作用下运动的轨迹是平面曲线。

b. 质点对于点 o 的动量矩的大小不变，即：

$$|\boldsymbol{m}_0(m\boldsymbol{v})|=mvh=\text{恒量}$$

其中 h 是点 o 到动量矢 $m\boldsymbol{v}$ 的垂直距离。

质点在 Δt 秒内从点 M 到点 M'时，图中的阴影面积 oMM'是质点在 Δt 秒内矢径 $\boldsymbol{r}$ 扫过的面积，以 ΔA 表示。以 Δt 除 ΔA 并取极限，表示质点在单位时间内扫过的面积，称为面积速度，即：

$$\frac{\mathrm{d}A}{\mathrm{d}t}=\lim_{\Delta t\to 0}\frac{\Delta A}{\Delta t}$$

可以证明，质点在有心力作用下的面积速度是恒量。

因为

$$\Delta A=\frac{1}{2}MM'\cdot h=\frac{1}{2}|\Delta r|r\sin\alpha'$$

所以

$$\frac{dA}{dt}=\frac{r}{2}\lim_{\Delta t\to 0}\left|\frac{\Delta r}{\Delta t}\right|\lim_{\Delta t\to 0}\sin\alpha'$$

当 $\Delta t=0$ 时，$a'\to a$，因此：

$$\frac{dA}{dt}=\frac{1}{2}rv\sin\alpha=\frac{1}{2}vh$$

已知动量矩守恒，$mvh=$恒量，质点质量是不变的量，于是得面积速度：

$$\frac{dA}{dt}=\frac{1}{2}vh=\text{恒量} \tag{5-30}$$

这个结论称为质点在有心力作用下的面积速度定理。

由此定理可知，当人造卫星绕地球运动时，离地心近时速度大，离地心远时速度小。

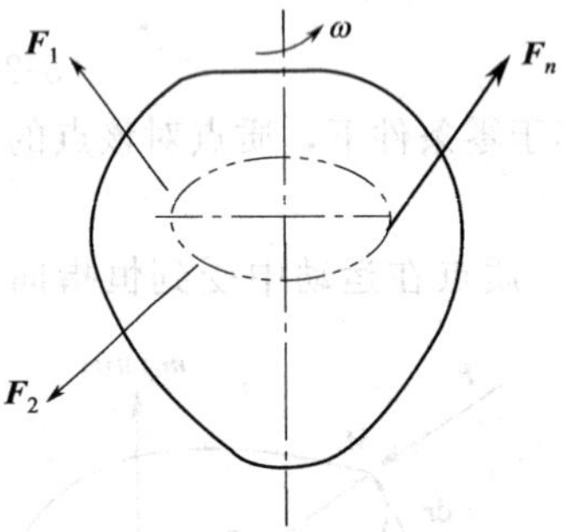

图 5-12　绕定轴转动的刚体受力

⑤ 刚体绕定轴的转动微分方程

设绕定轴转动的刚体上作用有主动力 F_1，F_2，…，F_n 和轴承约束力 F_{N1}、F_{N2}。如图 5-12 所示，刚体对 z 轴的转动惯量为 J_z，角速度为 ω，则对轴动量矩为 $J_z\omega$，当不计轴承中的摩擦，则轴承约束力对 z 轴的力矩等于零，根据动量矩定理可表达成下列各式：

$$\frac{d}{dt}(\boldsymbol{J}_z\omega)=\sum\boldsymbol{M}_z(\boldsymbol{F}_i)$$

$$\boldsymbol{J}_i\frac{d\omega}{dt}=\sum\boldsymbol{M}_z(\boldsymbol{F}_i) \tag{5-31a}$$

$$\boldsymbol{J}_z\alpha=\sum\boldsymbol{M}_z(\boldsymbol{F}_i) \tag{5-31b}$$

$$\boldsymbol{J}_i\frac{d^2\varphi}{dt^2}=\sum\boldsymbol{M}_z(\boldsymbol{F}_i) \tag{5-31c}$$

式(5-31) 为刚体绕定轴转动微分方程。

注：刚体转动方程 $\sum\boldsymbol{M}_z(F)=J_z\alpha$ 和质点运动方程 $\sum F=ma$，形式上相似，因此求解方法也相似。

(3) 动能定理

物质运动的形式是多种多样的，而度量不同形式运动量的统一物理量是能量，物体机械运动的能量为机械能，它包括动能与势能，物体机械能的变化用功来度量，通过功与能的概念来研究物体的机械运动，可使它与其他运动形式联系起来，动能定理是从能量的角度来分析质点和质点系的动力学问题。

① 功

a. 功的定义 功是表示力对物体作用的空间位移的累积的物理量，结果是引起物体能量的改变和转化，其定义为力与力作用点位移的乘积称为功，功是标量，单位为焦耳（J），即：

$$1J=1N\cdot m$$

如图5-13所示，设质点M在任意力$\boldsymbol{F}$作用下沿曲线运动到M'点，力对物体所做的功为力与沿力方向上位移的乘积，即：

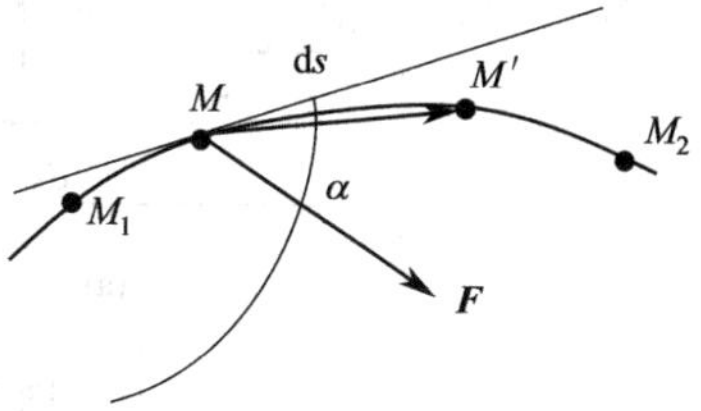

图5-13 质点M做曲线运动

$$\delta W=\boldsymbol{F}\times d\boldsymbol{r}=\boldsymbol{F}\cos\alpha\, ds \tag{5-32}$$

式中，δW为元功；$d\boldsymbol{r}$为质点的微小位移。

$$W=\int_{M_1}^{M_2}\boldsymbol{F}d\boldsymbol{r} \tag{5-33}$$

因 $\boldsymbol{F}=F_x\boldsymbol{i}+F_y\boldsymbol{j}+F_z\boldsymbol{k}$， $d\boldsymbol{r}=d_x\boldsymbol{i}+d_y\boldsymbol{j}+d_z\boldsymbol{k}$

则 $$W_{12}=\int_{M_1}^{M_2}(F_xd_x+F_yd_y+F_zd_z) \tag{5-34}$$

b. 几种常见功

ⅰ. 重力功 质点M在重力作用下沿轨迹由点M_1运动到点M_2，如图5-14所示，在直角坐标系下

$$F_x=0,\ F_y=0,\ F_z=-mg$$

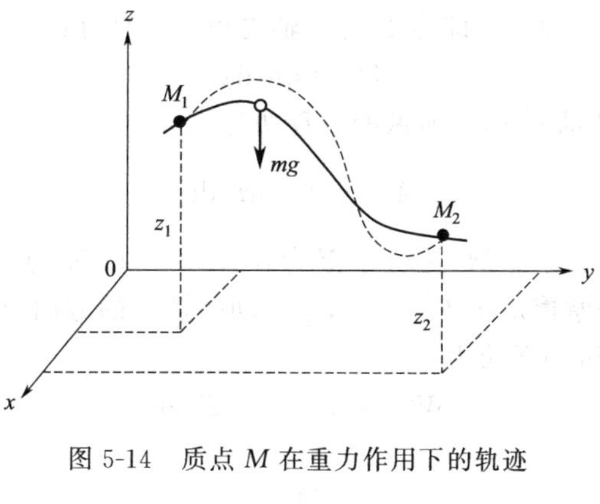

图5-14 质点M在重力作用下的轨迹

其重力作用为：

$$W_{12}=\int_{z_1}^{z_2}-mg\,dz=mg(z_1-z_2)$$

ⅱ. 弹性力功 如图5-15所示，o点为自然长度点，设为坐标原点。

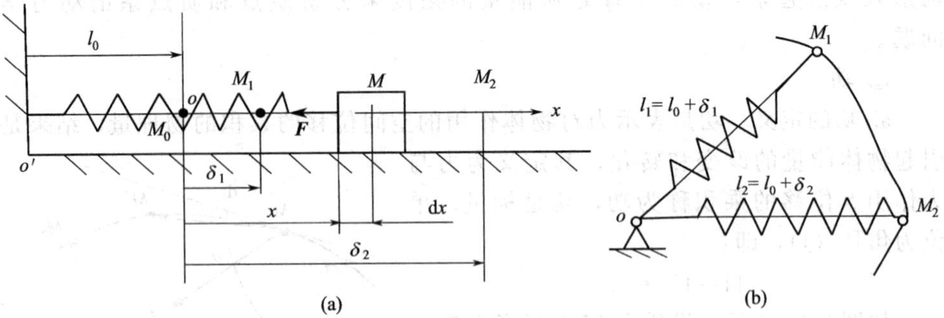

图 5-15　弹簧受力变形

当弹簧（弹性系数为 K）被拉长 x 时，根据胡克定律，其弹性力为 $F=-Kx$，方向指向原点 o，当质点 M 有一微小位移 $\mathrm{d}x$ 时，弹性力的元功为：

$$\delta W=-F\mathrm{d}x=-Kx\mathrm{d}x \tag{5-35}$$

当质点由 M_1 位置移动到 M_2，发生变形，其变形量是 $\delta=\delta_2-\delta_1$，此过程弹性力所做的功为：

$$W=\int_{\delta_1}^{\delta_2}-Kx\mathrm{d}x=\frac{1}{2}K(\delta_1^2-\delta_2^2) \tag{5-36}$$

ⅲ. 力矩功　以定轴转动刚体上 M 点处作用有一力 $\boldsymbol{F}$，如图 5-16 所示，$\boldsymbol{F}=F_\tau\boldsymbol{\tau}+F_r\boldsymbol{r}+F_z\boldsymbol{z}$，其中 $\boldsymbol{\tau}$，$\boldsymbol{r}$，$\boldsymbol{z}$ 为切向、轴向单位矢。

设刚体转动 $\mathrm{d}\varphi$ 角，则 M 点移动 $\mathrm{d}s=r\mathrm{d}\varphi$，力 $\boldsymbol{F}$ 的分量 F_r，F_z 垂直于 $\mathrm{d}s$，故不做功，因此作用于定轴转动刚体上力的元功为：

$$\delta W=\boldsymbol{F}\mathrm{d}r=F_\tau\mathrm{d}s=F_\tau\boldsymbol{r}\mathrm{d}\varphi$$

可以看出，$F_\tau r=M_z$，即力 $\boldsymbol{F}$ 对 z 轴之矩，于是有：

$$\delta W=M_z\mathrm{d}\varphi \tag{5-37}$$

而刚体从 φ_1 转动到 φ_2，所做的过程功为：

$$W_{12}=\int_{\varphi_1}^{\varphi_2}M_z\mathrm{d}\varphi \tag{5-38}$$

ⅳ. 摩擦功　当质点 M 受动摩擦力作用下，由 M_1 点运动到 M_2 点，如图 5-17 所示，根据摩擦定律 $\boldsymbol{F}'=-f\boldsymbol{F}_\mathrm{N}$，动摩擦力的方向总是与质点运动方向相反，动摩擦力所做的元功为：

$$\delta W=\boldsymbol{F}'\mathrm{d}s=-f\boldsymbol{F}_\mathrm{N}\mathrm{d}s \tag{5-39}$$

摩擦过程功为：

$$W=-\int_{M_1}^{M_2}f\boldsymbol{F}_\mathrm{N}\mathrm{d}s \tag{5-40}$$

当法向反力 $\boldsymbol{F}_\mathrm{N}$ 为常值时，则

$$W=-f\boldsymbol{F}_\mathrm{N}s \tag{5-41}$$

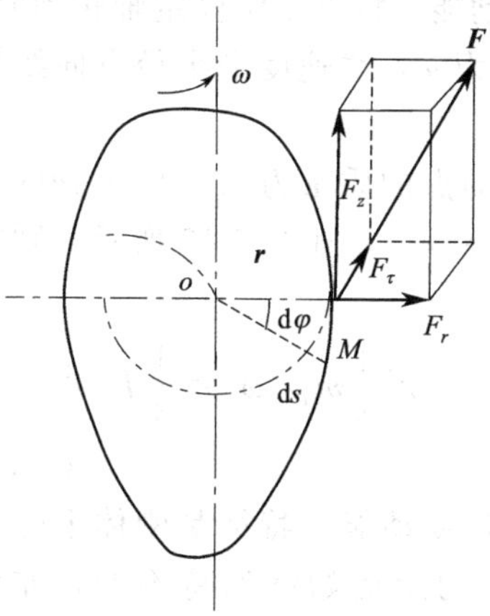

图 5-16 M 点处力的分解

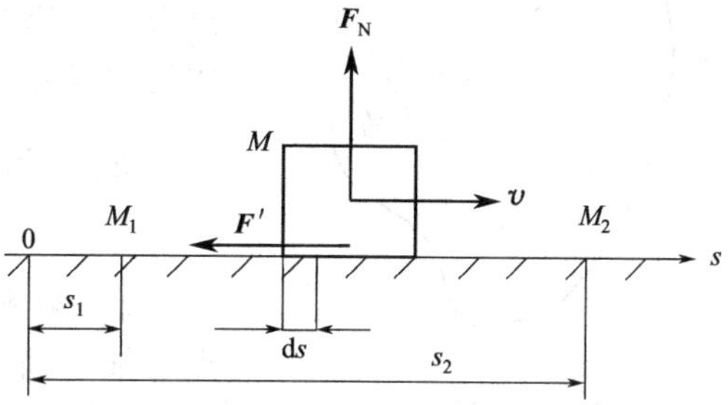

图 5-17 质点 M 受力分析

综上，力的功包括以下几部分：

常力功：

$$W=Fs$$

物体受到的力为 F，在力 F 作用下物体运动的位移为 s。

变力功：

$$W=\int_{M_1}^{M_2} F\mathrm{d}r$$

力矩功：

$$W=\int_{\varphi_1}^{\varphi_2} M_z\mathrm{d}\varphi$$

式中，φ_1 为刚体初始的转角；φ_2 为刚体运动一段时间后的转角。

② 动能 一切运动的物体都具有一定的能量，由机械运动所具有的能量称为动能。

a. 质点动能 一质点质量为 m，速度为 v，则质点所具有的动能为：

$$E_K=\frac{1}{2}mv^2 \tag{5-42}$$

动能是标量，单位为焦耳（J）。

b. 质点系动能 设质点系由 n 个质点组成，其中第 i 个质点的质量为 m_i，瞬时速度为 v_i，质点系内各质点动能的总和为质点系动能，其表达为：

$$E_K=\sum\frac{1}{2}m_iv_i^2 \tag{5-43}$$

c. 刚体动能 刚体是由无数质点组成的不变质点系，由于刚体运动形式不同，其动能计算公式亦不同。

ⅰ. 刚体平动动能 特点是刚体内各质点的瞬时速度都相同，因此

$$E_K=\sum\frac{1}{2}m_iv_i^2=\sum\frac{1}{2}m_iv_c^2=\frac{1}{2}mv_c^2 \tag{5-44}$$

式中，v_c 为质心速度；m 为刚体总质量。

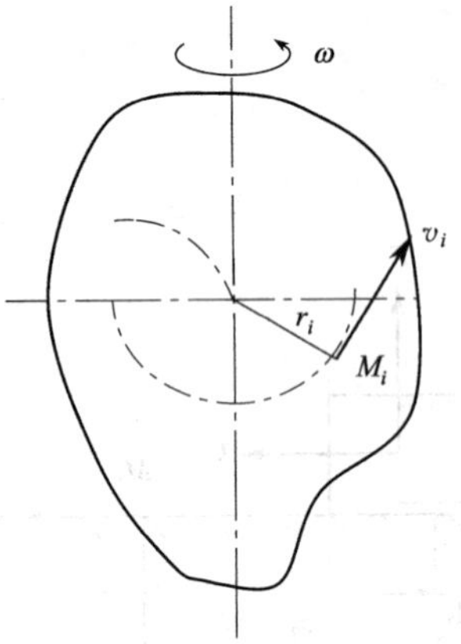

图 5-18 刚体转动

ⅱ. 刚体转动动能 特点是绕固定轴转动时，某一瞬时角速度都为 ω，线速度沿半径方向线性变化。

若刚体内任一质点的质量为 m，离 z 轴的距离为 r_i，速度为 $v_i=r_i\omega$，如图 5-18 所示，则刚体的动能为：

$$E_K=\sum\frac{1}{2}m_iv_i^2=\sum\frac{1}{2}m_ir_i^2\omega^2=\frac{1}{2}J_z\omega^2 \tag{5-45}$$

ⅲ. 刚体平面运动动能 特征是刚体上任一点与某一固定平面的距离始终保持不变，亦即平行于某一固定平面的运动，其分为平面平动和平面转动。如图 5-19 所示，在 xoy 平面内，刚体沿 x、y 轴平动和绕 z 轴转动。

瞬心为互相作平面相对运动的两构件上，瞬时相对速度为零的点，如图 5-20 所示，作平面运动的刚体质量为 m，在某瞬时的速度瞬心为 P，质点为 c，角速度为 ω，此时可视刚体绕瞬心轴转动，则刚体的动能为：

$$E_K=\frac{1}{2}J_P\omega^2 \tag{5-46}$$

式中，J_P 是刚体对通过瞬心并与运动平面垂直的轴的转动惯量，取通过质心 c 并与瞬心轴平行的轴，如图 5-20 所示，刚体对质心轴的转动惯量为 J_c，两轴距离为 r_c，由平行轴定理可知：

$$J_P=J_c+mr_c^2$$

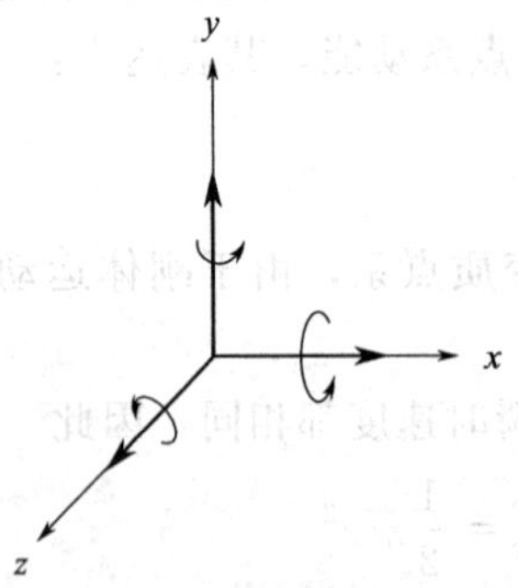

图 5-19 平面运动分解

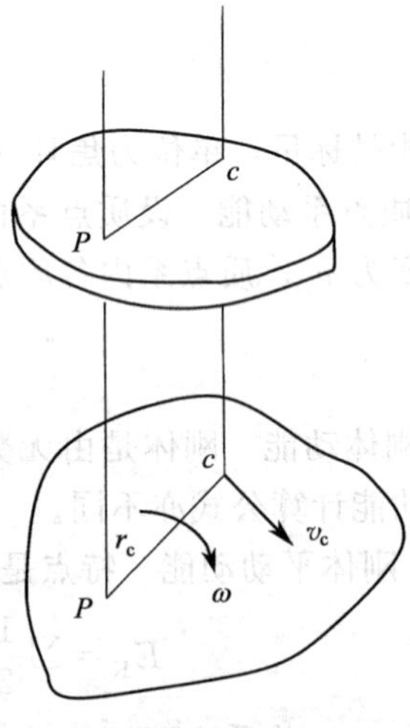

图 5-20 刚体绕瞬心轴转动

$$E_K = \frac{1}{2}J_P\omega^2 = \frac{1}{2}(J_c + mr_c^2)\omega^2 = \frac{1}{2}J_c\omega^2 + \frac{1}{2}mr_c^2\omega^2 = \frac{1}{2}mv_c^2 + \frac{1}{2}J_c\omega^2 \tag{5-47}$$

意义：刚体作平面运动时的动能，等于随质心平动的动能与相对于质心转动的动能之和。

综上，动能的几种形式为：

质点动能：$E_K = \frac{1}{2}mv^2$

刚体动能：$E_K = \frac{1}{2}mv_c^2$

定轴转动刚体动能：$E_K = \frac{1}{2}J_z\omega^2$

平面运动刚体动能：$E_K = \frac{1}{2}mv_c^2 + \frac{1}{2}J_c\omega^2$

③ 动能定理 设质量为 m 的质点 M 在力 $\boldsymbol{F}$ 的作用下作曲线运动，由 M_1 运动到 M_2 点，其速度由 v_1 变为 v_2，如图 5-21 所示，由动力学基本方程得：

$$m\frac{\mathrm{d}\boldsymbol{v}}{\mathrm{d}t} = \boldsymbol{F} \tag{5-48}$$

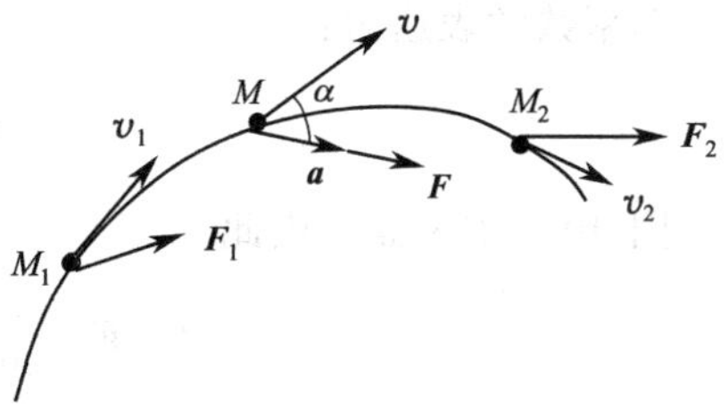

图 5-21 质点 M 作曲线运动

两边同时点积 d$\boldsymbol{r}$，得：

$$m\frac{\mathrm{d}\boldsymbol{v}}{\mathrm{d}t}\cdot \mathrm{d}\boldsymbol{r} = \boldsymbol{F}\cdot \mathrm{d}\boldsymbol{r}$$

由点积交换律（$a\cdot b = b\cdot a$）和结合律[$(ma)\cdot b = m\cdot(a\cdot b) = a\cdot(mb)$]式左侧为：

$$m\frac{\mathrm{d}\boldsymbol{v}}{\mathrm{d}t}\cdot \mathrm{d}\boldsymbol{r} = \mathrm{d}\boldsymbol{v}\cdot m\frac{\mathrm{d}\boldsymbol{r}}{\mathrm{d}t} = \mathrm{d}\boldsymbol{v}\cdot m\boldsymbol{v} = m\boldsymbol{v}\,\mathrm{d}\boldsymbol{v}$$

右侧元功：

$$\boldsymbol{F}\cdot \mathrm{d}\boldsymbol{r} = \delta W$$

故有：

$$m\boldsymbol{v}\,\mathrm{d}\boldsymbol{v} = \boldsymbol{F}\cdot \mathrm{d}\boldsymbol{r} = \delta W \tag{5-49}$$

又因为 $m\boldsymbol{v}\mathrm{d}\boldsymbol{v} = \frac{m}{2}\mathrm{d}(\boldsymbol{v}\cdot\boldsymbol{v}) = \mathrm{d}\left(\frac{m}{2}\boldsymbol{v}^2\right)$，故有：

质点动能定理积分形式：

$$\mathrm{d}\left(\frac{1}{2}m\boldsymbol{v}^2\right) = \delta W \tag{5-50}$$

意义：质点动能的微分等于作用于质点上力的功。

将式(5-50) 沿曲线 M_1M_2 积分，得：

$$\int_{v_1}^{v_2} \mathrm{d}\left(\frac{1}{2}mv^2\right)=\int_{M_1}^{M_2} \delta W$$

质点动能方程积分形式：

$$\frac{1}{2}mv_2^2-\frac{1}{2}mv_1^2=W \tag{5-51}$$

意义：在质点运动的某个过程中，质点动能的改变量等于作用于质点的力做的功。

综上，动能定理建立起了质点动能与力的功之间的关系，把作用力、速度和位移联系在一起，为求解这三个物理量提供了一种简便的方法。

5.6 功率

功率是衡量机械力学性能的一项重要指标，定义为力在单位时间内做的功，是一标量，单位为瓦特（W）和千瓦（kW），1W＝1J/s。

（1）功率基本方程

功率数学表达为：

$$P=\frac{\delta W}{\mathrm{d}t}$$

因 $\mathrm{d}W=\boldsymbol{F}\cdot \mathrm{d}r$，因此

$$P=\boldsymbol{F}\cdot\frac{\mathrm{d}r}{\mathrm{d}t}=\boldsymbol{F}\cdot v=\boldsymbol{F}_\tau\cdot v \tag{5-52}$$

（2）力矩（力偶矩）表达的功率

因 $\delta W=M\cdot \mathrm{d}\varphi$，则有：

$$P=\frac{\delta W}{\mathrm{d}t}=\frac{M\cdot \mathrm{d}\varphi}{\mathrm{d}t}=M\omega \tag{5-53}$$

（3）转速表达的功率

因转速 n，单位转/分（r/min）与 ω 的关系为：$\omega=2\pi n/60$，单位弧度/秒（rad/s），则有：

$$P=\frac{M\omega}{1000}=\frac{M\left(\frac{\pi n}{30}\right)}{1000}=\frac{Mn}{9550}\quad(\mathrm{kW}) \tag{5-54}$$

$$M=9550\,\frac{P}{n}\quad(\mathrm{kW}) \tag{5-55}$$

（4）功率方程

机器工作时必须输入一定的功，输入的功一部分为有用功，另一部分消耗在克服无用阻力上，以 δW_0 表示驱动力输入的元功，以 δW_1 和 δW_2 表示工作阻力和无用阻力消耗的元功，则根据动能定理的微分形式为：

$$dE_K=\delta W_0-\delta W_1-\delta W_2 \tag{5-56}$$

将上式两端除以 dt，得：

功率方程：

$$\frac{dE_K}{dt}=P_0-P_1-P_2 \tag{5-57}$$

意义：功率方程表明了机器的输入功率和输出功率与机器动能变化之间的关系。在机器起动或加速转动时，$\frac{dE_K}{dt}>0$，故要求 $P_0>P_1+P_2$；当机器正常运转时（匀速转动），$\frac{dE_K}{dt}=0$，$P_0=P_1+P_2$；在制动过程中，机器作减速运动，$\frac{dE_K}{dt}<0$，这时 $P_0<P_1+P_2$。

（5）机械效率

机械效率 η 是机器在稳定运转时的有用功率 P_1 和输入功率 P_0 之比，即：

$$\eta=\frac{P_1}{P_0} \tag{5-58}$$

意义：一般有用功率总比输入功率小，所以 $\eta<1$；若 η 接近于1，则意味着机器的工作性能好，因此，机械效率说明机器对输入功率的有效利用程度，是评价机器质量好坏的指标之一。若 $\eta<0$，则机械处于自锁状态，机械自锁时，无论驱动力多大都不能使机械运动。

工程实践例题与简解

例 5-1 卷扬机（又称绞车/电葫芦），是用卷筒缠绕钢丝绳或链条提升或牵引重物的轻小型起重设备。卷扬机可以垂直提升、水平或倾斜拽引重物。卷扬机分为手动卷扬机和电动卷扬机两种。现在以电动卷扬机为主。主要运用于塔、罐、釜、换热器等设备的提升。卷扬机机构如图 5-22 所示。可绕固定轴转动的轮 B、C 半径分别为 R 和 r，对自身转轴的转动惯量分别为 J_1 和 J_2。被提升重物 A 的质量为 m，作用于轮 C 的主动转矩为 M，求重物 A 的加速度。

解： 分别以轮 C 和轮 B 及重物 A 为研究对象。

对轮 C：　$J_2\alpha_C=M-F_Tr$

对轮 B 及重物 A：　$(J_1+mR^2)\alpha_B=(F'_T-mg)R$

因 $F_T=F'_T$，$a=r\alpha_C=R\alpha_B$，代入上两式：

$$F_T=\frac{(J_1+mR^2)\alpha_B}{R}+mg=\frac{(J_1+mR^2)a}{R^2}+mg$$

解出：

$$a=\frac{(M-mgr)\ rR^2}{J_1r^2+J_2R^2+mr^2R^2}$$

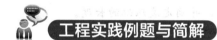

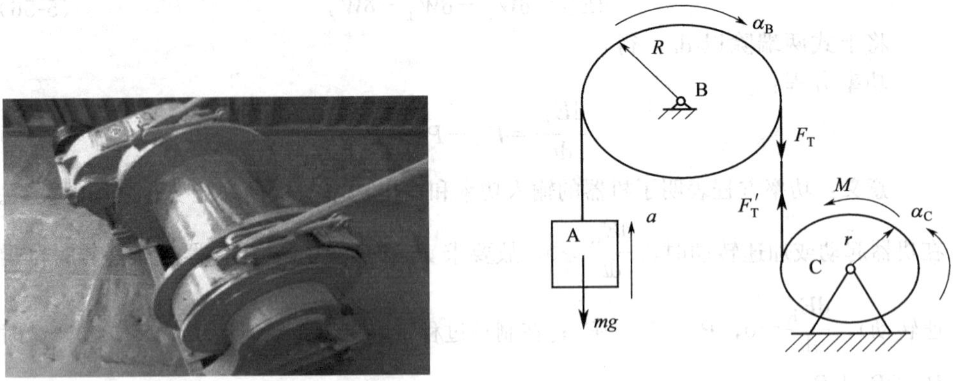

图 5-22　例 5-1 图

例 5-2　减振器主要由弹簧和阻尼器两个部分组成。液压减振器中的阻尼器利用液体在小孔中流过时所产生的阻力来达到减缓冲击的效果，是利用液体黏滞阻力所做的负功来吸收振动能量，优点在于它的阻力是振动速度的函数，方便分析现场情况。减振器广泛应用于风机、管道、水泵、发电机、中央空调、风柜、冷柜、冷却塔、空压机、精密仪器仪表等各种振动机械设备及其管道的减振降噪上。液压减振器工作时，活塞在液压缸内作直线运动。如图 5-23 所示，若液体对活塞的阻力正比于活塞的速度 v，即 $F_R=-\mu v$，其中 μ 为比例常数。设初始速度为 v_0，试求活塞相对于液压缸的运动规律，并确定液压缸的长度。

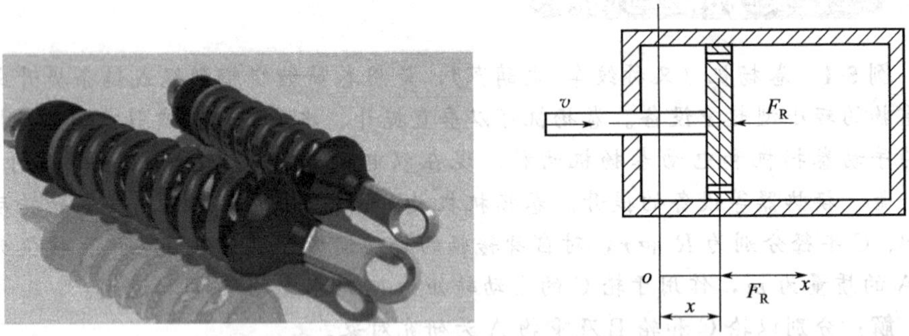

(a) 液压减振器　　(b) 液压减振器内的液压缸结构

图 5-23　例 5-2 图

解：取活塞为研究对象，如图 5-23(b) 所示。

$$F_R=-\mu\frac{dx}{dt}$$

建立质点运动微分方程为：

$$m\frac{d^2x}{dt^2}=-\mu\frac{dx}{dt}$$

$$\frac{dv}{dt}=-\frac{\mu}{m}v$$

令 $k=\frac{\mu}{m}$，代入上式得：

$$\frac{dv}{dt}=-kv$$

分离变量，对等式两边积分，并以初始条件 $t=0$，$v=v_0$ 代入：

$$\int_{v_0}^{v}\frac{dv}{v}=-\int_{0}^{t}k\,dt$$

积分后得：

$$v=v_0e^{-kt}$$

再次积分，并以初始条件 $t=0$，$x=0$ 代入：

$$\int_{0}^{x}dx=\int_{0}^{t}v_0e^{kt}\,dt$$

得到：

$$x=\frac{v_0}{k}(1-e^{-kt})$$

$$x_{max}=\sum_{t\to\infty}\left[\frac{v_0(1-e^{-kt})}{k}\right]=\frac{v_0}{k}=\frac{mv_0}{\mu}$$

例 5-3 长颈法兰，又称高颈法兰，在石油、天然气、化工、机械等领域内有着广泛的应用，主要用于各类压力容器、管道的焊接，市场需求量很大。长颈法兰由锻造工艺而成。锻造工艺过程一般由以下工序组成，即选取优质钢坯下料、加热、成形、锻后冷却。锻造的工艺方法有自由锻、模锻和胎膜锻。生产时，按锻件质量的大小、生产批量的多少选择不同的锻造方法。在一次锻造长颈法兰过程中，所用的锤的质量为 2000kg，从高度 $H=2m$ 处自由落到工件上，如图 5-24 所示。已知工件因受锤击而变形所经时间 $t=0.01s$，求锻锤对工件的平均打击力。

解： 锤自由下落 H 时的速度：

$$v_{1y}=\sqrt{2gH}$$

$$mv_{2y}-mv_{1y}=\int_{0}^{t}F_y\,dt$$

$$-mv_{1y}=-F_Nt$$

得：

$$F_N=\frac{m}{t}\sqrt{2gH}=\frac{2000}{0.01}\sqrt{2\times9.8\times2}=1252.2\ (kN)$$

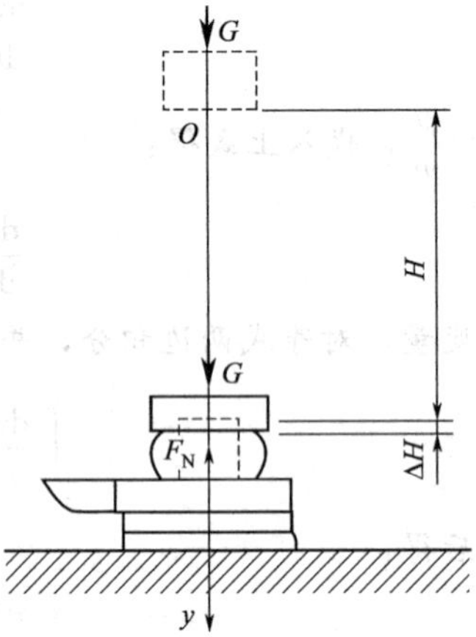

图 5-24 例 5-3 图

例 5-4 塔轮是一种具有多种直径的带轮，是用于改变转速用的传动件。通常两个塔轮配套使用。动力和运动由主动轴输入，通过带和塔轮装置由从动轴输出。当带所处的主动轮和从动轮直径相等时，实现等速传动。改变带的位置，当带处于主动轮直径小于从动轮直径位置时，实现减速传动。处于主动轮直径大于从动轮直径位置时，实现增速传动。重物 A 和 B 的质量分别为 $m_A=20\text{kg}$，$m_B=30\text{kg}$，通过质量不计的绳索缠绕在半径为 r_1 和 r_2 的塔轮上，其中 $r_1=0.2\text{m}$，$r_2=0.3\text{m}$，塔轮的质量不计，如图 5-25 所示，系统在重力作用下运动，求塔轮的角加速度。

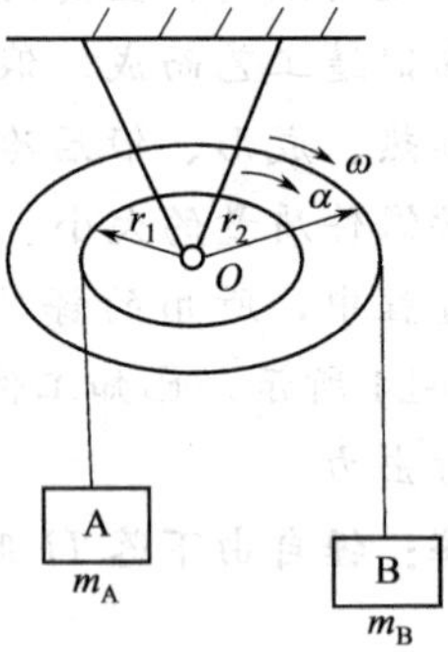

图 5-25 例 5-4 图

解： 由于 $m_Ar_1<m_Br_2$，物体 B 下降，物体 A 上升。考虑物体 A、B、圆盘及绳索组成的系统，对垂直于圆盘平面的转轴 O 应用动量矩定理。设 v 为物体 A、B 的瞬时速度，ω 为圆盘的角速度，有以下关系：

$$v_A=\omega r_1,\ v_B=\omega r_2$$

计算系统对 O 轴的动量矩：

$$H_O=m_Av_Ar_1+m_Bv_Br_2=(m_Ar_1^2+m_Br_2^2)\omega$$

系统外力对 O 轴的力矩为：

$$M_O=m_Bgr_2-m_Agr_1$$

根据动量矩定理：

$$\frac{\mathrm{d}H_O}{\mathrm{d}t}=M_O$$

得：

$$(m_Ar_1^2+m_Br_2^2)\alpha=(m_Br_2-m_Ar_1)g$$

求得塔轮的角加速度：

$$\alpha=\frac{(m_Br_2-m_Ar_1)\ g}{m_Ar_1^2+m_Br_2^2}=\frac{30\times0.3-20\times0.2}{20\times0.2^2+30\times0.3^2}\times9.8=14\ (\mathrm{rad/s^2})$$

例 5-5 皮带轮，属于盘毂类零件，一般相对尺寸比较大，制造工艺上一般以铸造、锻造为主。一般尺寸较大时，用铸造的方法，材料一般都是铸铁（铸造性能较好），很少用铸钢（钢的铸造性能不佳）；一般尺寸较小时，可以设计为锻造，材料为钢。皮带轮主要用于远距离传送动力的场合，例如小型柴油机动力的输出，农用车、拖拉机、汽车、矿山机械、机械加工设备、纺织机械、包装机械、车床、锻床，一些小马力摩托车动力的传动，农业机械动力的传送，空压机、减速器、减速机、发电机、轧花机等。图 5-26 所示两带轮的半径为 R_1 和 R_2，其质量各为 m_1 和 m_2，两轮以胶带相连接，各绕两平行的固定轴转动。如在第一个带轮上作用矩为 M 的主动力偶，在第二个带轮上作用矩为 M'的阻力偶。带轮可视为均质圆盘，胶带与轮间无滑动，胶带质量略去不计。求第一个带轮的角加速度。

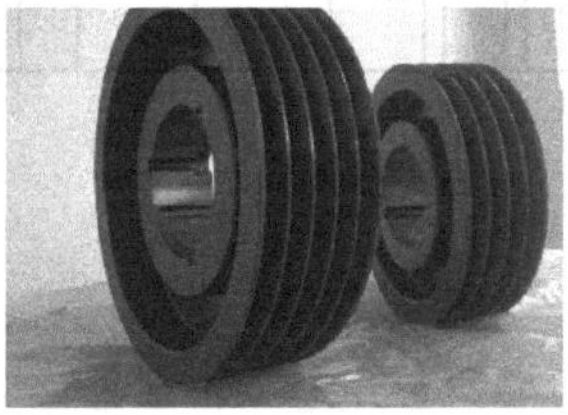

(a)

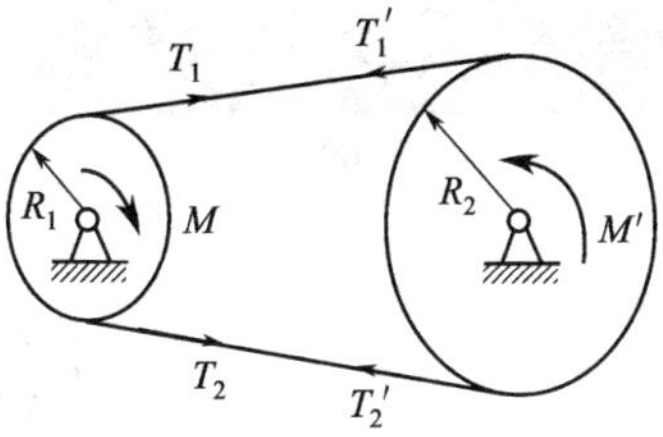

(b)

图 5-26 例 5-5 图

解： 分别取两皮带轮为研究对象，其受力分析如图 5-26(b) 所示，其中 $T_1=T_1'$，$T_2=T_2'$以顺时针转向为正，分别应用两轮对其转动轴的转动微分方程有：

$$J_1\alpha_1=M-(T_1-T_2)R_1 \tag{1}$$

$$J_2\alpha_2=(T_1'-T_2')R_2-M' \tag{2}$$

将 $T_1=T_1'$，$T_2=T_2'$，$\alpha_1:\alpha_2=R_2:R_1$ 带入式(1)、式(2)，联立解得：

$$\alpha_1=\frac{M-\frac{R_1}{R_2}M'}{J_1+J_2\frac{R_1^2}{R_2^2}}$$

式中
$$J_1=\frac{m_1}{2}R_1^2,\ J_2=\frac{m_2}{2}R_2^2$$

$$\alpha_1=\frac{2(R_2M-R_1M')}{(m_1+m_2)R_2R_1^2}$$

例 5-6 直线式抽油机，主要由天轮总成、翻轮总成、钢丝绳、悬绳器、光杆以及采油树等主要结构组成。它是由电能直接转换为直线往复运动，带动抽油杆抽油。与传统的游梁式抽油机俗称“磕头机”相比，它结构紧凑、重量轻、体积小。动子（相当旋转电机的转子）是直线往复运动，通过柔性连接件、钢丝绳导向轮直接与抽油杆连接。在中石油冀东油田南堡作业区，这种抽油机随处可见，目前在全作业区所有的抽油机井中占比高达98%。现有一直线抽油机如图5-27所示，为求半径 $R=0.5\text{m}$ 的天轮对于通过其重心轴A的转动惯量，在天

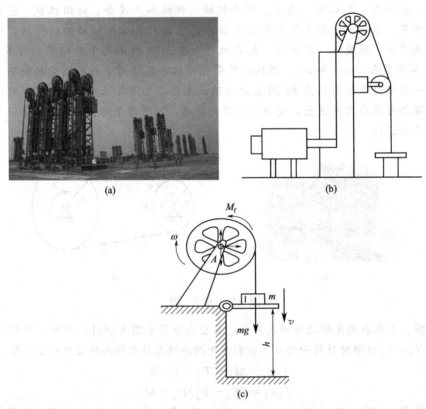

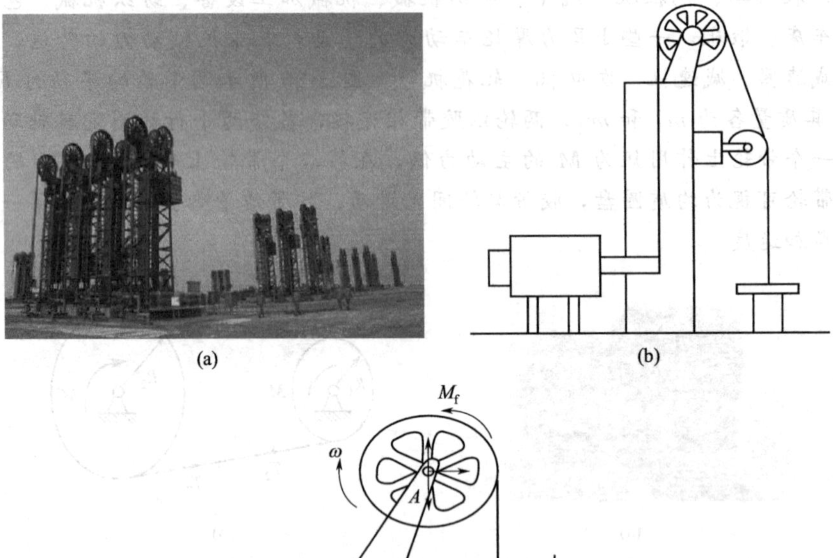

图 5-27 例 5-6 图

轮上绕以细绳，绳的末端系一质量为 $m_1=10\text{kg}$ 的重锤，重锤自高度 $h=2\text{m}$ 处落下，测得落下时间 $t_1=16\text{s}$，为消去轴承摩擦的影响，再用质量为 $m_2=5\text{kg}$ 的重锤做第二次实验，此轴承自同一高度落下的时间为 $t_2=25\text{s}$。假定摩擦力矩为一常数，且与重锤的重量无关，求天轮的转动惯量和轴承的摩擦力矩。

解：取整体为研究对象，由

$$\frac{\mathrm{d}L_z}{\mathrm{d}t}=\sum M_z(F)$$

分别有：

$$(J+m_1R^2)\alpha_1=m_1gR-M_f \tag{1}$$

$$(J+m_2R^2)\alpha_2=m_2gR-M_f \tag{2}$$

可见，α_1、α_2 均为常数，所以重锤以等加速度 a_1、a_2 下落，有：

$$h=\frac{1}{2}a_1t_1^2=\frac{1}{2}R\alpha_1t_1^2 \tag{3}$$

$$h=\frac{1}{2}a_2t_2^2=\frac{1}{2}R\alpha_2t_2^2 \tag{4}$$

由式(3)、式(4) 解出 α_1、α_2 代入式(1)、式(2)，可解得：

$$J=1325\text{kg}\cdot\text{m}^2;\ M_f=7.516\text{N}\cdot\text{m}$$

例 5-7 滑轮是用来提升重物并能省力的简单机械。使用滑轮时，轴的位置固定不动的滑轮称为定滑轮。使用时，滑轮的位置固定不变；定滑轮实质是等臂杠杆，不省力也不费力，但可以改变作用力方向。杠杆的动力臂和阻力臂分别是滑轮的半径，由于半径相等，所以动力臂等于阻力臂，杠杆既不省力也不费力。常用在起重机、吊塔、天车等设备中。三个重物 $m_1=25\text{kg}$，$m_2=20\text{kg}$，$m_3=15\text{kg}$，由一绕过两个定滑轮 M 和 N 的绳子相连接，如图 5-28 所示。当重物 m_1 下降时，重物 m_2 在四角截头锥 $ABCD$ 的上面向右移动，而重物 m_3 则沿侧面 AB 上升。截头锥重 $P=100\text{N}$。如略去一切摩擦和绳子的质量，求当重物 m_1 下降 1m 时，截头锥相对地面的位移。

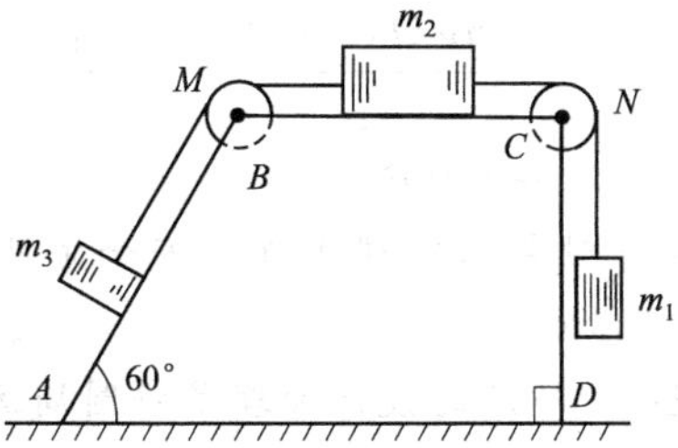

图 5-28 例 5-7 图

解：因系统初始静止，且 $\sum F_x=0$，故 x 方向该系统质心运动守恒。设截头锥相对地面左移 s，则：

$$x_{c1}=\frac{Px+P_1x_1+P_2x_2+P_3x_3}{P+P_1+P_2+P_3}$$

$$x_{c2}=\frac{P(x-s)+P_1(x_1-s)+P_2(x_2+1-s)+P_3(x_3-s+1\times\cos60^\circ)}{P+P_1+P_2+P_3}$$

$$x_{c1}=x_{c2}$$

联立上述三式得：

$$s=\frac{P_2+P_3\cos60^\circ}{P+P_1+P_2+P_3}$$

得 $s=0.339\text{m}$（向左）。

例 5-8 安全是生产第一要素。安全生产是国家的一项长期基本国策，是保护劳动者的安全、健康和国家财产，促进社会生产力发展的基本保证，也是保证社会主义经济发展，进一步实行改革开放的基本条件。因此，做好安全生产工作具有重要的意义。安全生产的五要素分别是：安全文化、安全法制、安全责任、安全投入、安全科技。有一位质量为 60kg 的建筑工人，不慎从高空跌下，由于弹性安全带（图 5-29）的保障，使他悬挂起来。已知弹性安全带缓冲时间为 1.2s，安全带长为 5m，则安全带所受的平均作用力为多少？

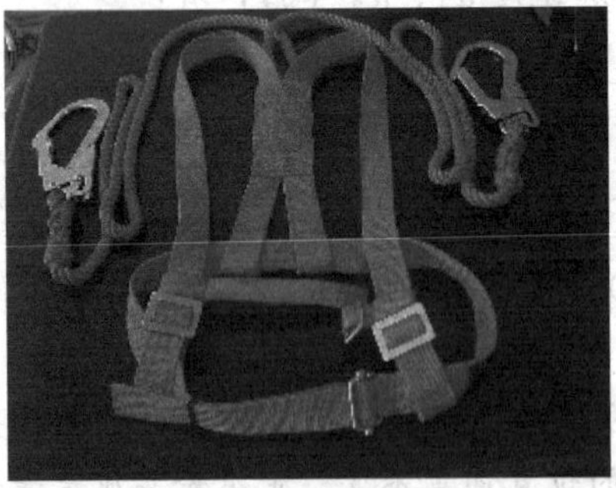

图 5-29 例 5-8 图

解： 对人在全过程中（从开始跌下到安全停止），由动量定理得：

$$mg(t_1+t_2)-Ft_2=0$$

$$t_1=\sqrt{\frac{2l}{g}}=\sqrt{\frac{2\times5}{10}}\text{s}=1\text{s}$$

$$t_2=1.2\text{s}$$

所以 $F=\dfrac{mg(t_1+t_2)}{t_2}=\dfrac{60\times10\times(1+1.2)}{1.2}\text{N}$

$=1100\text{N}$

根据牛顿第三定律可知，安全带所受的平均作用力为 1100N。

例 5-9 冲床的设计原理是将圆周运动转换为直线运动，由主电动机出力，带动飞轮，经离合器带动齿轮、曲轴（或偏心齿轮）、连杆等运转，来达成滑块的直线运动，从主电动机到连杆的运动为圆周运动（图 5-30）。冲床主要是针对板材的。通过模

图 5-30 例 5-9 图

具，能做出落料、冲孔、成形、拉伸、修整、精冲、整形、铆接及挤压件等，广泛应用于各个领域。某冲床上的飞轮的转动惯量为 $I=5\times10^3\,\mathrm{kg\cdot m^2}$，当它的转速达到每分钟 30 转时，它的转动动能是多少？每冲一次，其转速降为每分钟 10 转。求每冲一次飞轮所做的功。

解：

$$E_{k_1}=\frac{1}{2}I\omega_1^2=\frac{1}{2}\times5\times10^3\times\left(2\pi\times\frac{30}{60}\right)^2=2.47\times10^4(\mathrm{J})$$

$$E_{k_2}=\frac{1}{2}I\omega_2^2=\frac{1}{2}\times5\times10^3\times\left(2\pi\times\frac{10}{60}\right)^2=2.74\times10^3(\mathrm{J})$$

每一次飞轮所做的功

$$W=E_{k_1}-E_{k_2}=2.19\times10^4\,\mathrm{J}$$

例 5-10 粉碎机是将大尺寸的固体原料粉碎至要求尺寸的机械。粉碎机由粗碎、细碎、风力输送等装置组成，以高速撞击的形式达到粉碎机之目的［图 5-31(a)］。利用风能一次成粉，取消了传统的筛选程序。主要应用于化工、矿山、建材等多种行业中。粉碎机滚筒半径 $R=1.5\mathrm{m}$，绕过中心的水平轴匀速转动，筒内铁球由筒壁带着上升。为了使铁球获得粉碎矿石的能量，铁球应在 $\theta=\theta_0=54°40'$时［图 5-31(b)］才掉下来，求滚筒每分钟的转速 n。

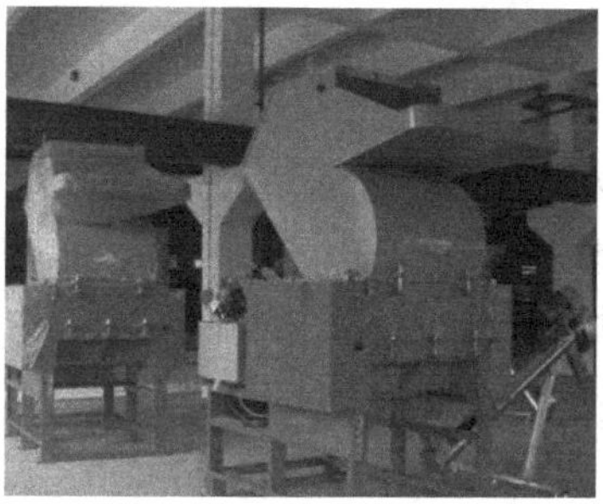
(a)

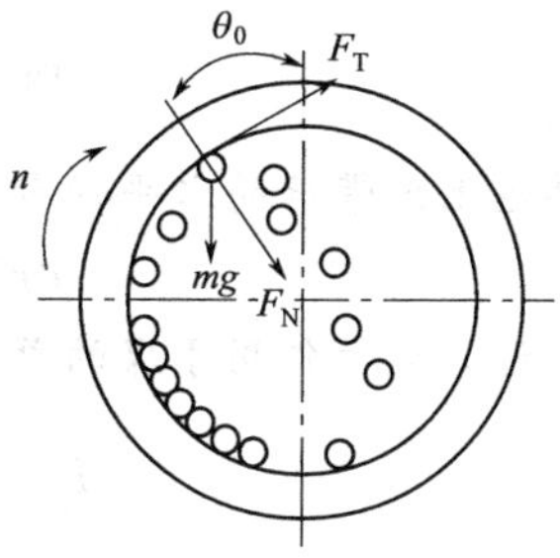

(b)

图 5-31 例 5-10 图

解： 视铁球为质点。铁球被旋转的滚筒带着沿圆弧向上运动，当铁球到达某一高度时，会脱离筒壁而沿抛物线下落。铁球上升过程中，受到重力 mg、筒壁的法向反力 F_N 和切向反力 F_T 的作用。

将质点动力学基本方程 $ma=F$ 沿法向投影得：

$$m\frac{v^2}{R}=F_N+mg\cos\theta$$

铁球离开筒壁前的速度等于筒壁上与其重合点的速度。即 $v=R\omega=\frac{\pi n}{30}R$

对上两式联合求解得 $n=\frac{30}{\pi R}\sqrt{\frac{R}{m}(F_N+mg\cos\theta)}$

当 $\theta=\theta_0=54°40'$时，铁球将落下，这时 $F_N=0$，于是得滚筒转速为：

$$n=\frac{30}{\pi}\sqrt{\frac{g}{R}\cos\theta_0}=19\text{r/min}$$

例 5-11 皮带输送机是以运输带作为牵引和承载部件的连续运输机械。运输带绕经驱动滚筒和各种改向滚筒，由拉紧装置给以适当的张紧力，工作时在驱动装置的驱动下，通过滚筒与运输带之间的摩擦力和张紧力，使运输带运行。物料被连续地送到运输带上，并随着输送带一起运动，从而实现对物料的输送。皮带运输机广泛应用于采矿、冶金、化工、铸造、建材等行业的输送和生产流水线以及水电站建设工地和港口等生产部门。主要用来输送破碎后的物料，根据输送工艺要求，可单台输送，也可多台组成或与其他输送设备组成水平或倾斜的输送系统。现有一皮带运输机沿水平方向运送原煤（图 5-32），其运煤量恒为 20kg/s，皮带速度为 2m/s，求在匀速传送时皮带作用于煤的总水平推力。

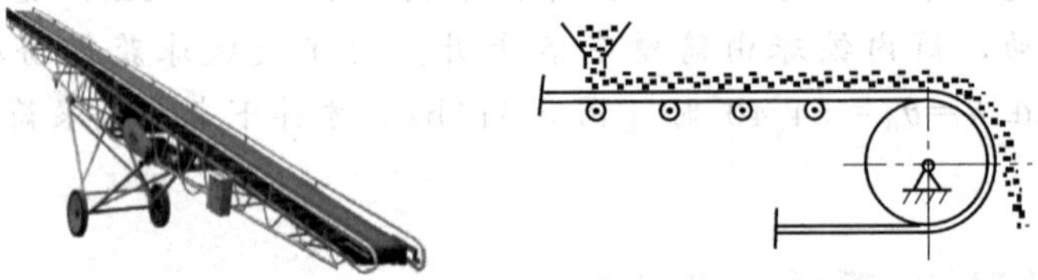

图 5-32 例 5-11 图

解： 煤运上皮带后的水平动量变化为：

$$\mathrm{d}K=Q\mathrm{d}t\cdot v-0$$

所以传送时皮带作用于煤的总水平推力：

$$F=\frac{\mathrm{d}K}{\mathrm{d}t}=Qv=40\text{N}$$

例 5-12 离心机是利用离心力，分离液体与固体颗粒或液体与液体的混合物中各组分的机械。按国家标准与市场使用份额分为以下四种：三足式离心机、卧式螺旋离心机、碟片式分离机、管式分离机。图 5-33(a)、(b) 所示为一种管式离心机，管式离心机的工作原理：悬浮液从转鼓底部中心位置进入，在离心力的作用下，密度较大的固体迅速沉降在转鼓内侧形成固体层，澄清的液体在转鼓中轴位。图 5-33(c) 所示质量为 m 的固体颗粒在 A 点时速度为 v_1，试求颗粒在 B 点时的速度 v_2。

解： 根据质点的动量矩守恒：

$$\vec{m}_o(m\cdot\vec{v}_1)=\vec{m}_o(m\cdot\vec{v}_2)$$

即：

$$mv_1(l_1+R)=mv_2(l_2+R)$$

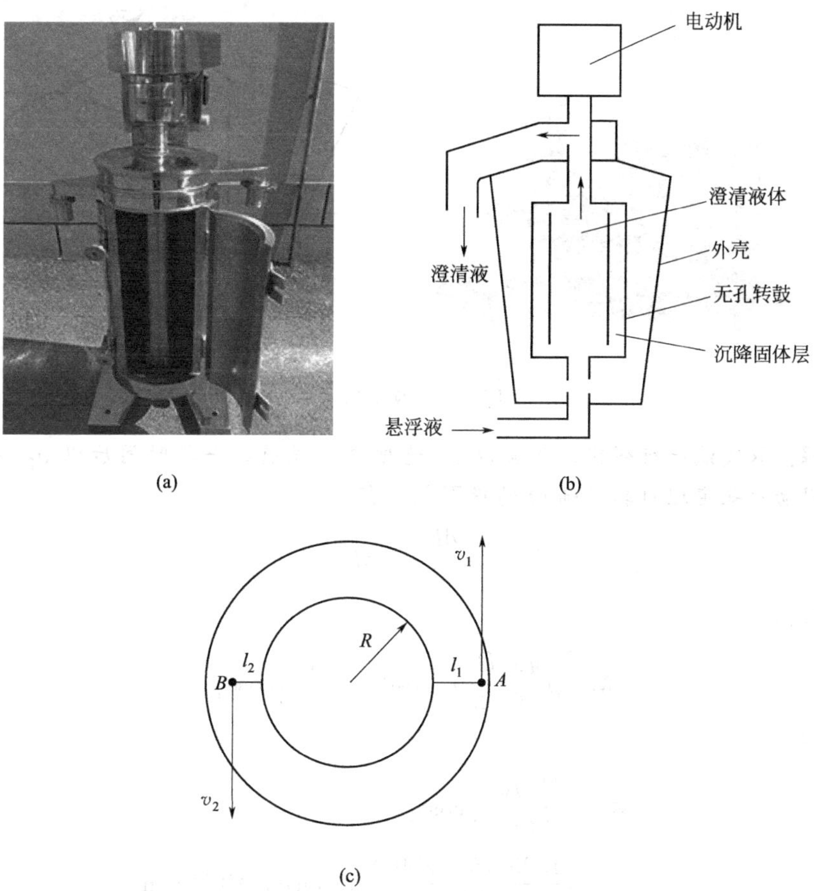

图 5-33 例 5-12 图

所以
$$v_2=\frac{v_1(l_1+R)}{l_2+R}$$

例 5-13 离心式压缩机的原理是由叶轮带动气体做高速旋转，使气体产生离心力，由于气体在叶轮里的扩压流动，从而使气体通过叶轮后的流速和压力得到提高，连续地生产出压缩空气。离心式压缩机是压缩和输送化工生产中各种气体的关键机器，在生产许多基础原料的石油化工厂中，离心式压缩机也占有重要地位，是关键设备之一。除此之外，其他如石油精炼、制冷等行业中，离心式压缩机也是极为关键的设备。图 5-34 所示离心式空气压缩机的转速为 $n=8600\text{r/min}$，每分钟容积流量为 $q_V=400\text{m}^3/\text{min}$，第一级叶轮气道进口直径为 $D_1=0.355\text{m}$，出口直径为 $D_2=0.5\text{m}$。气流进口绝对速度 $v_1=109\text{m/s}$，与切线成角 $\alpha_1=90°$；气流出口绝对速度 $v_2=160\text{m/s}$，与切线成角 $\alpha_2=20°$。设空气密度 $\rho=1.29\text{kg/m}^3$，试求这一级叶轮的转矩。

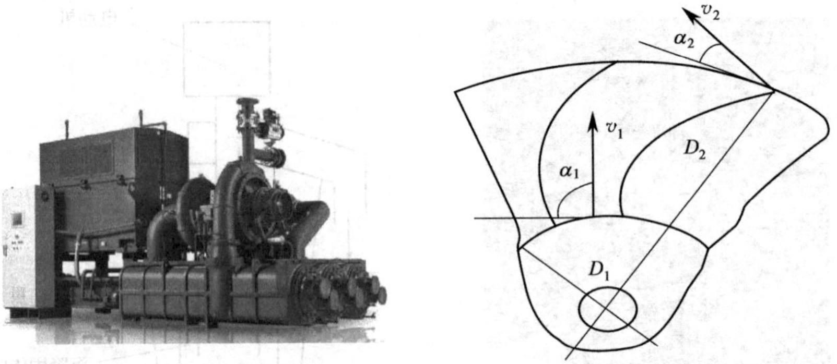

图 5-34　例 5-13 图

解：取气流进行研究，气流以 v_1 速度进入气道，一段时间后以 v_2 速度流出，用动量矩定理对转动轴 O 的投影式，有

$$\frac{\mathrm{d}L_O}{\mathrm{d}t}=M$$

解得

$$M=\rho\frac{q_V}{60}\left(\frac{D_2}{2}v_2\cos\theta_2-\frac{D_1}{2}v_1\cos\theta_1\right)$$

即

$$\begin{aligned}M&=\frac{\rho D_2 q_V}{120}v_2\cos\theta_2\\&=\left(\frac{1.29\times0.5\times400}{120}\times160\cos20^{\circ}\right)\mathrm{N\cdot m}\\&=323\mathrm{N\cdot m}\end{aligned}$$

思考题

1. 简述牛顿第一定律。
2. 简述牛顿第二定律。
3. 简述牛顿第三定律。
4. 质点运动的基本方程是什么？
5. 什么是惯性力？
6. 达朗伯原理及意义是什么？
7. 什么是物体的形心？
8. 什么是转动惯量？
9. 什么是惯性矩？

10. 简述动量定理。并在生产实践中举例说明。
11. 简述动量矩定理。并在生产实践中举例说明。
12. 简述动能定理。并在生产实践中举例说明。
13. 常见的功有哪些？并在生产实践中举例说明。
14. 什么是动能？并在生产实践中举例说明。

第6章 机械振动

机械振动（mechanical vibration）是指物体或质点在其平衡位置附近所作有规律的往复运动，一个振动问题的复杂程度，首先取决于需要多少独立坐标才能完备描述所关心的力学系统运动。通常将描述系统模型的独立坐标数目称为系统的自由度。

机械系统的振动往往比较复杂，解决的方法是把振动系统抽象为物理模型进行研究，以便问题简化，并有利于用数学工具进行分析。

工程问题：如图 6-1(a) 所示，有一电动机安装在梁上，只有在垂直方向振动。当梁的质量与电机的质量相比很小时，可以忽略梁的质量，认为只有它的弹性对系统的振动起作用。因此可将工程问题简化成图 6-1(b) 所示的物理模型，此模型为忽略了弹性梁质量的悬臂梁模型。为方便计算，可将物理模型用经典的弹簧质量系统模型来代替，即为计算模型［图 6-1(c)］。

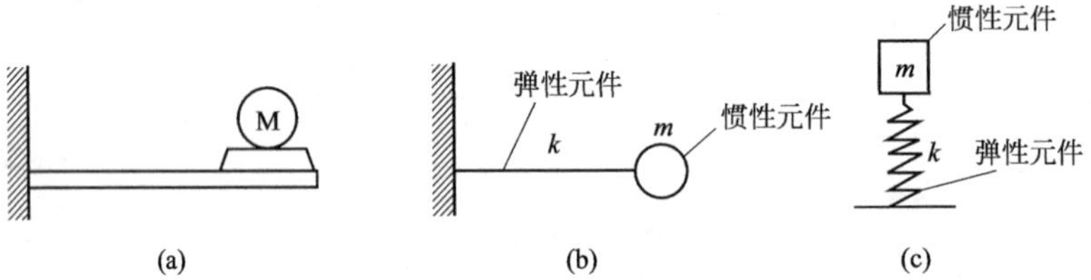

图 6-1　振动系统

其中弹簧（或弹性梁）称为弹性元件，用刚度系数 k 表示它的特性；振动的物体（或质点）称为惯性元件，用质量 m 表示它的特性。

6.1 简谐振动

简谐振动（simple harmonic vibration）是可以用时间的余弦或正弦函数来描述的周期性直线运动。任何复杂的振动都可以认为是几个或多个简谐振动合成的。

物体在运动过程中总指向物体平衡位置的力称为恢复力。

如图 6-2 所示，恢复力是由物体具有弹性造成的，称为弹性力。在变形很小时，弹性力与变形成线性关系，即

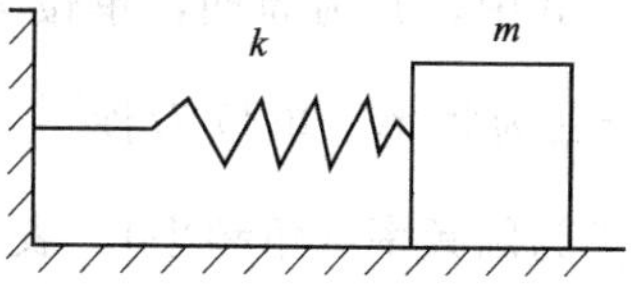

图 6-2 简谐振动

$$F=-kx \tag{6-1a}$$

式中，k 为刚度系数，N/m。

根据牛顿第二定律：

$$F=ma \tag{6-1b}$$

得运动微分方程：

$$-kx=m\frac{d^2x}{dt^2} \tag{6-2}$$

令

$$\omega_n^2=\frac{k}{m}$$

式中，ω_n 称为系统的固有频率。

则

$$\frac{d^2x}{dt^2}+\omega_n^2x=0 \tag{6-3}$$

设解为 $x=e^{rt}$，特征方程：$r^2+\omega_n^2=0$，$r=\pm i\omega_n$

方程通解：

$$x=C_1\cos(\omega_n t)+C_2\sin(\omega_n t)$$

$$x=\sqrt{C_1^2+C_2^2}\left[\frac{C_1}{\sqrt{C_1^2+C_2^2}}\cos(\omega_n t)+\frac{C_2}{\sqrt{C_1^2+C_2^2}}\sin(\omega_n t)\right]$$

令

$$\sqrt{C_1^2+C_2^2}=A,\frac{C_1}{\sqrt{C_1^2+C_2^2}}=\sin\varphi,\frac{C_2}{\sqrt{C_1^2+C_2^2}}=\cos\varphi$$

通解为：

$$x=A\sin(\omega_n t+\varphi)$$

初始条件：

$$x\,|_{t=0}=x_0,\quad x'\,|_{t=0}=v_0$$

则

$$x_0=A\sin\varphi,\quad v_0=A\omega_n\cos\varphi$$

$$A=\sqrt{x_0^2+\frac{v_0^2}{\omega_n^2}},\quad \varphi=\arctan\frac{\omega_n x_0}{v_0}$$

速度：

$$v=\frac{dx}{dt}=-\omega_n A\cos(\omega_n t+\varphi) \tag{6-4a}$$

加速度：

$$a=\frac{d^2x}{dt^2}=-\omega_n^2A\sin(\omega_n t+\varphi)=-\omega_n^2x \tag{6-4b}$$

简谐运动的特征：

(1) 周期

如图 6-3 所示，当经过一个周期 T，相位增加 2π，所以

$$[\omega_n(t+T)+\varphi]-(\omega_n t+\varphi)=2\pi$$

$$T=\frac{2\pi}{\omega_n} \tag{6-5a}$$

$$\omega_n=2\pi\frac{1}{T}=2\pi f \tag{6-5b}$$

式中，T 为周期，单位为秒（s），表示振动经过 T 秒后又重复原来振动；$f=\dfrac{1}{T}$为频率，单位为秒$^{-1}$（1/s）或赫兹（Hz）表示每秒钟振动次数；$\omega_n=2\pi f$ 为圆频率（角频率），表示 2π 秒内振动次数。

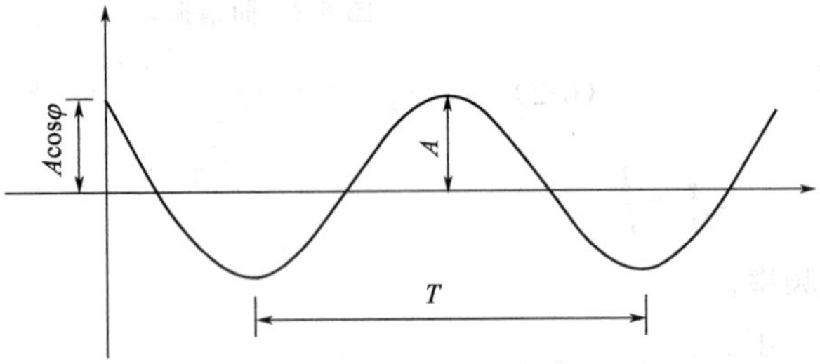

图 6-3　简谐运动特征图

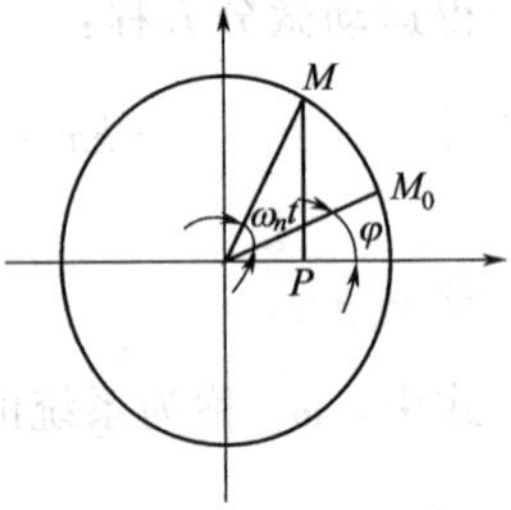

图 6-4　参考图表示方法

如图 6-4 所示为旋转矢量的表示法。图 6-4 中 M 点作匀速角速度运动，其在 x 上的投影 P 点的运动为谐振动。图中 $\omega_n t+\varphi$ 为相位，相位决定了质点在某瞬时 t 的位置；α 为初相位，初相位决定质点运动的起始位置；A 为振幅，表示相对于振动中心点的最大位移。

（2）固有周期和固有频率

① 固有频率　由
$$\omega_n^2=\frac{k}{m}$$

得：
$$\omega_n=\sqrt{\frac{k}{m}} \tag{6-6}$$

从式中可以看出：ω_n 只与表征系统本身特性的质量 m 和刚度系数 k 有关，而与运动的初始条件和振幅无关。

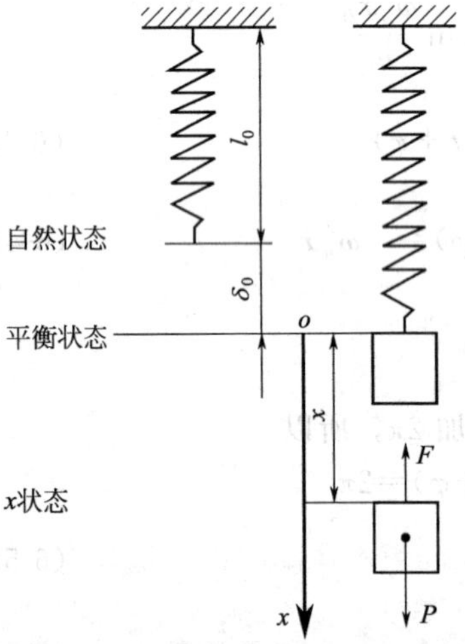

图 6-5　常力作用力自由振动

即 ω_n 是振动系统固有的特性。因此定义固有频率为：物体做自由振动时，其位移随时间按正弦或者余弦规律变化，振动的频率与初始条件无关，而仅与系统的固有特性有关（如质量、形状、材质等）。

简谐振动的频率为固有频率。

② 计算固有频率的能量法　能量法是从机械的守恒定律出发，用以计算固有频率的一种方法，此方法对计算较复杂系统的固有频率往往更为方便。

a. 自由振动中的动能与势能　如图 6-5 所示，弹簧原长为 l_0，刚度系数为 k，质量为 m。在重力 P 作用下弹簧的变形为 δ_0，即为静变形，此时重力 P 和弹性力 F 大小相等为平衡状态。因此有：

$$P=k\delta_0 \tag{6-7a}$$

或

$$\delta_0=\frac{P}{k} \tag{6-7b}$$

取质点平衡位置点 O 为坐标原点，取 x 轴垂直向下，则：

$$F_x=-k\delta=-k(\delta_0+x)$$

运动微分方程为：

$$m\frac{\mathrm{d}^2x}{\mathrm{d}t^2}=P-k(\delta_0+x)$$

将 $\delta_0=\frac{P}{k}$ 代入此式可得：

$$m\frac{\mathrm{d}^2x}{\mathrm{d}t^2}=-kx$$

上式两端除以 m，设 $\omega_n^2=\frac{k}{m}$，可得：

$$\frac{\mathrm{d}^2x}{\mathrm{d}t^2}+\omega_n^2x=0$$

此式为自由振动微分方程标准形式，即质点的运动规律是以点 O 为中心的谐振动，其固有频率为 $\omega_n=\sqrt{\frac{k}{m}}$。

将 $m=\frac{P}{g}$ 和 $k=\frac{P}{\delta_0}$ 代入上式得：

$$\omega_n=\sqrt{\frac{g}{\delta_0}}$$

系统质点运动规律为：

$$x=A\sin(\omega_nt+\varphi)$$

速度为：

$$v=\frac{\mathrm{d}x}{\mathrm{d}t}=\omega_nA\cos(\omega_nt+\varphi)$$

在瞬时 t 质点的动能（即系统的动能）为：

$$T=\frac{1}{2}mv^2=\frac{1}{2}m\omega_n^2A^2\cos^2(\omega_nt+\varphi)$$

而系统的势能 U 为弹簧势能和重力势能和。若取平衡位置为零势能点，则：

$$U=\frac{1}{2}k[(x+\delta_0)^2-\delta_0^2]-Px$$

因 $k\delta_0=P$，则：

$$U=\frac{1}{2}kx^2=\frac{1}{2}kA^2\sin^2(\omega_nt+\varphi)$$

当质点趋于平衡位置（振动中心）时，其速度达到最大，质点具有最大动能：

$$T_{\max}=\frac{1}{2}m\omega_n^2A \tag{6-8}$$

当质点趋于偏离振动中心位移最大时，系统具有最大势能：

$$U_{\max}=\frac{1}{2}kA^2 \tag{6-9}$$

b. 能量法（瑞利法） 在无阻尼自由振动中，系统仅受恢复力的作用，恢复力是有势力，因此振动系统机械能量是守恒的。根据机械能量守恒定律，有：

$$T_{\max}=U_{\max} \tag{6-10}$$

将式(6-8)、式(6-9) 代入式(6-10) 得系统固有频率为：

$$\omega_n=\sqrt{\frac{k}{m}} \tag{6-11}$$

6.2 无阻尼受迫振动

物体受到初始扰动后，只在恢复力作用下维持的振动称为无阻尼自由振动(undamped forced vibration)。

在外加激振力作用下的振动为受迫振动。

简谐激振力是一周期变化的激振力。

$$s=H\sin(\omega t+\delta) \tag{6-12}$$

式中，H 为激振力的力幅，即激振力的最大值；ω 为激振力的角频率；δ 为激振力的初相角。

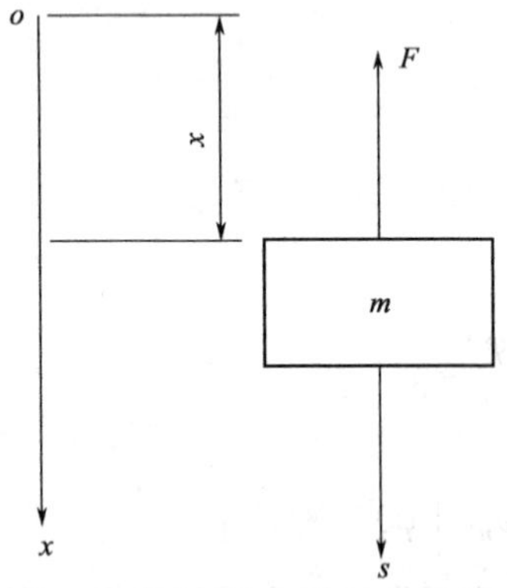

图 6-6 受迫振动示意图

如图 6-6 所示，令恢复力为 F，$F_x=-kx$

微分方程：$m\dfrac{d^2x}{dt^2}=-kx+H\sin(\omega t+\delta)$

设 $\omega_n^2=\dfrac{k}{m}$，$h=\dfrac{H}{m}$

则 $\dfrac{d^2x}{dt^2}+\omega_n^2x=h\sin(\omega t+\delta)$

二阶常系数非齐次线性方程解为 $x=x_1+x_2$

其中，x_1 为齐次解，x_2 为特解。

齐次解 $x_1=A\sin(\omega_nt+\varphi)$

当 $\omega\neq\omega_n$ 时，设特解为 $x_2=b\sin(\omega t+\delta)$，代入方程中：

$$-b\omega^2\sin(\omega t+\delta)+b\omega_n^2\sin(\omega t+\delta)=h\sin(\omega t+\delta)$$

$$b=\frac{h}{\omega_n^2-\omega^2} \tag{6-13}$$

解为：
$$x=A\sin(\omega_n t+\varphi)+\frac{h}{\omega_n^2-\omega^2}\sin(\omega t+\delta) \tag{6-14}$$

结论：无阻尼受迫振动的运动规律是由两个谐振动合成的。第一部分是频率为固定频率的自由振动；第二部分是频率为激振力频率的振动，称为受迫振动。

受迫振动：当 $\omega=\omega_n$ 时，特解的形式为
$$x^*=t[a\cos(\omega t)+b\sin(\omega t)]$$

从而有：
$$(x^*)''=-\omega^2 t[a\cos(\omega t)+b\sin(\omega t)]+2\omega[-a\sin(\omega t)+b\cos(\omega t)]$$

代入方程，求得：
$$a=-\frac{H}{2\omega},\quad b=0 \tag{6-15}$$

叠加后结果为：
$$x=A\sin(\omega_n+\varphi)-\frac{H}{2\omega_n}t\cos(\omega t) \tag{6-16}$$

第二项指出振动的振幅随时间增大而无限增大，即共振。

6.3 有阻尼振动

振动过程中的阻力，习惯称为阻尼。

当振动速度不大时，由于介质黏性引起的阻尼可以认为阻力与速度的一次方成正比——黏性阻尼。

由图 6-7 所示　　$R=-cv$

式中，R 为黏性阻尼，N；c 为阻尼系数，N·s/m。

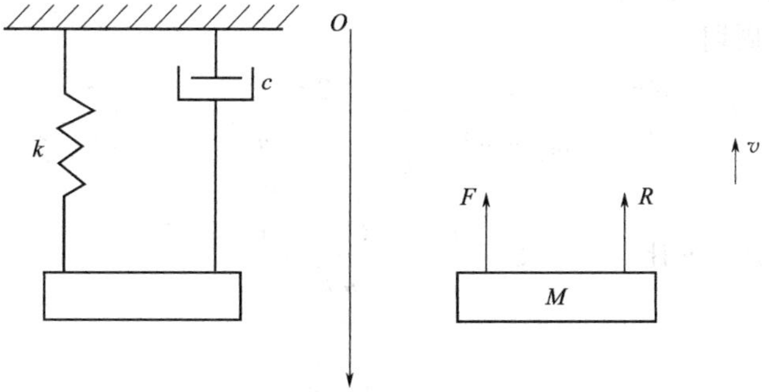

图 6-7　阻尼振动（damped vibration）

$$R_x=-\omega_x=-c\frac{\mathrm{d}x}{\mathrm{d}t} \tag{6-17}$$

令恢复力为 F，$F_x=-kx$，运动微分方程：$m\dfrac{\mathrm{d}^2x}{\mathrm{d}t^2}=-kx-c\dfrac{\mathrm{d}x}{\mathrm{d}t}$

令 $$\omega_n^2=\frac{k}{m}, \quad n=\frac{c}{2m}$$

则方程 $\frac{d^2x}{dt^2}+2n\frac{dx}{dt}+\omega_n^2x=0$ 为二阶齐次常系数线性微分方程。

设解为 $x=e^{rt}$，则

$$r^2+2nr+\omega_n^2=0$$

解得：

$$r_1=-n+\sqrt{n^2-\omega_n^2}, \quad r_2=-n-\sqrt{n^2-\omega_n^2}$$

全解为：

$$x=C_1e^{r_1t}+C_2e^{r_2t} \tag{6-18}$$

（1）小阻尼

当 $n<\omega_n$ 时，阻尼系数 $c<2\sqrt{mk}$，这时阻尼较小，称为小阻尼。

特征方程两根为共轭复数，即

$$r_1=-n+i\sqrt{\omega_n^2-n^2}, \quad r_2=-n-i\sqrt{\omega_n^2-n^2}$$

$$x=Ae^{-nt}\sin(\sqrt{\omega_n^2-n^2}\,t+\varphi) \tag{6-19a}$$

或 $$x=Ae^{-nt}\sin(\omega_dt+\varphi) \tag{6-19b}$$

式中，$\omega_d=\sqrt{\omega_n-n^2}$ 为有阻尼自由振动的圆频率。

初始条件：当 $t=0$ 时，$x=x_0$，$v=v_0$

则

$$A=\sqrt{x_0^2+\frac{(v_0+nx_0)^2}{\omega_n^2-n^2}}, \quad \tan\varphi=\frac{x_0\sqrt{\omega_n^2-n^2}}{v_0+nx_0}$$

小阻尼是衰减振动。

衰减振动周期：

$$T_d=\frac{2\pi}{\omega_d}=\frac{2\pi}{\sqrt{\omega_n^2-n^2}}=\frac{2\pi}{\omega_n\sqrt{1-\left(\frac{n}{\omega_n}\right)^2}}=\frac{2\pi}{\omega_n\sqrt{1-\zeta^2}}$$

式中，ζ 为阻尼比 $$\zeta=\frac{n}{\omega_n}=\frac{C}{2\sqrt{mk}}=\frac{C}{C_c}$$

$$T_d=\frac{T_n}{\sqrt{1-\zeta^2}} \tag{6-20a}$$

$$f_d=f_n\sqrt{1-\zeta^2} \tag{6-20b}$$

$$\omega_d=\omega_n\sqrt{1-\zeta^2} \tag{6-20c}$$

（2）临界阻尼

当 $n=\omega_n(\zeta=1)$ 为临界阻尼。

临界阻尼系数 $C_c = 2\sqrt{mk}$

此时特征方程有两个相等的实根 $r_1 = -n$，$r_2 = -n$

解 $$x = e^{-nt}(C_1 + C_2 t) \tag{6-21}$$

表明物体的运动是随时间增长而无限地趋向平衡位置，运动已不具有振荡的性质。

(3) 过阻尼（大阻尼）

当 $n > \omega_n$（$\zeta > 1$）时，$C > C_c$

方程有两个不相等实根：

$$r_1 = -n + \sqrt{n^2 - \omega_n^2}, \quad r_2 = -n - \sqrt{n^2 - \omega_n^2}$$

解为： $$x = e^{-nt}\left(C_1 e^{(\sqrt{n^2-\omega_n^2})t} + C_2 e^{(-\sqrt{n^2-\omega_n^2})t}\right) \tag{6-22}$$

6.4 有阻尼受迫振动

有阻尼受迫振动（damped forced vibration）如图 6-8 所示。

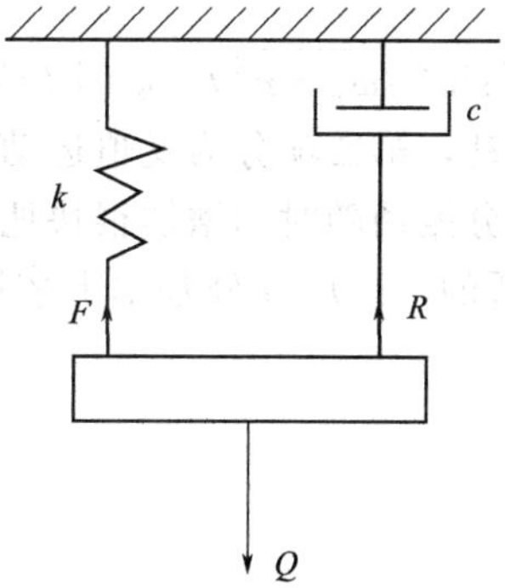

图 6-8 有阻尼受迫振动

$$F_x = -kx \tag{6-23a}$$

$$R_x = -cv = -c\frac{dx}{dt} \tag{6-23b}$$

$$Q_x = H\sin\omega t \tag{6-23c}$$

微分方程： $$m\frac{d^2x}{dt^2} = -kx - c\frac{dx}{dt} + H\sin\omega t$$

设 $$\omega_n^2 = \frac{k}{m},\ 2n = \frac{c}{m},\ h = \frac{H}{m}$$

则 $$\frac{d^2x}{dt^2} + 2n\frac{dx}{dt} + \omega_n^2 x = h\sin\omega t$$

解得： $$x = x_1 + x_2 \tag{6-24a}$$

$$x_1 = A e^{-nt} \sin(\sqrt{\omega_n^2 - n^2 t} + \varphi) \quad (6\text{-}24b)$$

$$x_2 = b \sin(\omega t - \varepsilon) \quad (6\text{-}24c)$$

式中，ε 为受迫振动的相位落后于激振动的相位角。

代入方程得：

$$-b\omega^2 \sin(\omega t - \varepsilon) + 2nb\omega \cos(\omega t - \varepsilon) + \omega_n^2 b \sin(\omega t - \varepsilon) = h \sin\omega t$$

$$h \sin\omega t = h \sin[(\omega t - \varepsilon) + \varepsilon] = h \cos\zeta \sin(\omega t - \varepsilon) + h \sin\zeta \cos(\omega t - \varepsilon)$$

则 $[b(\omega_n^2 - \omega^2) - h\cos\zeta]\sin(\omega t - \zeta) + (2ab\omega - h\cos\zeta)\cos(\omega t - \varepsilon) = 0$

对瞬时 t，必须恒等，则有：

$$b(\omega_n^2 - \omega^2) - h\cos\varepsilon = 0$$

$$2nb\omega - h\sin\zeta = 0$$

解得：

$$b = \frac{h}{\sqrt{(\omega_n^2 - b^2)^2 + 4n^2\omega^2}}$$

$$\tan\varepsilon = \frac{2n\omega}{\omega_n^2 - \omega^2}$$

通解：

$$x = A e^{-nt} \sin(\sqrt{\omega_n^2 - n^2}\, t + \varphi) + b \sin(\omega t - \zeta) \quad (6\text{-}25)$$

式中，第一项为衰减运动，第二项分为受迫运动。

由于阻尼的存在，一部分振动随时间增加很快地衰减了，称过渡过程（或瞬点过程），过渡过程是很短暂的，以后部分基本上按第二部分受迫振动的规律进行振动，即稳态过程。

6.5 共振

在实际的振动系统中，阻尼总是客观存在的。要使振动持续不断地进行，须对系统施加一周期性的外力。系统在周期性外力作用下所进行的振动，称为受迫振动。

设一系统在弹性力 $-kx$，阻尼 $-C_r$ 和周期性外力 $F\cos\omega_p l$ 的作用下作受迫振动。周期性外力也叫驱动力，F 是驱动力的最大值，叫做力幅，ω_p 是驱动力的角频率，根据牛顿第二定律，有：

$$-kx - Cv + F\cos\omega_p t = ma$$

或

$$m\frac{d^2x}{dt^2} + C\frac{dx}{dt} + kx = F\cos\omega_p t$$

对一定的振动系统、一定的环境介质、一定的驱动力，m，k，C，F 分别为恒量。令 $k/m = \omega_n^2$，$C/m = 2\delta$ 和 $F/m = f$，则上式可写成：

$$\frac{d^2x}{dt^2}+2\delta\frac{dx}{dt}+\omega_n^2x=f\cos\omega_p t \tag{6-26}$$

上述微分方程的解为：

$$x=A_0e^{-\delta t}\cos(\omega t+\varphi)+A\cos(\omega_p t+\psi) \tag{6-27}$$

即受迫振动是由阻尼振动 $A_0e^{-\delta t}\cos(\omega t+\varphi)$ 和简谐运动 $A\cos(\omega_p t+\psi)$ 合成的。

实际上，在驱动力开始作用时受迫振动的情况是非常复杂的，经过不太长时间，阻尼振动就衰减到可以忽略不计，即式(6-27) 右方第一项趋于 0，受迫振动达到稳定状态。这时，振动的周期即驱动力的周期，振动的振幅保持稳定不变，于是受迫振动变为简谐运动，有：

$$x=A\cos(\omega_p t+\psi) \tag{6-28}$$

式中的角频率就是驱动力的角频率 ω_p，而振幅 A、初相 ψ 既和振动系统的性质及阻尼情况有关，也和驱动力的频率及力幅有关。A 和 ψ 由下述两式决定：

$$A=\frac{f}{\sqrt{(\omega_n^2-\omega_p^2)+4\delta^2\omega_p^2}} \tag{6-29}$$

$$\tan\psi=\frac{-2\delta\omega_p}{\omega_n^2-\omega_p^2} \tag{6-30}$$

从能量角度来看，当受迫振动达到稳定后，周期性外力在一个周期内对振动系统做功而提供的能量，恰好用来补偿系统在一个周期内克服阻力做功所消耗的能量，因而使受迫振动的振幅保持稳定不变。

由式(6-29) 可知，稳定状态下受迫振动的一个重要特点是：振幅 A 的大小与驱动力的角频率 ω_p 有很大关系。图 6-9 是对应于不同 δ 值的 A-ω_p 曲线，在不同阻尼时，振幅 A 随外力的角频率 ω_p 变化的关系曲线，图中 ω_n 是振动系统的固有频率。当驱动力的角频率增大，在 ω_p 为某一定值时，振幅 A 达到最大值。把驱动力的角频率为某一定值时，受迫振动的振幅达到极大的现象叫做共振(resonance)。共振时的角频率叫做共振角频率，以 ω_r 表示。对式(6-29) 求导数，并令其为零，即：

$$\frac{dA}{d\omega_p}=\frac{d}{d\omega_p}\left[\frac{f}{\sqrt{(\omega_n^2-\omega_p^2)+4\delta^2\omega_p^2}}\right]$$

$$=\frac{2\omega_p f}{\left[\sqrt{(\omega_n^2-\omega_p^2)+4\delta^2\omega_p^2}\right]^{3/2}}(\omega_n^2-2\delta^2-\omega_p^2)=0$$

可见当 $(\omega_n^2-2\delta^2-\omega_p^2)=0$ 时，振幅 A 有最大值。这时驱动力的角频率 ω_p 等于共振频率 ω_r

$$\omega_r=\sqrt{\omega_n^2-2\delta^2} \tag{6-31}$$

因此，系统的共振频率是由固有频率 ω_n 和阻尼系数 δ 决定的，将式(6-31)

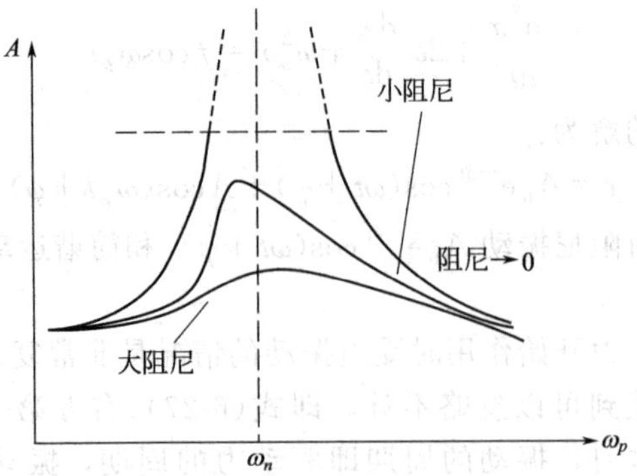

图 6-9 共振频率

代入式(6-29) 可得共振时的振幅：

$$A_r=\frac{f}{2\delta\sqrt{\omega_n^2-\delta^2}} \tag{6-32}$$

由上两式可知，阻尼系数越小，共振角频率 ω_r 越接近系统的固有频率 ω_n，同时共振的振幅 A_r 也越大，若阻尼系数趋近于 0，则 ω_r 趋近于 ω_n，振幅将趋近于无限大。

6.6 振动合成

振动合成（compound vibration）如图 6-10 所示，令

$$x_1=A_1\cos(\omega t+\varphi_1)$$

$$x_2=A_2\cos(\omega t+\varphi_2)$$

$$x=x_1+x_2=A\cos(\omega t+\varphi)$$

式中，φ 为合振动初相位。

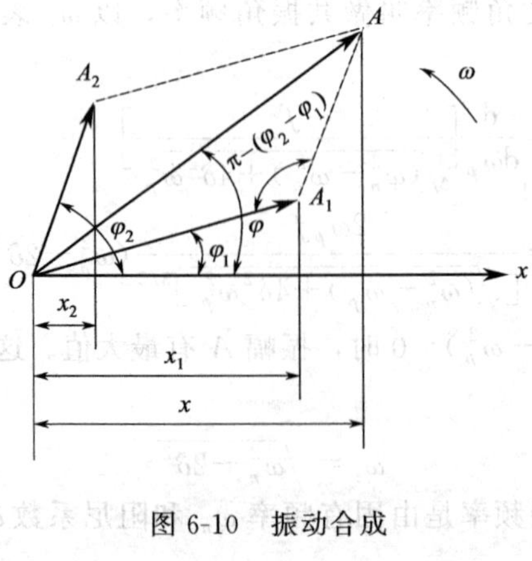

图 6-10 振动合成

根据余弦定理：

$$A^2=A_1^2+A_2^2-2A_1A_2\cos[\pi-(\varphi_2-\varphi_1)]$$

$$A=\sqrt{A_1^2+A_2^2+2A_1A_2\cos(\varphi_2-\varphi_1)} \tag{6-33}$$

$$\tan\varphi=\frac{A_1\sin\varphi_1+A_2\sin\varphi_2}{A_1\cos\varphi_1+A_2\cos\varphi_2}(A_1\text{、}A_2\text{ 分别向 }x\text{、}\delta\text{ 投影}) \tag{6-34}$$

讨论：

① 若相位差 $(\varphi_2-\varphi_1)=2k\pi$ $(k=0, \pm1, \pm2, \cdots)$

则：

$$A=\sqrt{A_1^2+A_2^2+2A_1A_2}=A_1+A_2 \tag{6-35}$$

即当两个振动的相位相同或相位差为 2π 的整数倍时，合振幅等于两分振动振幅之和，合成结果加强。

② 若相位差 $(\varphi_2-\varphi_1)=(2k+1)\pi(k=0,\pm1,\pm2,\cdots)$

$$A=\sqrt{A_1^2+A_2^2-2A_1A_2}=|A_1-A_2| \tag{6-36}$$

分振动相位相反或相位差为 π 的奇数倍，相互减弱。

工程实践例题与简解

例 6-1 电动机是把电能转换成机械能的一种设备。它在石油、石化行业应用极为广泛，比如搅拌釜中电动机与搅拌轴通过联轴器相连，通过电动机带动搅拌轴旋转；对于一些流体机械，电动机和旋转轴直接相连，或中间通过减速器与旋转轴相连，带动旋转轴转动。质量为 m 的电动机固定在水平梁的中部（图 6-11），已知安装后梁的中点的向下位移为 d，忽略梁的质量，试求系统的固有频率。

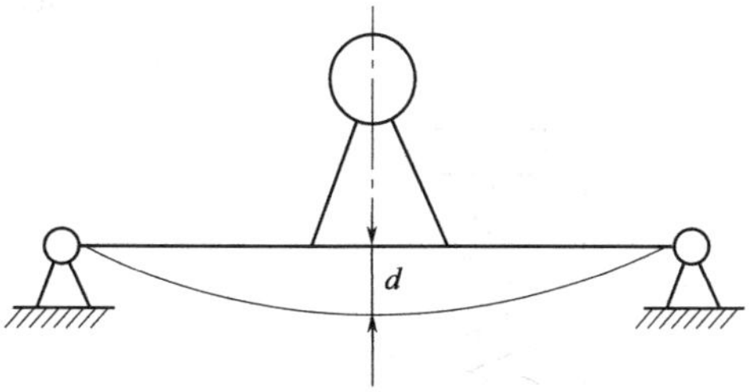

图 6-11 例 6-1 图

解： 考虑电动机在铅垂方向上的振动，这是一个单自由度振动系统。水平梁可以看成一个弹性支承，在电动机偏离静平衡位置时提供恢复力，相当于一个弹簧。所以所示系统可简化成弹簧-质量振动系统。

其固有频率 ω_n 也可表示成

$$\omega_n=\sqrt{\frac{k}{m}}=\sqrt{\frac{kg}{mg}}=\sqrt{\frac{g}{\delta_{st}}}$$

式中，δ_{st} 为质量块的重力作用下弹簧的静变形。在图 6-11 所示的系统中，电动机在重力作用下系统对应的 $\delta_{st}=d$ 所以本问题的固有频率为 $\omega_n=\sqrt{g/d}$ 。

例 6-2 移动式压力容器是指由罐体或者大容积无缝气瓶与行走装置或者框架采用永久性连接组成的运输设备，包括汽车罐车、铁路罐车、罐式集装箱等。移动式压力容器使用时不仅承受内压或外压，运输时还会受到惯性力、内部液体晃动引起作用力、振动载荷等的作用。其储运介质通常为压缩气体、液化气体，大多具有易燃、易爆、窒息或者有毒等危害性。如图 6-12(a) 所示，车轮上装置一质量为 m 的物块 B，于是瞬时（$t=0$）车轮由水平路面驶来，并继续以等速 v 行驶，该曲线路面按 $y_1=d\sin\frac{\pi}{l}x_1$ 的规律起伏，坐标原点和坐标系 $o_1x_1y_1$ 位置如图 6-12(b) 所示。设弹簧的刚度系数为 k。求（1）物块 B 的受迫运动方程；

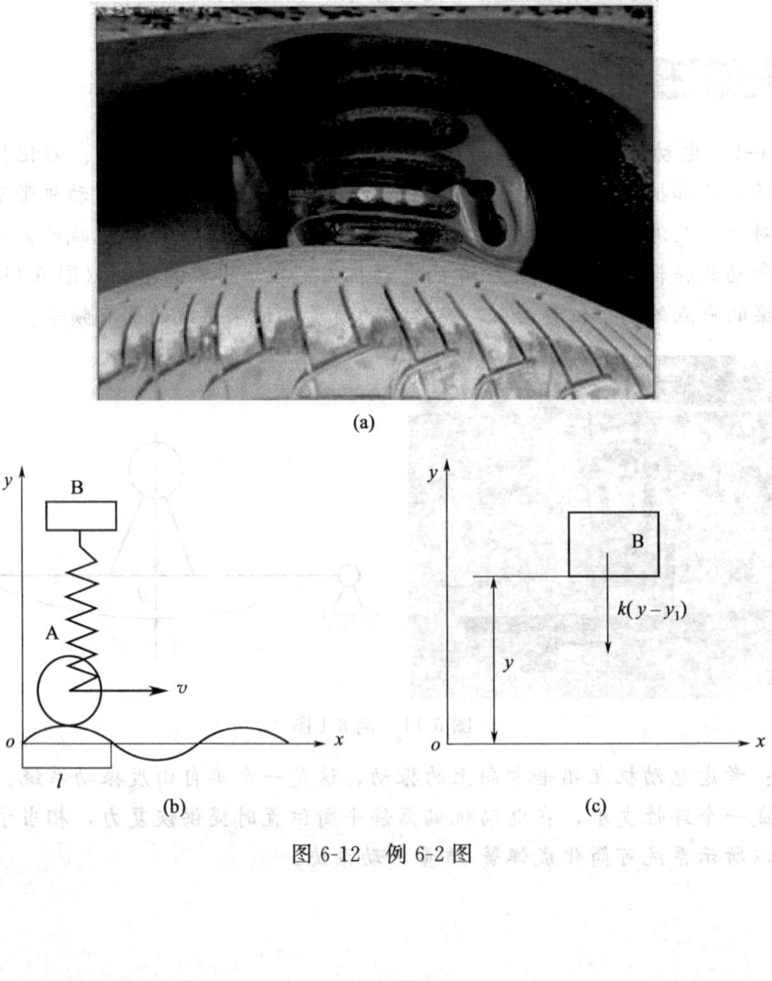

图 6-12 例 6-2 图

(2) 轮 A 的临界速度。

解：物块 B 为研究对象，取 B 在水平路面上的平衡位置为坐标原点，建立随车轮一起前进的铅垂方向的轴 oy，如图 6-12(c) 所示，

则物块 B 沿铅垂方向的运动微分方程：$my=-k(y-y_1)$

把 y_1 代入上述微分方程得：$y+\frac{k}{m}y=\frac{k}{m}d\sin\frac{\pi}{l}vt$

其稳态解（即受迫振动部分）为

$$y=\frac{\frac{k}{m}d}{\frac{k}{m}-\left(\frac{\pi}{l}v\right)^2}=\frac{kdl^2}{kl^2-\pi^2v^2m}\sin\frac{\pi}{l}vt$$

系统发生共振时

$$\omega_n=\sqrt{\frac{k}{m}},\quad \omega=\frac{\pi}{l}v$$

故有：
$$\sqrt{\frac{k}{m}}=\frac{\pi}{l}v$$

解得轮 A 的临界速度：
$$v=\frac{l}{\pi}\sqrt{\frac{k}{m}}$$

例 6-3 蒸汽机是将蒸汽的能量转换为机械功的往复式动力机械。蒸汽机需要一个使水沸腾产生高压蒸汽的锅炉，这个锅炉可以使用木头、煤、石油或天然气甚至垃圾作为热源。蒸汽膨胀推动活塞做功。如图 6-13 所示，加速度计安装在蒸汽机的十字头上，十字头沿铅垂方向作简谐振动。记录在卷筒上的振幅等于 7mm。设弹簧刚度系数 $k=1.2\text{kN/m}$，其上悬挂的重物质量 $m=0.1\text{kg}$。求十字头的加速度。（提示：加速度计的固有频率 ω_n 通常都远远大于被测物体振动频率 ω）。

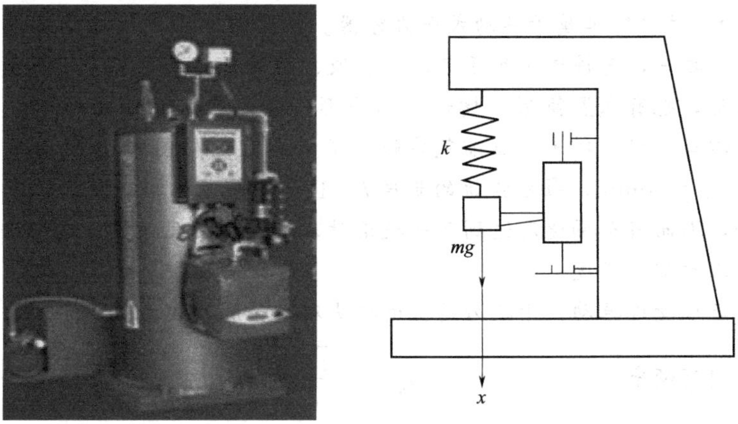

图 6-13 例 6-3 图

解： 十字头的在铅垂方向作简谐运动，设其运动方程为：$x_1=a\sin\omega t$
以静平衡位置为坐标原点，轴 x 铅垂向下，则重物的运动微分方程为

$$mx''=-k(x-x_1)$$

即：
$$x''+\frac{k}{m}x=\frac{ka\sin\omega t}{m}$$

其稳态受迫振动方程为：$x=\dfrac{h}{\omega_n^2-\omega^2}\sin\omega t$

其中：
$$\omega_n^2=\frac{k}{m},\quad h=\frac{ka}{m}=\omega_n^2 a$$

因为卷筒上记录的振幅，是重物和卷筒的相对运动振幅，而卷筒的运动就是十字头的运动。

所以：

$$x_r=x-x_1=\frac{a\omega^2}{\omega_n^2-\omega^2}\sin\omega t=\frac{a\omega^2}{\left[1-\left(\frac{\omega}{\omega_n}\right)^2\right]\omega_n^2}\sin\omega t$$

欲使测得振幅精确，需 $\omega_n\gg\omega$

即令$\left[1-\left(\dfrac{\omega}{\omega_n}\right)^2\right]\approx1$，则 $x_r=\dfrac{a\omega^2}{\omega_n^2}\sin\omega t$

由题意知 x_r 的振幅：$\dfrac{a\omega^2}{\omega_n^2}=7\text{mm}$

即
$$a\omega^2=7\omega_n^2$$

式 $x_1=a\sin\omega t$ 对时间 t 求两次导数，得 $x_1''=a\omega^2\sin\omega t$

$$x''_{1\max}=\omega^2 a=7\omega_n^2=7\frac{k}{m}=7\times\frac{1.2\times10^3}{0.1}=84000\ (\text{mm/s}^2)=84\ (\text{m/s}^2)$$

例 6-4 铁路罐车属于移动式压力容器。铁路罐车，在铁路物流中应用的主要铁道车辆之一，是铁道上用于装运气、液、粉等货物的主要专用车型，主要是横卧圆筒形，也有立置筒形、槽形、漏斗形。分为装载轻油用罐车、黏油用罐车、酸类罐车、水泥罐车、压缩气体罐车多种。假设如图 6-14 所示车架弹簧的静压缩为 $\delta_{st}=50\text{mm}$，每根铁轨的长度 $l=12\text{m}$，每当车轮行驶到轨道接头处都受到冲击，因而当车厢速度达到某一数值时，将发生激烈颠簸，这一速度称为临界速度。求此临界速度。

解： 车厢受迫振动，干扰力是轨道接头对车轮的冲击力。

车厢固有频率：
$$\omega_n=\sqrt{\frac{g}{\delta_{st}}}$$

冲击力圆频率：
$$\omega=2\pi\frac{v}{l}$$

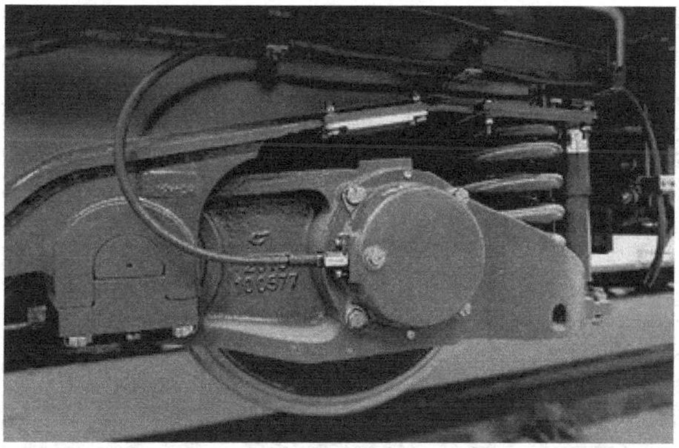

图 6-14 例 6-4 图

当 $\omega=\sqrt{\frac{g}{\delta_{st}}}$ 时发生共振，车辆激烈颠簸，此时的速度为临界速度。

$$v=\frac{l}{2\pi}\sqrt{\frac{g}{\delta_{st}}}$$

将 $l=12\text{m}$，$\delta_{st}=0.05\text{m}$ 代入，得车厢临界速度 $v=26.74\text{m/s}$。

例 6-5 冷却水塔是一种将水冷却的装置，水在其中与流过的空气进行热、质交换，致使水温下降；它广泛应用于空调循环水系统和工业用循环水系统中。基本原理是：干燥低焓值的空气经过风机的抽动后，自进风网处进入冷却水塔内；饱和蒸汽分压力大的高温水分子向压力低的空气流动，湿热高焓值的水自播水系统洒入塔内。当水滴和空气接触时，一方面由于空气与水的直接传热，另一方面由于水蒸气表面和空气之间存在压力差，在压力的作用下产生蒸发现象，将水中的热量带走即蒸发传热，从而达到降温之目的。冷却水塔下面都装有减振器。减振器是用来抑制弹簧吸振后反弹时的振荡及来自地面的冲击。图 6-15 所示为筒式减振器工作示意图及实物图，两只减振器的黏性阻尼系数分别为 k_1、k_2，试计算下列情况总黏性阻尼系数 k_{eq}：(1) 在两只减振器并联时；(2) 在两只减振器串联时。

解：

(1) 对系统施加力 P，则两个减振器的速度同为 x'，受力分别为：

$$F_1=k_1x'$$

$$F_2=k_2x'$$

由力的平衡可得： $F=F_1+F_2=(k_1+k_2)x'$

故等效刚度系数为： $k_{eq}=\frac{F}{x'}=k_1+k_2$

(2) 对系统施加力 F，则两个减振器的速度为：

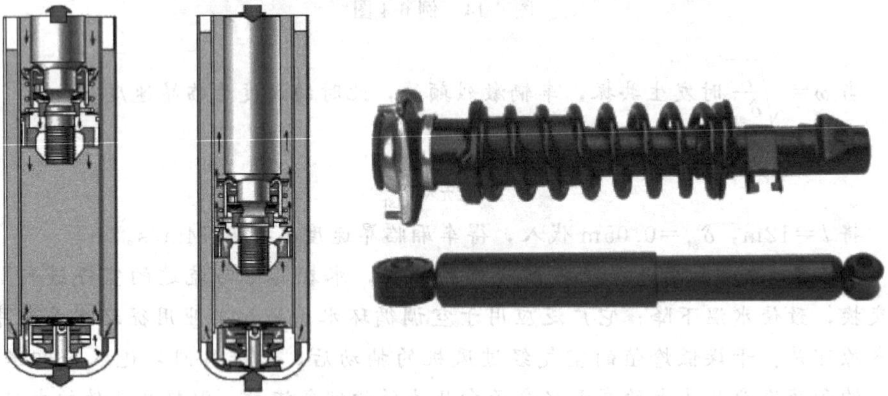

图 6-15 例 6-5 图

$$x_1=\frac{F}{k_1}$$

$$x_2=\frac{F}{k_2}$$

系统的总速度为： $$x'=x_1'+x_2'=F\left(\frac{1}{k_1}+\frac{1}{k_2}\right)$$

即 $$k_{eq}=\frac{k_1k_2}{k_1+k_2}$$

例 6-6 振动检测仪是基于微处理器最新设计的机器状态监测仪器，具备振动检测、轴承状态分析和红外线温度测量功能。适用于汽轮机、电机、风机、空压机、机床、泵、齿轮箱等各类机械振动的离（在）线振动状态监测和故障诊断。某振动检测仪（测振仪）结构如图 6-16 所示，摆重量为 Q，由扭转刚度系数为 k_φ 的弹簧连接，并维持与铅垂方向成 α 角的位置，摆对 O 点的转动惯量为 I，摆的重心到转动轴 O 点的距离为 S。求此测振仪的自振周期。

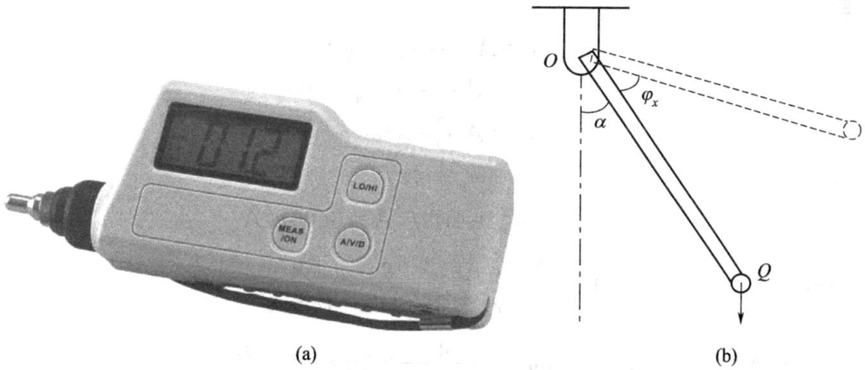

图 6-16 例 6-6 图

解：设坐标 φ_x 如图 6-16(b) 所示，在静平衡时：

$$k_\varphi \varphi_x = QS\sin\alpha \tag{1}$$

式中，φ_x 为弹簧 k_φ 的初始转角，微振动时，由动量矩定理，有：

$$I\varphi'' = -k_\varphi(\varphi - \varphi_x) - QS\sin(\alpha + \varphi) \tag{2}$$

将式(1) 代入式(2)，并使 $\cos\varphi \approx 1$，$\sin\varphi \approx \varphi$ 得：

$$I\varphi'' + (k_\varphi + QS\cos\alpha)\varphi = 0$$

故：

$$\omega_n = \sqrt{\frac{k_\varphi + QS\cos\alpha}{I}}$$

$$T = 2\pi\sqrt{\frac{I}{k_\varphi + QS\cos\alpha}}$$

例 6-7 加速度计由检测质量（也称敏感质量）、支承、电位器、弹簧、阻尼器和壳体组成。加速度计的原理参考质量由弹簧与壳体连接，放在线圈内部，反映加速度分量大小的位移改变线圈的电感，从而输出与加速度成正比的电信号，如图 6-17 所示。对某结构用一加速度计测得它的频率是 30Hz，且作简谐振动时的最大加速度为 2.5g（$g = 9.8\text{m/s}^2$），求此结构的振幅、最大速度和周期。

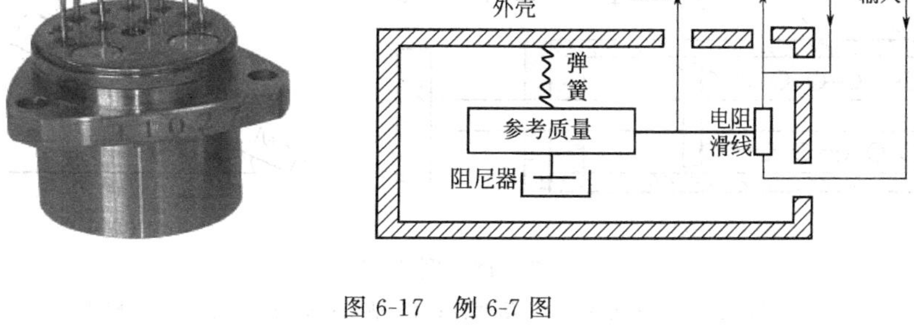

图 6-17 例 6-7 图

解：

$$x=A\cos(\omega_n t+\varphi)$$

$$v=x'=A\omega_n\sin(\omega_n t+\varphi)$$

$$a=x''=A\omega_n^2\cos(\omega_n t+\varphi)$$

且
$$\omega_n=2\pi f$$

所以
$$a_{\max}=A\omega_n^2=4\pi^2 f^2 A=3600\pi^2 A$$

振幅
$$A=\frac{a_{\max}}{3600\pi^2}=\frac{2.5g}{3600\pi^2}=\frac{g}{1440\pi^2}$$

最大速度
$$v_{\max}=A\omega_n=\frac{g}{1440\pi^2}\times 2\pi\times 30=\frac{g}{24\pi}$$

周期
$$T=\frac{1}{f}=\frac{1}{30}\mathrm{s}$$

例 6-8 注塑机又名注射成型机或注射机。它是将热塑性塑料或热固性塑料利用塑料成型模具制成各种形状的塑料制品的主要成型设备［图 6-18(a)］。注塑机的工作原理与打针用的注射器相似，它是借助螺杆（或柱塞）的推力，将已塑化好的熔融状态（即黏流态）的塑料注射入闭合好的模腔内，经固化定型后取得制品的工艺过程。分为立式、卧式、全电式。图 6-18(b)、(c) 所示为注塑机中的液压缓冲器，液压缓冲器依靠液压阻尼对作用在其上的物体进行缓冲减速至停止，起到一定程度的保护作用。如图 6-18(d) 所示，一个重量为 P 的小车从高度为 h 处沿斜面滑下，与缓冲器相撞后，和缓冲器一起作自由振动。弹簧常数为 k，斜面倾角为 α，假设小车与斜面之间的摩擦力可以不计。求小车的振动周期和振幅。

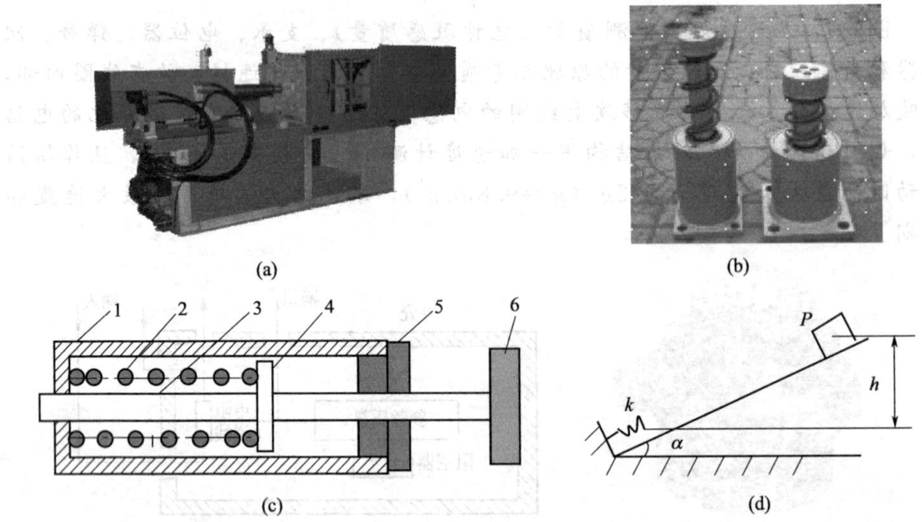

图 6-18 例 6-8 图

1—液压缸；2—缓冲簧；3—活塞杆；4—活塞；5—液压缸盖；6—肩托

解：

$$T=2\pi\sqrt{\frac{P}{gk}}$$

$$A=\sqrt{\frac{P}{k}2h+\frac{P}{k}\sin^2\alpha}$$

例 6-9 滚轮轴承外圈采用外圈壁较厚的满装圆柱滚子轴承，滚轮的外径面有圆柱形和弧形，可根据使用场合设计来与滚道面配合。利用这种外圈，滚轮可以直接在滚道上滚动，并可以承受较重负荷和冲击负荷。组合滚轮轴承由主滚轮、侧滚轮、轴头和盖板组成。主要应用于煤矿井下提升机钢丝绳和叉车门架。如图 6-19(a) 所示为滚轮轴承。如图 6-19(b) 所示，两个滚轮以相反方向等速转动，两个滚轮中心距 $2a$，上面放置一块重量为 W 并且长度为 l 的棒，棒相对于滚轮的摩擦系数为 μ。现在将棒的重心 c 推出对称位置 o，试证明该棒作简谐振动。

(a)

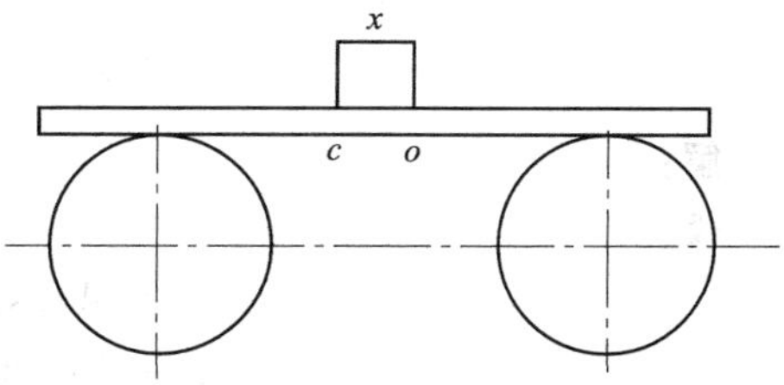

(b)

图 6-19 例 6-9 图

解：设左轮支反力为 F_1，右轮支反力为 F_2，以水平 x 为广义坐标，对某一偏离对称中心可列平衡方程：

$$(F_1-F_2)\times\mu=\frac{W}{g}x''$$

$$F_1\times 2a=W\times(a+x)$$

$$F_2\times 2a=W\times(a-x)$$

可得：

$$F_1+F_2=W$$

$$F_1-F_2=\frac{W}{a}x$$

综上可得：

$$\frac{1}{g}x''-\frac{\mu}{a}x=0$$

由方程可知系统做简谐振动。

例 6-10 振荡器是一种能量转换装置——将直流电能转换为具有一定频率

的交流电能（图 6-20）。振荡器包含了一个从不振荡到振荡的过程和功能。能够完成从直流电能到交流电能的转化。荡器主要由电容器和电感器组成 LC 回路，通过电场能和磁场能的相互转换产生自由振荡。振荡器主要可以分成两种：谐波振荡器和弛张振荡器。主要适用于各大中院校、医疗、石油化工、卫生防疫、环境监测等科研部门作生物、生化、细胞、菌种等各种液态、固态化合物的振荡培养。已知一个简谐振荡器的最大速度为 15cm/s，振荡周期为 2s。假设振荡器将物体在初始位移为 2cm 的地方释放，求：其振动的振幅，初始速度，加速度最大值，相角。

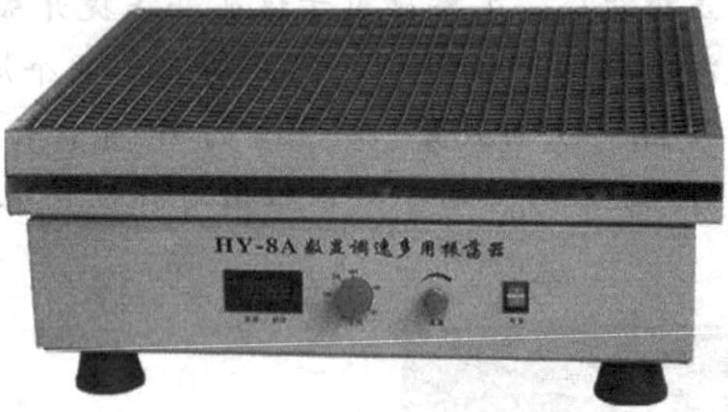

图 6-20　例 6-10 图

解：

设：

$$x=A\cos(\omega_n t+\varphi)$$
$$x'=A\omega_n\sin(\omega_n t+\varphi)$$
$$x''=A\omega_n^2\cos(\omega_n t+\varphi)$$

又因为：　$v_{\max}=15\text{cm/s}$，$T=2\text{s}$，$x(0)=2\text{cm}=0.02\text{m}$

$$A\omega_n=0.15\text{m/s}$$
$$T=\frac{2\pi}{\omega_n}=2\text{s}$$

所以：
$$A=\frac{0.15\text{m/s}}{\omega_n}=\frac{0.15\text{m/s}}{\frac{2\pi}{2}}=0.0477\text{m}$$

又因为初始位移为 0.02m，所以：$A\cos\varphi=0.02\text{m}$

所以：
$$\cos\varphi=\frac{0.02\text{m}}{A}=\frac{0.02}{0.0477}=0.4193,\ \varphi=65.2^\circ$$

初速度：即 $t=0$ 时

$$x'(t=0)=A\omega_n\sin(\omega_n t+\varphi)$$

即：
$$x'(t=0)=A\omega_n\sin\varphi=0.0477\pi\sin65.2^\circ=0.136\ (\text{m/s})$$
$$a_{\max}=x''(t=0)=A\omega_n^2=0.0477\times\pi^2=0.4707\ (\text{m/s}^2)$$

例 6-11　隔振器是连接设备和基础的弹性元件，用以减少和消除由设备传递到基础的振动力和由基础传递到设备的振动。弹簧隔振器是最常用的一种钢制隔振器（图 6-21)。有螺旋形、碟形、环形和板形等形式。它的优点是：静态压缩量大，固有频率低，低频隔振性能好；能耐受油、水等侵蚀，温度变化不影响性能；不会老化，不发生蠕变。一机器质量为 500kg，支承在弹簧隔振器上，弹簧静变形为 0.5cm。机器的偏心重产生偏心激振力 $F_0=2.254\dfrac{\omega^2}{g}$ (N)，其中 ω 是激励频率，g 是重力加速度。求机器转速为 1200r/min 时的振幅。

图 6-21 例 6-11 图

解：设系统在平衡位置有位移 x，则：

$$mx''+kx=F_0$$

$$x''+\frac{k}{m}x=\frac{F_0}{m}$$

又有：

$$mg=k\delta$$

则：

$$k=\frac{mg}{\delta}$$

所以机器振幅为：

$$B=\frac{F_0}{k}\times\frac{\lambda^2}{1-\lambda}$$

$$\lambda=\frac{\omega}{\omega_n},\ \omega=40\pi\text{rad/s}$$

又有：

$$\omega_n^2=\frac{k}{m}=\frac{g}{\delta}$$

所以：

$$B=0.5256$$

例 6-12 传热过程主要是通过两种温度不同的介质在一定的设备中交换热量来实现的，这类实现传热过程的设备称为换热器。换热器按照作用原理可分为混合式换热器、蓄热式换热器和间壁式换热器。其中管壳式换热器是间壁式换热器的一种。管壳式换热器的结构包括换热管、管板、管箱和折流板。如图6-22所示为管壳式换热器实物图。管壳式换热器在各个方面应用广泛，所以需要对其发生的管束振动进行研究。请简述管壳式换热器发生管束振动的原因及由于管束振动而造成的破坏形式，并且简述换热管振动的预防和解决措施。

图6-22 例6-12图

解：(1) 管壳式换热器发生管束振动的原因：

管壳式换热器在运行过程中，流体在壳程横向冲刷管束，由于工况的变化以及流动状态的复杂性，换热管总会发生或大或小的振动。产生振动的振源为流体稳定流动产生的振动、流体速度的波动、通过管道或其他连接件传播的动力机械振动等，横向流是流体诱导管束振动的主要根源。

(2) 管束振动而造成的破坏形式：

换热管被冲击造成破坏；防冲挡板设置不当和换热管局部失效；应力疲劳失效；接头泄漏。

(3) 换热管振动的预防和解决措施：

减小壳测流速，通过加大壳体，增大管间距或采用分流式壳体实现；

提高管子固有频率，通过缩短管子最长的无支承跨距长度，或更换管子材料，加大管子壁厚实现；

降低冲击速度，通过增加防冲板来实现；

采用折流杆代替折流板。

例6-13 塔设备是用于相迹间传质、传热的设备，即体系中由于物质浓度、温度不均匀而发生的质量转移、热量转移的过程。塔设备按内件结构分有填料塔、板式塔。塔设备主要由塔体、塔体支座，除沫器、接管、吊柱及塔内件组成，如图6-23所示为填料塔实物图。试简述塔设备在受到风载荷时会发生什么样的振动以及如何避免塔共振。

解：(1) 在风载荷作用下，塔设备产生两个方向的振动：

① 载荷振动：振动方向沿着风的方向（顺风向的振动）。

② 诱导振动：振动方向沿着风的垂直方向（横向振动）。

其中诱导振动对塔设备的破坏更大。

图 6-23 例 6-13 图

(2) 避免塔共振：

① 增大塔的固有频率。降低塔高，增大塔径可以增大塔的固有频率。

② 采用扰流装置。合理地布置塔体上的管道、平台、平台、扶梯和其他连接件，可以消除漩涡的形成，进而达到消除过大振幅的目的。

③ 增大塔的阻尼。当阻尼增加时塔的振幅会明显下降。

例 6-14 铸铁是含碳量大于2.11%的铁碳合金，还含有Si、Mn和其他一些杂质元素。如图 6-24 所示为活塞环和导轨实物图。试从物理性能方面简述在设计活塞环、导轨等一些零件时为什么采用灰铸铁。

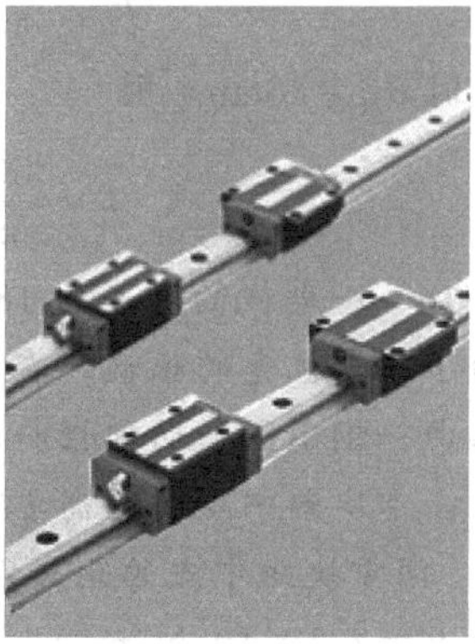

图 6-24 例 6-14 图

解： 因为灰铸铁中的碳是以片状石墨形式分布的，相当于在钢的基体上分布了许多微小裂纹，它的存在，可以阻断机械振动的传播。因此它们多被用作机床床身，以减小机械振动，保证加工精度，这就体现铸铁具有良好的吸振性。同时也因为铸铁具有耐压、耐磨的性能。

例 6-15 盛放在油罐车内的石油产品在振荡时产生静电，容易引起火灾甚至爆炸事故，所以减少运输过程中车辆的振动至关重要。为了减少此类振动，常在油罐车的车轮附近安装减振器。图 6-25 所示为油罐车车厢和减振器弹簧，空载时弹簧的静伸长为 4cm，满载时弹簧的静伸长为 26cm，求两种情形下车厢每分钟的振动次数。

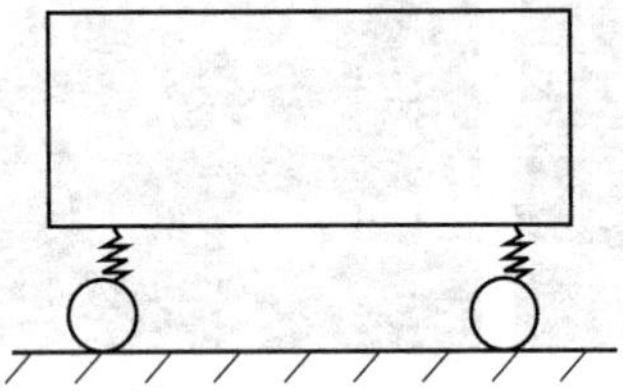

图 6-25 例 6-15 图

解：固有频率

$$\omega_n=\sqrt{\frac{g}{\delta_{st}}}$$

因此系统每分钟的振动次数为：

$$f'=60\frac{\omega_n}{2\pi}=\frac{30}{\pi}\sqrt{\frac{g}{\delta_{st}}}$$

空载时 $\delta_{st}=4\text{cm}$，则

$$f'=\frac{30}{\pi}\sqrt{\frac{980}{4}}=150\ (\text{次/min})$$

满载时 $\delta_{st}=26\text{cm}$，则

$$f'=\frac{30}{\pi}\sqrt{\frac{980}{26}}=59\ (\text{次/min})$$

例 6-16 一电机的转速为 1800r/min，由于转子不平衡而使机壳发生较大的振动，为了减少机壳的振动，在机壳上安装了数个如图 6-26 所示的动力减振器，该减振器由一钢制圆截面弹性杆和两个安装在杆两端的重块组成。杆的中部固定在机壳上，重块到中点的距离 l 可用螺杆来调节。重块重 $P=60\text{N}$，圆杆的直径 $D=2\text{cm}$。问重块距中点的距离 l 应等于多少时减振器的减振效果最好？（材料的弹性模量 $E=2.1\times10^7\text{N/m}^2$）

解：电机机壳振动的圆频率为：

$$\omega=2\pi f=2\pi\frac{n}{60}=2\pi\times\frac{1800}{60}=60\pi(1/\text{s})$$

由前面的分析知，当减振器自身的固有频率 ω_n 与受迫振动频率 ω 相等时，减振器的减振效果最好。设重块的质量为 m，螺杆的质量忽略不计，螺杆的刚度系数 k 可由材料力学公式计算，有：

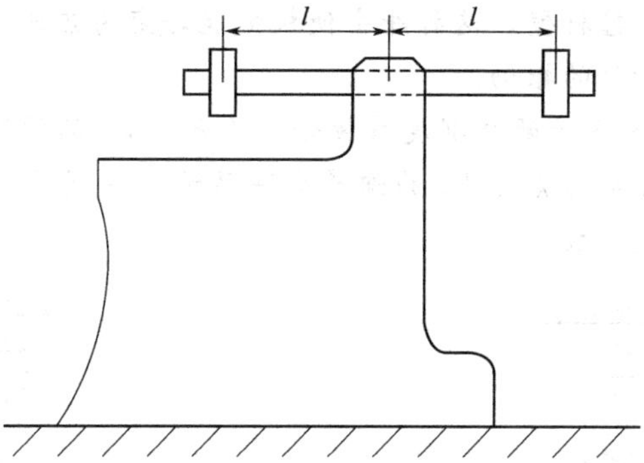

图 6-26 例 6-16 图

$$k=\frac{3EJ}{l^3}$$

其中 $J=\frac{\pi D^4}{64}$ 是螺杆截面惯性矩，E 是材料的弹性模量，l 为悬臂杆的杆长，减振器自身的固有频率为：

$$\omega_n=\sqrt{\frac{k}{m}}=\sqrt{\frac{3E\pi D^4 g}{64Pl^3}}$$

令 $\omega=\omega_n$，解得杆长：

$$l=\sqrt[3]{\frac{3E\pi D^4 g}{64P\omega^2}}=\sqrt[3]{\frac{3\times 2.1\times 10^7\times\pi\times 2^4\times 980}{64\times 60\times 60^2\pi^2}}=28.34\ (\text{cm})$$

以上计算由于没有考虑到螺杆的质量，也没有考虑到电机转速的波动情况，所以计算结果只是近似值。实际上在安装重块时，还要对其位置进行微调。

例 6-17 冲击减振器是利用振动件内部产生消耗振动件的能量达到减振的目的的。试简述图 6-27 所示镗杆冲击减振器减振的过程。

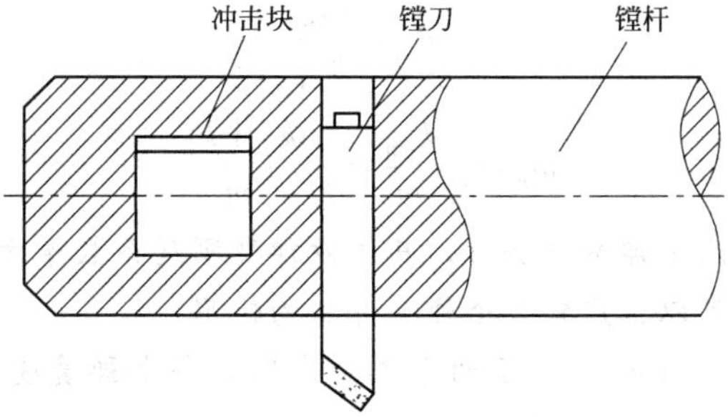

图 6-27 例 6-17 图

解： 镗杆冲击减振器是在镗杆的端头形成一个空室，其中装有一个小的金属块，金属块与镗杆之间有一小的间隙。切削时，镗杆发生振动，金属块在镗杆内因振动而不断地冲击镗杆壁，这种冲击使机械能转变为热能，因而消耗了镗杆振动的能量，减少了镗杆的振动。

例 6-18 图 6-28 表示两个刚度系数分别为 k_1、k_2 的弹簧并联系统。图 6-29 表示两个刚度系数分别为 k_1、k_2 的弹簧串联系统。分别计算这两个系统的固有频率和等效弹簧刚度系数。

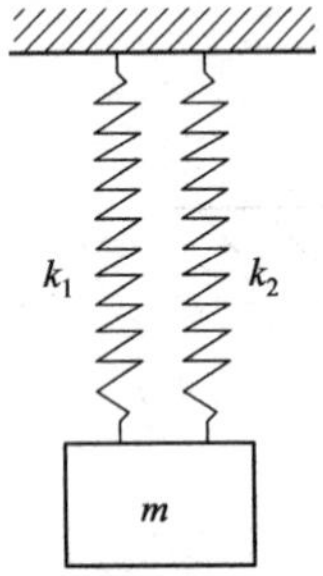

图 6-28 例 6-18 图（1）

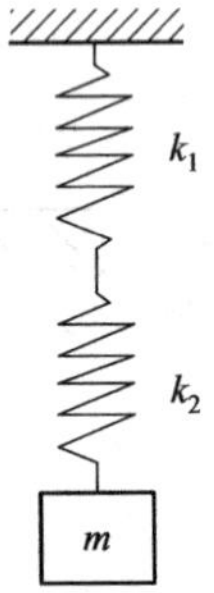

图 6-29 例 6-18 图（2）

解：（1）弹簧并联 如图 6-28 所示，设物块在重力 mg 作用下作平动，其净伸长为 δ_{st}，两个弹簧分别受力 F_1 和 F_2，因弹簧伸长量相同，因此

$$F_1=k_1\delta_{st};\ F_2=k_2\delta_{st}$$

在平衡时有：

$$mg=F_1+F_2=(k_1+k_2)\delta_{st}$$

令

$$k_{eq}=k_1+k_2$$

k_{eq} 称为等效弹簧刚度系数，上式成为：

$$mg=k_{eq}\delta_{st}$$

或

$$\delta_{st}=\frac{mg}{k_{eq}}$$

固有频率：
$$\omega_n=\sqrt{\frac{k_{ep}}{m}}=\sqrt{\frac{k_1+k_2}{m}}$$

由此可见，当两个弹簧并联时，其等效弹簧刚度系数等于两个弹簧刚度系数的和。这一结论也可以推广到多个弹簧并联的情形。

（2）弹簧串联 图 6-29 所示两个弹簧串联，每个弹簧受的力都等于物块的重量 mg，因此两个弹簧的净伸长分别为：

$$\delta_{st1}=\frac{mg}{k_1},\delta_{st2}=\frac{mg}{k_2}$$

两个弹簧总的净伸长：

$$\delta_{st}=\delta_{st1}+\delta_{st2}=mg\left(\frac{1}{k_1}+\frac{1}{k_2}\right)$$

若设串联弹簧系统的等效弹簧刚度系数为 k_{eq}，则有：

$$\delta_{st}=\frac{mg}{k_{eq}}$$

比较上面两式得：

$$\frac{1}{k_{eq}}=\frac{1}{k_1}+\frac{1}{k_2}$$

或

$$k_{eq}=\frac{k_1k_2}{k_1+k_2}$$

上述串联弹簧系统的固有频率为：

$$\omega_n=\sqrt{\frac{k_{eq}}{m}}=\sqrt{\frac{k_1k_2}{m(k_1+k_2)}}$$

由此可见，当两个弹簧串联时，其等效弹簧刚度系数的倒数等于两个弹簧刚度系数的倒数的和。这一结论也可以推广到多个弹簧串联的情形。

例 6-19 如图 6-30 所示装置，重物 M 可在螺杆上上下滑动，重物的上方和下方都装有弹簧。问是否可以通过螺帽调节弹簧的压缩量来调节系统的固有频率？

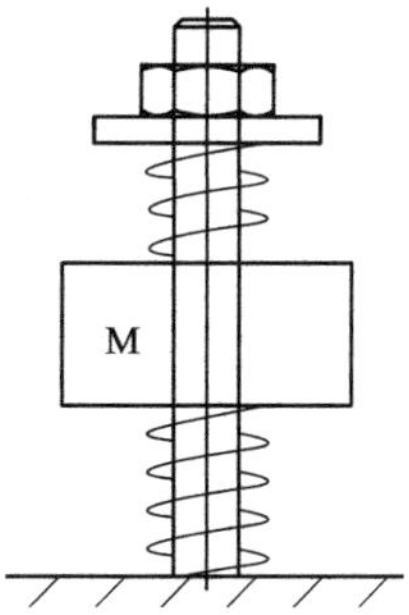

图 6-30 例 6-19 图

解： 弹簧被压紧并不改变其弹性系数，因而不能改变系统的固有频率。

思考题

1. 简述什么是机械振动及系统的自由度。

2. 什么是谐振动？并举例说明在日常生活和实践生产中有哪些工件和设备是做谐振动？

3. 简述固有频率的定义以及影响固有频率的主要因素有哪些？

4. 简述求解固有频率的方法。

5. 无阻尼受迫振动的规律是什么？
6. 什么是黏性阻尼？简述不同阻尼所对应的系统运动规律有什么区别？
7. 系统的共振频率由什么因素决定？
8. 在合成的振动中，其振幅与什么有关？

第7章

应力状态与强度理论

材料力学研究的内容

材料力学主要研究材料在各种外力作用下产生的应变、应力、强度、刚度、稳定性和导致各种材料破损的极限，是研究物体在外力作用下产生的内效应。

7.1 应力与应变

材料发生形变时，其内部分子间或离子间的相对位置和距离会发生变化，同时产生原子间及分子间的附加内力而抵抗外力，并试图恢复到形变前的状态。当达到新的平衡时，附加内力与外力大小相等，方向相反，因而产生应力和应变（stress and strain）。

7.1.1 应力

物体由于外力作用（受力、温度、湿度等）而变形时，在物体内各部分之间产生相互作用内力，以抵抗外因的作用，并试图使物体从变形后的位置恢复到变形前的位置。

定义：单位截面积上所作用的内力称为应力（stress），应力是矢量，其单位是 Pa（$1Pa=1N/m^2$，$1MPa=10^6Pa$）。如图 7-1 所示。

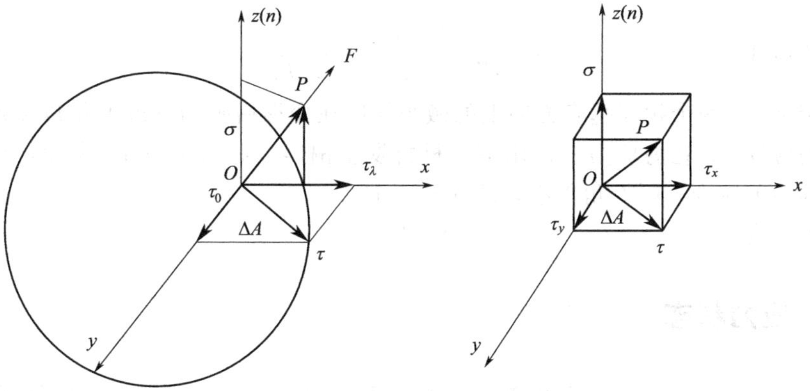

图 7-1 单位截面上的应力

在物体上取一小面积 ΔA，外法线方向为 n，其上作用着作用力 F，则应力 P 为：

$$P=\lim_{\Delta A \to 0} \frac{F}{\Delta A}=\frac{\mathrm{d}F}{\mathrm{d}A} \tag{7-1}$$

在由外法线 n 和力 F 组成平面内，将 P 可以分解成两个，一个是垂直于 ΔA 面的应力 σ，称为正应力；另一个是切于 ΔA 面的应力 τ，称为剪应力（或称切应力）。在直角坐标系下，τ 又分解成沿 x，y 方向的剪应力 τ_x，τ_y。

意义：应力是物体内各部分之间产生的相互作用的内力，反映的是物体内任意一点受力程度，用应力可以更好地表达物体内部力的分布状态，对材料强度的解决更加准确，因此用应力来定义强度问题。

7.1.2 应变

物体由于外因（载荷、温度变化等）使它的几何形状和尺寸发生相对改变，表现为长度方向的伸长和缩短即线应变（正应变）ε 和相交两线段角度改变即剪应变（或称切应变）γ。

定义 1：某一方向上微小线段因变形产生的长度增量与原长度的比值，即单位长度上的变化量称为线应变。如图 7-2(a) 所示。

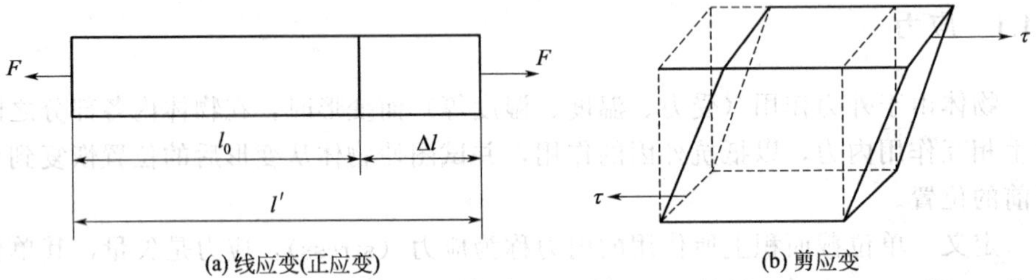

图 7-2 应变（strain）

线应变
$$\varepsilon=\lim_{l_0 \to 0} \frac{l'-l_0}{l_0}=\lim_{l_0 \to 0} \frac{\Delta l}{l_0} \tag{7-2}$$

定义 2：两个相互垂直方向上的微小线段在变形后夹角的改变量以弧形表示称为剪应变 γ。在剪应力 τ 作用下，材料发生偏斜。如图 7-2(b) 所示，该偏斜角 θ 即为剪应变，因 θ 角很小，故 $\theta \approx 0$，即

剪应变
$$\gamma=\theta \approx 0 \tag{7-3}$$

7.2 应力状态

物体在受力作用时，其内部应力的大小和方向不仅随截面方位变化而变化，同时在同一截面上的各点处也不一定相同。因此应力状态（the stress state）是

研究指定点过不同方位的截面上应力之间关系。如果已经确定了一点的三个相互垂直面上的应力，则交点处的应力状态即完全确定。

7.2.1 单元体

研究一点处的应力状态，通常是在圆柱上取一边长为无穷小的正六面体进行分析研究，此正六面体称为单元体（element）。

如图 7-3(a) 所示，为一受均布恒力作用的完全简支梁，取以 A、B、C、D、E 为标志点，以 d_x、d_y、d_z 为边长的单元体。如图 7-3(b) 所示为一圆柱体，为确定 O 点的应力状态，围绕 O 点取 d_r、d_z、d_θ 围绕的单元体。如果单元体上三对互相垂直平面上的应力已知时，可由静力平衡条件求出过该点任意倾斜面上的应力，一旦各截面上应力已知，则这点的应力状态就确定。

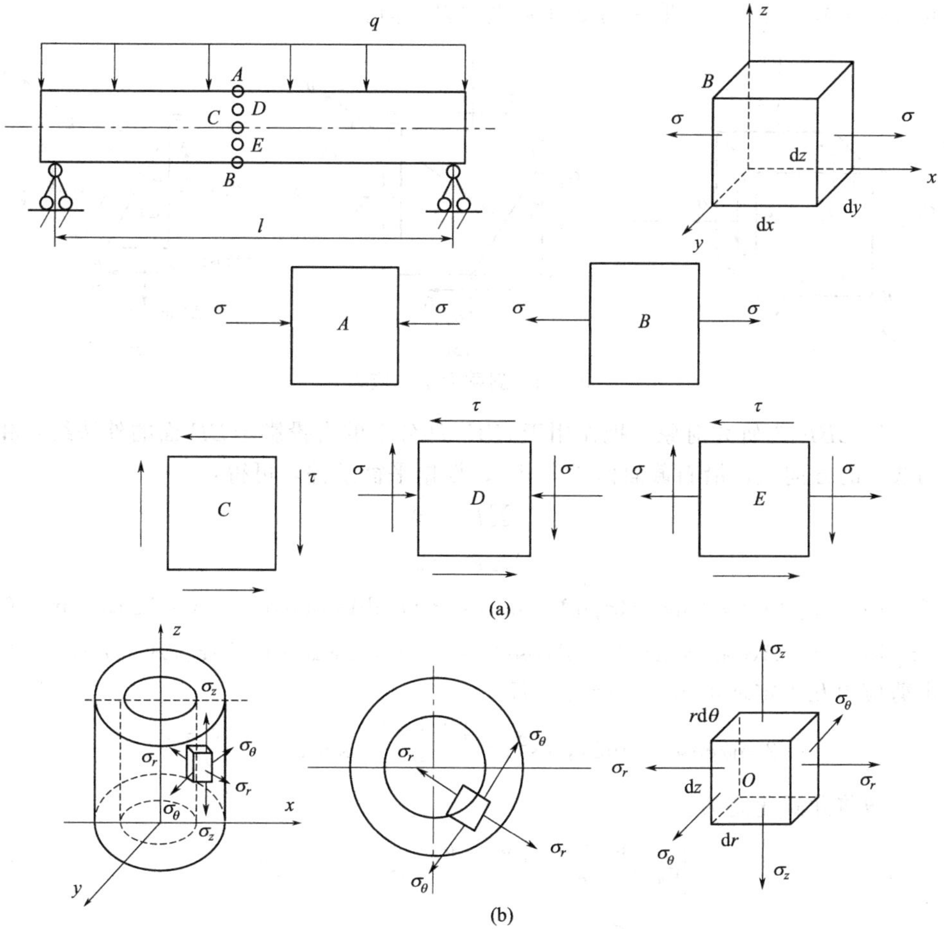

图 7-3　简支梁

7.2.2 主应力

单元体三个面上只有正应力，没有剪应力时，此单元体称为主单元体，三个面称为主平面，作用在主平面上的正应力，称为主应力（principal stress）。

一点的应力状态通常用该点的三个主应力来表示。在主单元体上只有一个主应力不等于零的应力状态，称为单向应力状态。当两个主应力不为零时，称为二向应力状态。当三个主应力不为零时，称为三向应力状态。

7.2.3 平面应力状态

（1）斜截面上的应力

如图 7-4 所示，在平面应力状态（plane stress state）下（$\sigma_z=0$，$\tau_{xz}=0$）或（$\sigma_z=0$，$\tau_{yz}=0$），取一与 z 面垂直的斜截面。

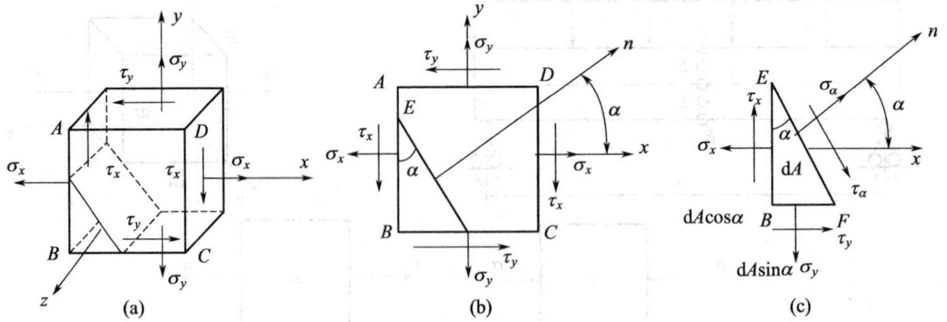

图 7-4 斜截面上的应力

以 EBF 为研究对象，把作用于 EBF 部分上的力投影于 EF 面的外法线 n 和切线 t 的方向上，沿斜截面面积为 $\mathrm{d}A$，根据平衡条件，可得：

$$\begin{cases}\sum F_n=0\\ \sum F_t=0\end{cases}$$

$$\begin{cases}\sigma_\alpha \mathrm{d}A+(\tau_x \mathrm{d}A\cos\alpha)\sin\alpha-(\sigma_x \mathrm{d}A\cos\alpha)\cos\alpha+(\tau_y \mathrm{d}A\sin\alpha)\cos\alpha-(\sigma_y \mathrm{d}A\sin\alpha)\sin\alpha=0\\ \tau_\alpha \mathrm{d}A-(\tau_x \mathrm{d}A\cos\alpha)\cos\alpha-(\sigma_x \mathrm{d}A\cos\alpha)\sin\alpha+(\tau_y \mathrm{d}A\sin\alpha)\sin\alpha+(\sigma_y \mathrm{d}A\sin\alpha)\cos\alpha=0\end{cases}$$

由剪应力互等定理可知，$\tau_x=\tau_y$，且

$$2\sin\alpha\cos\alpha=\sin2\alpha,\cos^2\alpha=\frac{1+\cos2\alpha}{2},\sin^2\alpha=\frac{1-\cos2\alpha}{2}$$

故将此式化简为：

$$\begin{cases}\sigma_\alpha=\dfrac{\sigma_x+\sigma_y}{2}+\dfrac{\sigma_x-\sigma_y}{2}\cos2\alpha-\tau_x\sin2\alpha & (7\text{-}4)\\ \tau_\alpha=\dfrac{\sigma_x-\sigma_y}{2}\sin2\alpha+\tau_x\cos2\alpha & (7\text{-}5)\end{cases}$$

此式即为平面应力状态下斜截面上应力公式。

(2) 应力图

将公式(7-4) 移项：

$$\sigma_{\alpha}-\frac{\sigma_x+\sigma_y}{2}=\frac{\sigma_x-\sigma_y}{2}\cos2\alpha-\tau_x\sin2\alpha \tag{7-6a}$$

将公式$(7\text{-}6a)^2$＋公式$(7\text{-}5)^2$（平方和）消去双项，得：

$$\left(\sigma_{\alpha}-\frac{\sigma_x+\sigma_y}{2}\right)^2+\tau_{\alpha}^2=\left(\frac{\sigma_x-\sigma_y}{2}\right)^2+\tau_x^2 \tag{7-6b}$$

从此式中可以看出，若以σ_{α}、τ_{α}为坐标变量，此式即为一个以$\left(\frac{\sigma_x+\sigma_y}{2}, 0\right)$为圆心，以$R=\sqrt{\left(\frac{\sigma_x-\sigma_y}{2}\right)^2+\tau_x^2}$为半径的圆，如图 7-5 所示。

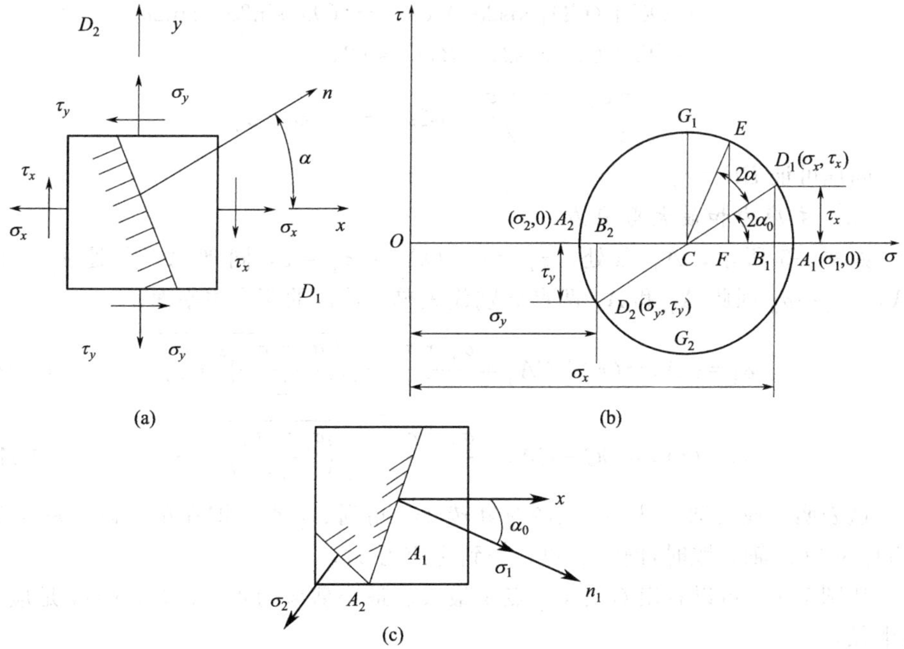

图 7-5　应力圆

(3) 作应力圆

建立$\sigma O\tau$直角坐标系，并根据已知单元体法线为x轴和y轴平面上的σ_x、σ_y、τ_x、τ_y，确定应力圆上$D_1(\sigma_x, \tau_x)$和$D_2(\sigma_y, \tau_y)$两点，连接D_1D_2与横轴交点C，以C为圆心，以CD_1（或CD_2）为半径作圆得到单元体的应力圆。

证明：

$$OC=\frac{OB_1+OB_2}{2}=\frac{\sigma_x+\sigma_y}{2}$$

$$CB_1=\frac{OB_1-OB_2}{2}=\frac{\sigma_x-\sigma_y}{2}$$

$$CD_1=\sqrt{CB_1{}^2+B_1D_1^2}=\sqrt{\left(\frac{\sigma_x-\sigma_y}{2}\right)^2+\tau_x^2}$$

即是以$\left(\frac{\sigma_x+\sigma_y}{2},\ 0\right)$为圆心，以$\sqrt{\left(\frac{\sigma_x-\sigma_y}{2}\right)^2+\tau_x^2}$为半径的圆。

(4) 斜截面上的应力

求单元体 α 斜截面上应力的方法，如图 7-5 所示。图 7-5(a) 所示单元体从 x 方向转过 α 角，相当于图 7-5(b) 中单元体从 CD_1 上转过 2α 角，即转至 CE 处，这种关系称为转角二倍，则 E 点的横坐标 OF 和纵坐标 EF 分别为该斜截面上的正应力 σ_α 和剪应力 τ_α。

证明：

$$\begin{aligned}OF&=OC+CF=OC+CE\cos(2\alpha_0+2\alpha)\\&=OC+(CD_1\cos2\alpha_0)\cos2\alpha-(CD_1\sin2\alpha_0)\sin2\alpha\\&=OC+CB_1\cos2\alpha-B_1D_1\sin2\alpha\\&=\frac{\sigma_x+\sigma_y}{2}+\frac{\sigma_x-\sigma_y}{2}\cos2\alpha-\tau_x\sin2\alpha=\sigma_\alpha\end{aligned}$$

同理可证 $EF=\tau_\alpha$

(5) 主应力和最大剪应力

如图 7-5 所示，A_1 点处，$\tau_x=0$，$OA_1=\sigma_x=\sigma_1$ 同理 A_2 点处 $\tau_y=0$，$OA_2=\sigma_y=\sigma_2$ 因此 A_1 和 A_2 两点分别代表单元体内的两个主平面。

$$\sigma_1=OA_1=OC+CA_1=\frac{\sigma_x+\sigma_y}{2}+\sqrt{\left(\frac{\sigma_x-\sigma_y}{2}\right)^2+\tau_x^2} \tag{7-7a}$$

$$\sigma_2=OA_2=OC-CA_1=\frac{\sigma_x+\sigma_y}{2}-\sqrt{\left(\frac{\sigma_x-\sigma_y}{2}\right)^2+\tau_x^2} \tag{7-7b}$$

这表明，应力圆上从 D_1 点顺时针转 $2\alpha_0$ 角到 A_1 点，即在单元体上从 x 轴 (CD_1 对应 x 轴) 顺时针转 α_0 角，得到主应力 σ_1。

从图 7-5 中可以看出 G_1、G_2 点是最大、最小剪应力点，CG_1、CG_2 是应力圆半径，

故：

$$\tau_{\max}=CG_1=\sqrt{\left(\frac{\sigma_x-\sigma_y}{2}\right)^2+\tau_x^2} \tag{7-8a}$$

$$\tau_{\min}=CG_2=-\sqrt{\left(\frac{\sigma_x-\sigma_y}{2}\right)^2+\tau_x^2} \tag{7-8b}$$

CG_1 是主平面 σ 轴逆时针转 90°，相当于主平面上主应力方向转 45°，由此可知，最大剪应力和最小剪应力所在平面与主平面夹角为 45°。

7.2.4 三向应力圆

从受力物体某一点处取出一主单元体，如图 7-6 所示，在它的六个面上有主应力 $\sigma_1>\sigma_2>\sigma_3$，首先讨论与 σ_2 平行的某一截面 dee_1d_1 上的应力情况，此截面上的应力只决定于 σ_1 和 σ_3，与 σ_2 无关，相当于把图 7-6(a) 简化成图 7-6(b)，由此可求出 de 面上的应力，并且与 A_1A_3 应力圆对应，凡是与 σ_2 平行的所有截面上的应力情况都由 A_1A_3 应力圆上的点来代表，因此，σ_1 平行对应应力圆 A_2A_3，σ_3 平行对应应力圆 A_1A_2。

进一步分析可知，与 σ_1、σ_2、σ_3 三个主应力方向均不平行的斜截面上的应力情况可由图 7-6(c) 上的阴影范围内的点来表示。

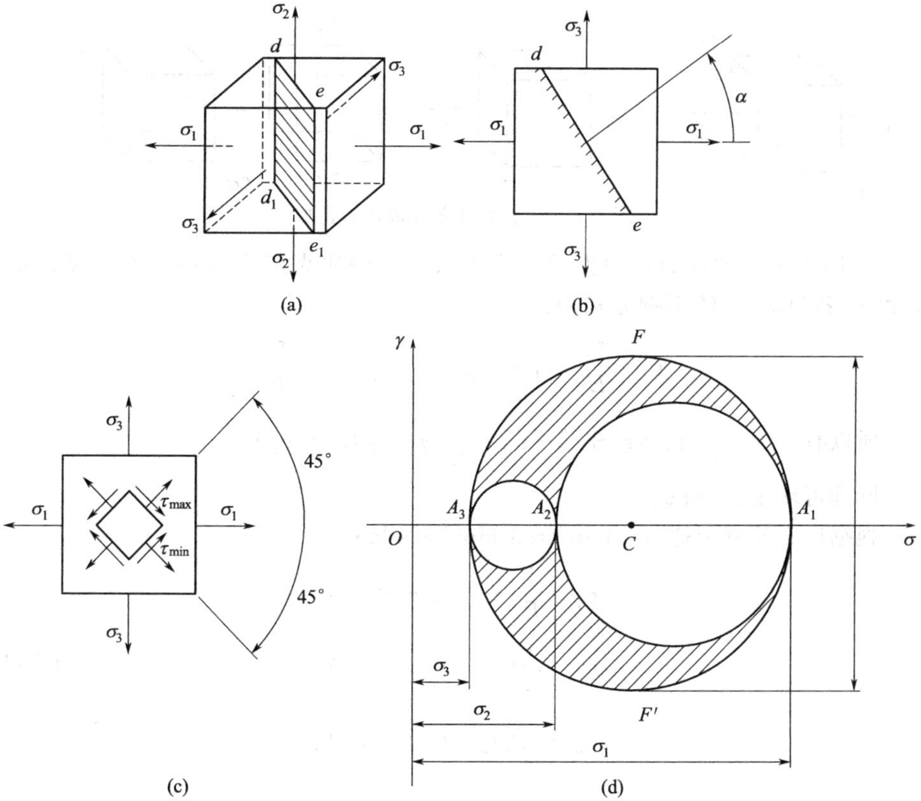

图 7-6 三向应力圆

从图 7-6 中可以看出，A_1、A_2、A_3 对应主应力 σ_1、σ_2、σ_3，FF'对应剪应力 τ_{max}、τ_{min} 即

$$\begin{cases}\sigma_{max}=\sigma_1\\ \sigma_{min}=\sigma_3\end{cases} \tag{7-9}$$

$$\begin{cases}\tau_{max}=\dfrac{\sigma_1-\sigma_3}{2}\\ \tau_{min}=-\dfrac{\sigma_1-\sigma_3}{2}\end{cases} \tag{7-10}$$

最大剪应力位于与 σ_1 和 σ_3 均成 45°角的斜截面上。

7.3 广义胡克定律

物体内某一点的三向应力状态，可由主单元体表示，其主应力为 σ_1、σ_2、σ_3，对应主应变 ε_1、ε_2、ε_3，如图 7-7 所示，可将三向应力状态，看做是三个单向应力状态的叠加。

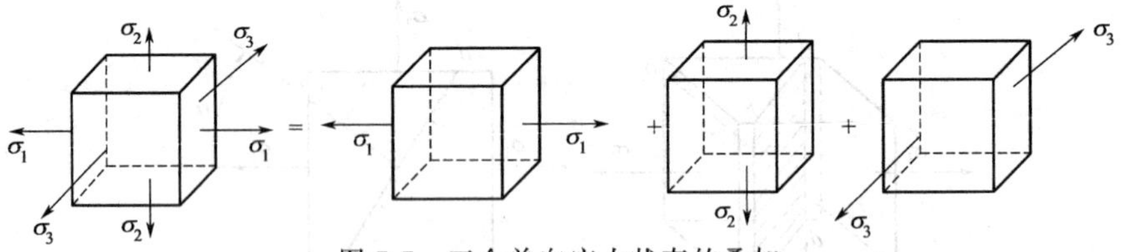

图 7-7 三个单向应力状态的叠加

讨论应变 ε_1 的计算，根据单向应力条件下的胡克定律可知三个主应力 σ_1、σ_2 和 σ_3 各自对 ε_1 的影响分别为：

$$\varepsilon_1'=\frac{\sigma_1}{E}\quad \varepsilon_1''=-\mu\frac{\sigma_2}{E}\quad \varepsilon_1'''=-\mu\frac{\sigma_3}{E}$$

所以有：
$$\varepsilon_1=\varepsilon_1'+\varepsilon_1''+\varepsilon_1'''=\frac{1}{E}[\sigma_1-\mu(\sigma_2+\sigma_3)]$$

同理可求出 ε_2 和 ε_3。

根据广义胡克定律（generalized Hooke's law）：

$$\begin{cases}\varepsilon_1=\dfrac{1}{E}[\sigma_1-\mu(\sigma_2+\sigma_3)]\\ \varepsilon_2=\dfrac{1}{E}[\sigma_2-\mu(\sigma_1+\sigma_3)]\\ \varepsilon_3=\dfrac{1}{E}[\sigma_3-\mu(\sigma_1+\sigma_2)]\end{cases} \tag{7-11}$$

7.4 金属材料力学性能

7.4.1 低碳钢拉伸试验

图 7-8(a) 所示为拉伸试验棒，用标距为 $l=5d$ 或 $l=10d$ 拉伸试验棒进行

拉伸实验，如图 7-8 所示。

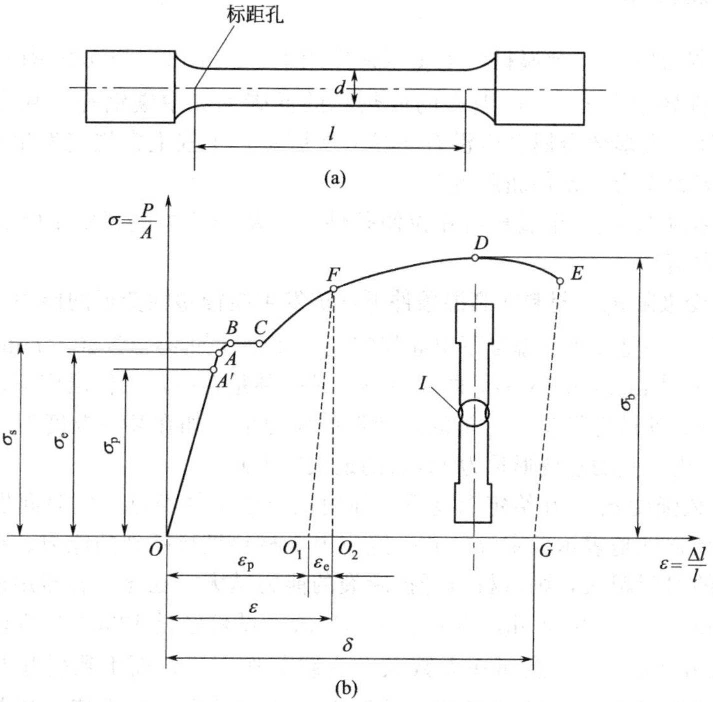

图 7-8 低碳钢拉伸试验

(1) 拉伸试验过程

低碳钢拉伸试验 (low carbon steel tensile test) 分为四个阶段：

① 弹性段 (OA)，弹性段内的变形是在弹性范围内的变化。σ_p 为比例极限，σ_e 为弹性极限。

② 屈服段 (AC)，屈服段的变形有弹性变形和大部分不可恢复的塑性变形。σ_s 为屈服极限。

③ 冷作硬化段 (CD)，冷作硬化段的变形绝大部分是塑性变形。σ_b 为强度极限。

④ 颈缩段 (DE)，试件局部变细，颈缩，直至断裂。

(2) 卸载过程

当将试件拉伸到过屈服点 σ_s 后，如图 7-8 所示，达到任一点 F，然后缓慢卸载，卸载过程沿 FO_1 线，并且 $FO_1 /\!/ A'O$ 达到 F 点时的变形为 $OO_2=\varepsilon$，卸载后产生的弹性变形 $OO_1=\varepsilon_p$ 恢复，而塑性变形 $O_1O_2=\varepsilon_e$ 不能恢复回原状态，即为残余的塑性应变。当再重新加载时，拉伸曲线沿着 OO_1F 线达到 F 点，其后沿 FDE 继续拉伸变化。这种将试件拉伸到超过屈服点卸载，再重新加载，材料的比例极限有所提高，塑性变形减小的现象称为冷作硬化。

7.4.2 强度指标

① 屈服极限 σ_s 金属材料承受载荷作用下，开始出现塑性变形时的应力。

② 条件屈服点 $\sigma_{0.2}$ 除退火的或热轧的低碳钢和中碳钢等少数合金有明显的屈服点外，大多数金属合金没有明显的屈服点，工程上常规定发生 0.2%残余伸长时的应力作为“条件屈服点”。

③ 抗拉强度 σ_b 金属材料在拉伸条件下，从开始加载到发生断裂所能承受的最大应力值。

④ 蠕变极限 σ_n 材料在高温条件下抵抗发生缓慢塑性变形的能力。常用蠕变极限有两种：一是在工作温度下引起规定变形速度［如 $v=1\times10^{-5}$ mm/(mm·h) 或 $v=1\times10^{-4}$ mm/(mm·h)］的应力值；另一种是在一定工作温度下，在规定的使用时间内，使试件发生一定量的总变形的应力值（如在某一温度下，在 10000h 或 100000h 内产生的总变形量为 1%时的最大应力）。

⑤ 持久强度 σ_D 在给定温度下，促使试样或工件经过一定时间发生断裂的应力。持久强度是表示一定温度和一定应力下材料抵抗断裂的能力。在相同条件下能持续的时间越久，则该材料抵抗断裂的能力越大。在化工容器用钢中，设备的设计寿命一般为 100000h，以 σ_{10^5}（σ_D）表示试件经过 100000h 断裂的应力。

⑥ 疲劳强度 σ_{-1} 金属在无数次交变载荷作用下，而不致引起断裂的最大应力。一般取经 $10^6\sim10^8$ 次循环试验不发生断裂的最大应力值为疲劳强度。如钢在纯弯曲交变载荷下循环 5×10^6 次时，所测得不发生断裂的最大应力值为 σ_{-1}。一般钢铁的弯曲疲劳强度值只是抗拉强度的一半，甚至还低一点。

7.4.3 许用应力

许用应力（allowable stress）是机械设计或工程结构设计中允许零件或构件承受的最大应力值。要判定零件或构件受载后的工作应力过高或过低，需要预先确立一个衡量的标准，这个标准就是许用应力。当工作应力不超过许用应力时，这个零件或构件在运转过程中是安全的，否则就是不安全的，即

$$\sigma\leqslant[\sigma] \text{或} \sigma\leqslant[\sigma]^t \tag{7-12}$$

式中，$[\sigma]$ 为材料的许用应力；$[\sigma]^t$ 为工作强度下的许用应力。

定义许用应力为：

$$[\sigma]=\frac{\sigma_q}{n} \tag{7-13}$$

式中，σ_q 为材料各种强度极限之一，即（σ_s、σ_b、σ_n、$\sigma_{0.2}$）；n 为安全系数，安全系数是为了保证受压元件强度有足够的安全储备量，过大的安全系数会浪费材料，太小的安全系数不能保证构件安全工作，一般情况下，对塑性材料，$n=1.3\sim2.0$，对脆性材料 $n=2.0\sim2.5$。常见材料许用应力见表 7-1 和表 7-2。

表 7-1 常见钢板许用应力

钢号	钢板标准	使用状态	厚度/mm	常温强度指标		在下列温度(℃)下的许用应力/MPa															
				σ_b/MPa	σ_s/MPa	≤20	100	150	200	250	300	350	400	425	450	475	500	525	550	570	600
Q235-A・F	GB 912	热轧	3～4	375	235	113	113	113	105	94	—	—	—	—	—	—	—	—	—	—	—
	GB 3274		4.5～16	375	235	113	113	113	105	94	—	—	—	—	—	—	—	—	—	—	—
Q235-A	GB 912	热轧	3～4	375	235	113	113	113	105	94	86	77	—	—	—	—	—	—	—	—	—
	GB 3274		4.5～16	375	235	113	113	113	105	94	86	77	—	—	—	—	—	—	—	—	—
			>16～40	375	235	113	113	107	99	91	83	75	—	—	—	—	—	—	—	—	—
Q235-B	GB 912	热轧	3～4	375	235	113	113	113	105	94	86	77	—	—	—	—	—	—	—	—	—
	GB 3274		4～16	375	235	113	113	107	99	91	83	75	—	—	—	—	—	—	—	—	—
			>16～40	375	235	113	113	107	99	83	75	75	—	—	—	—	—	—	—	—	—
Q235-C	GB 912	热轧	3～4	375	235	125	125	125	116	104	95	86	79	—	—	—	—	—	—	—	—
			4.5～16	375	235	125	125	125	116	104	95	86	79	—	—	—	—	—	—	—	—
			>16～40	375	225	125	125	119	110	101	92	83	77	—	—	—	—	—	—	—	—
20R	GB 6654	热轧 正火	4～16	400	245	133	133	132	123	110	101	92	86	83	61	41	—	—	—	—	—
			>16～36	400	235	133	132	124	116	104	95	86	79	78	61	41	—	—	—	—	—
			>36～60	400	225	133	126	119	110	101	92	83	77	75	61	41	—	—	—	—	—
			>60～100	390	205	128	115	110	103	92	84	77	71	68	61	41	—	—	—	—	—
16MnR	GB 6654	热轧 正火	6～16	510	345	170	170	170	170	156	144	134	125	93	66	43	—	—	—	—	—
			>16～36	490	325	163	163	163	159	147	134	125	119	93	66	43	—	—	—	—	—
			>36～60	470	305	157	157	157	150	138	125	116	109	93	66	43	—	—	—	—	—
			>60～100	460	285	153	153	150	141	128	116	109	103	93	66	43	—	—	—	—	—
			>100～120	450	275	150	150	147	138	125	113	106	100	93	66	43	—	—	—	—	—

续表

钢号	钢板标准	使用状态	厚度/mm	常温强度指标		在下列温度(℃)下的许用应力/MPa															
				σ_b/MPa	σ_s/MPa	≤20	100	150	200	250	300	350	400	425	450	475	500	525	550	570	600
16MnDR	GB 3531	热轧 正火	6～16	490	315	163	163	163	156	144	131	122	—	—	—	—	—	—	—	—	—
			>16～36	470	295	157	157	156	147	134	122	113	—	—	—	—	—	—	—	—	—
			>36～60	450	275	150	150	147	138	125	113	106	—	—	—	—	—	—	—	—	—
			>60～100	450	255	150	147	138	128	116	106	100	—	—	—	—	—	—	—	—	—
0Cr13	GB 4237	退火	2～60	137/126	126/120	119	117	112	109	105	100	89	72	53	38	26	16	—	—	—	—
0Cr18Ni9	GB 4237	固溶	2～60	137/137	137/130	122	114	111	107	105	103	101	100	98	91	79	64	52	42	32	27
				137/114	103/96	90	85	82	79	78	76	75	74	73	71	67	62	52	42	32	27

表 7-2 常见螺柱许用应力

钢号	钢板标准	使用状态	厚度/mm	常温强度指标		在下列温度(℃)下的许用应力/MPa															
				σ_b/MPa	σ_s/MPa	≤20	100	150	200	250	300	350	400	425	450	475	500	525	550	570	600
Q235-A	GB 709	热轧	≤M20	375	235	87	78	74	69	62	56										
35	GB 699	正火	≤M22	530	315	117	105	98	91	82	74	69									
			M24～M27	510	295	118	105	100	92	84	76	70									
40MnB	GB 3077	调质	≤M22	805	685	196	176	171	165	162	154	143	126								
			M24～M36	765	635	212	189	183	180	176	167	154	137								
40MnVB	GB 3077	调质	≤M22	835	735	210	190	185	179	176	168	157	140								
			M24～M36	805	685	228	206	199	196	193	183	170	154								
40CrNiMoA	GB 3077	调质	M52～M140	930	825	306	291	281	274	257	244										
1Cr5Mn	GB 1221	调质	≤M22	590	350	111	101	97	94	92	91	90	87	84	71	77	63	46	35	26	18
			M24～M48	590	310	130	118	113	109	108	106	105	101	98	95	83	62	44	35	26	18
0Cr18Ni9	GB 1220	固溶	≤M22	129	107	97	90	84	79	77	74	73	69	68	65	63	58	52	42	32	27
			M24～M48	137	114	103	95	90	85	82	79	76	74	73	71	67	62	52	42	32	27
0Cr18Ni9Ti	GB 1220	固溶	≤M22	129	107	97	90	84	79	77	75	73	71	70	69	58	44	33	25	18	13
			M24～M48	137	114	103	95	90	85	72	80	78	78	75	74	58	44	33	25	18	13

7.4.4 弹性与塑性

（1）弹性（elasticity）

① 弹性模量 E（modulus of elasticity） 材料在弹性范围内，应力和应变成正比，即 $\sigma=E\varepsilon$。比例系数 E 称为弹性模量，单位 N/m^2。它直接表示金属材料在弹性变形阶段的应力与应变关系。弹性模量是金属材料抵抗弹性变形能力的指标，衡量材料产生弹性变形难易程度。材料弹性模量越大，使它产生的弹性变形的应力也越大，即材料刚度越大。对同一种材料，弹性模量 E 随温度的升高而降低。

② 泊松比 μ（Poisson's ratio） 泊松比是拉伸试验中试件单位横向收缩与单位纵向伸长值比，用 μ 表示，如图 7-9 所示。对于各种钢材它近乎为一个常数，即 $\mu=0.3$。变形前横向尺寸为 a，变形后为 a_1，横向应变为 $\varepsilon_t=\dfrac{a_1-a}{a}=\dfrac{\Delta a}{a}$，而纵向应变 $\varepsilon=\dfrac{\Delta l}{l}$，$\Delta a$ 为负值，ε_t 也是负值，与 ε 符号相反。则

$$\mu=\left|\frac{\varepsilon_t}{\varepsilon}\right| \tag{7-14}$$

泊松比反映的是材料横向变形的弹性常数。泊松比大的材料，说明在材料受力后未发生塑性变形，横向变形较纵向变形量大，反之，则横向变形量比纵向变形量小。

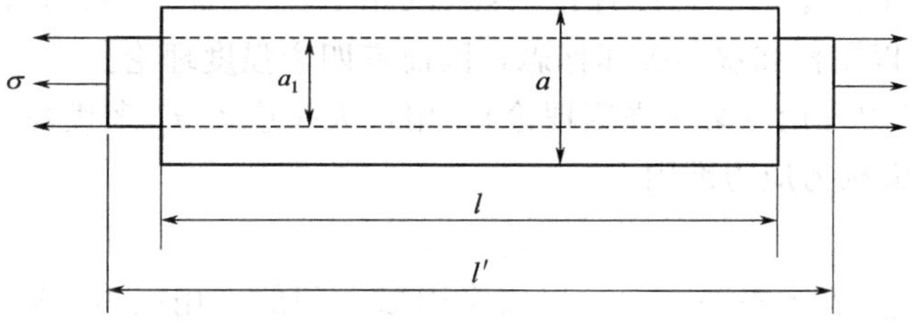

图 7-9 泊松现象

（2）塑性（plasticity）

塑性是金属材料在断裂前发生不可逆永久变形的能力。塑性指标有伸长率 δ 和断面收缩率 ψ 等。

① 伸长率 δ（elongation） 试件拉力拉断后，总伸长长度与原始长度之比的百分率，以 δ（%）表示。

$$\delta=\frac{\Delta l_k}{l_0}\times100\%=\frac{l_k-l_0}{l_0}\times100\% \tag{7-15}$$

式中，l_k 为试件断裂后的标距长度；l_0 为试件的原始标距长度；Δl_k 为断

裂后试件的绝对伸长。

δ 值的大小与试件尺寸有关，所以试件必须标准化，长径比（L/D）分别为5或10时，其伸长率为 δ_5 或 δ_{10}。工程中应用的主要塑性指标是 δ_5，对于厚度低于6mm的钢板，也可用 δ_{10}，一般 $\delta_5 \approx 1.2\delta_{10}$。

② 断面收缩率 ψ（reduction of area） 试件拉断后，断面缩小的面积与原始面积之比的百分率叫断面收缩率，以 ψ（%）表示。

$$\psi = \frac{F_0 - F_K}{F_0} \times 100\% \tag{7-16}$$

式中，F_K 为断裂后试件的最小截面积；F_0 为试件的原始截面积。

ψ 与试件尺寸无关，它能更可靠、更灵敏地反映材料塑性的变化。δ 与 ψ 越大，金属材料的塑性越好。如纯铁的伸长率几乎为50%，而普通铸铁的伸长率还不到1%。因此，纯铁的塑性远比铸铁好。

低碳钢的伸长率在20%～30%之间，断面收缩率约为60%，故低碳钢有很好的塑性，工程上，通常用标距与直径之比为10的试件的伸长率来区分塑性材料和脆性材料。把 $\delta_{10} \geqslant 5\%$ 的材料分为塑性材料，如钢材、铜和铝等。把 $\delta_{10} < 5\%$ 的材料分为脆性材料，如铸铁等。

7.5 强度理论

物体在受力状态下，要保持安全状态就要有一定的条件，因此依据材料的破坏类型，相应地产生两类强度理论（strength theory）。一类是以断裂破坏为标志，另一类是以塑性屈服为破坏标志，因而有四个强度理论。

① 最大拉力理论（第一强度理论）。用最大拉应力 σ_1 来代替式(7-12) 中应力 σ，即为最大拉力应力准则

$$\sigma_1 < [\sigma]^t \tag{7-17}$$

式中，$[\sigma]^t$ 表示极限应力除以安全因数得到的许用应力。第一强度理论适用于脆性材料。

② 第二强度理论为最大主应变理论，由于与实验结果相差很大，一般不采用。

③ 最大剪应力理论（第三强度理论）。Tresca（特雷斯卡）屈服失效 $\tau_{max} = \frac{1}{2}\sigma_s$，判据又称为最大剪应力屈服失效判据或第三强度理论。这一判据认为：材料屈服的条件是最大剪应力达到某个极限值，其数学表达式为

$$\tau_{max} = \frac{1}{2}(\sigma_1 - \sigma_3) \leqslant [\tau]^t$$

相应的设计准则为

$$\sigma_1-\sigma_3\leqslant[\sigma]^t \tag{7-18}$$

第三强度理论适用于塑性材料。

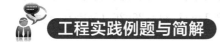

④ 最大剪切变形能理论（第四强度理论）。Mises（米塞斯）屈服失效 $\tau_{max}=\frac{\sigma_s}{\sqrt{3}}$判据又称为形状改变比能屈服失效判据或第四强度理论。这一判据认为引起材料屈服的是与应力偏量有关的形状改变比能，其数学表达式为：

$$\sqrt{\frac{1}{2}[(\sigma_1-\sigma_2)^2+(\sigma_2-\sigma_3)^2+(\sigma_3-\sigma_1)^2]}=\sigma_s$$

相应的设计准则为：

$$\sqrt{\frac{1}{2}[(\sigma_1-\sigma_2)^2+(\sigma_2-\sigma_3)^2+(\sigma_3-\sigma_1)^2]}\leqslant[\sigma]^t \tag{7-19}$$

第四强度理论适用于塑性材料。

工程实践例题与简解

例 7-1　锅炉压力容器是锅炉与压力容器的全称，因为它们同属于特种设备，在生产和生活占有很重要的位置。锅炉是一种能量转换设备，向锅炉输入的能量有燃料中的化学能、电能，锅炉输出具有一定热能的蒸汽、高温水或有机热载体。产生蒸汽的锅炉称为蒸汽锅炉，常简称为锅炉，多用于火电站、船舶、机车和工矿企业。锅炉的分类方法有5种：①按用途分为电站锅炉、工业锅炉、生活锅炉；②按压力大小分为低压锅炉、中压锅炉、高压锅炉、亚临界锅炉、超临界锅炉；③按水、火流程分为水管锅炉和锅壳式锅炉；④按燃料分为燃烧锅炉、燃油锅炉和燃气锅炉；⑤按燃烧方式分为层燃锅炉和室燃锅炉。

某圆柱形锅炉的受力情况及截面尺寸如图7-10所示。锅炉的自重为600kN，可简化为均布载荷，其值为q；锅炉内的压强$p=3.4$MPa。已知材料为20锅炉钢，$\sigma_x=200$MPa，规定安全系数$n=2$，已知最大弯矩$M_{max}=750$kN·m，圆环截面的弯曲截面模量$W_z=\frac{\pi D^3}{32}(1-\alpha^4)$，$\alpha=\frac{d}{D}$，$\sigma_{max}=\frac{M_{max}}{W_z}$。试校核锅炉臂

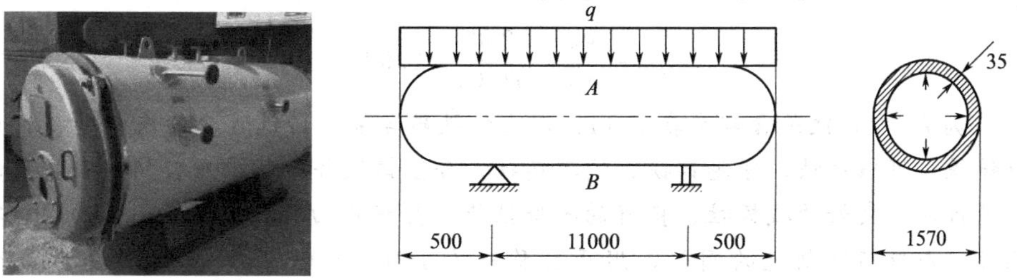

图 7-10　例 7-1 图

的强度。

解：$q=600kN/12m=50kN/m$

内压引起的应力：

$$\sigma_x'=\frac{pD}{4t}=\frac{3.4\times1.57}{4\times35\times10^{-3}}=38.1(MPa),\sigma_\theta=2\sigma_x=\frac{pD}{2t}=76.2MPa$$

自重引起的弯曲应力，在 A 点：

$$\sigma_x''=\frac{M_{max}}{\frac{1}{32}\pi D^3(1-\alpha^4)}=\frac{32\times750\times10^3}{\pi\times1.57^3\times\left[1-\left(\frac{1570-70}{1570}\right)^4\right]}=11.84\ (MPa)$$

在 B 点：
$$\sigma_x''=-\frac{M_{max}}{W}=-11.84MPa$$

叠加结果：

A 点：$\sigma_1=\sigma_\theta=76.2MPa$，$\sigma_2=\sigma_x'+\sigma_x''=38.1+11.84=49.94\ (MPa)$，$\sigma_3=0$

B 点：$\sigma_1=\sigma_\theta=76.2MPa$，$\sigma_2=\sigma_x'-\sigma_x''=38.1-11.84=26.26\ (MPa)$，$\sigma_3=0$

应用第三、第四强度理论：

在 A 点：$\sigma_{r4}=\sqrt{\frac{1}{2}[(\sigma_1-\sigma_2)^2+(\sigma_2-\sigma_3)^2+(\sigma_3-\sigma_1)^2]}$

$$=\sqrt{\frac{1}{2}[(76.2-49.94)^2+(49.94-0)^2+(0-76.2)^2]}$$

$$=67.04\ (MPa)$$

$$\sigma_{r3}=\sigma_1-\sigma_3=76.2MPa$$

在 B 点：$\sigma_{r4}=\sqrt{\frac{1}{2}[(76.2-26.26)^2+(26.26-0)^2+(0-76.2)^2]}$

$$=67.04\ (MPa)$$

$$\sigma_{r3}=\sigma_1-\sigma_3=76.2MPa$$

于是，对于第三强度理论，安全裕度为：

$$n=\frac{\sigma_x}{\sigma_{r3}}=\frac{200}{76.2}=2.62$$

对于第四强度理论，安全裕度为：

$$n=\frac{\sigma_s}{\sigma_{r4}}=\frac{200}{67.04}=2.98$$

例 7-2 铸铁是含碳量在 2.11%以上的铁碳合金。铸铁可分为灰口铸铁，白口铸铁，可锻铸铁，球墨铸铁，蠕墨铸铁，合金铸铁件。其中灰口铸铁有良好的铸造性能、良好的减振性、良好的耐磨性能、良好的切削加工性能、低的缺口敏感性。灰口铸铁制造的阀门，用于公称压力 $PN\leqslant1.0MPa$，工作温度为 10～200℃的水、蒸汽、空气、煤油及油品等介质。

已知某铸铁阀门上的焊缝位置 A、B 两点的应力状态如图 7-11 所示，其拉伸许用应力 $[\sigma]^t=30\text{MPa}$，压缩许用应力 $[\sigma_c]=90\text{MPa}$，A、B 两点的主应力为 $\sigma_1=30\text{MPa}$，$\sigma_2=25\text{MPa}$，$\sigma_3=15\text{MPa}$ 和 $\sigma_1=-25\text{MPa}$，$\sigma_2=-30\text{MPa}$，$\sigma_3=-40\text{MPa}$，试对铸铁零件进行强度校核。

解题分析：选用强度理论时，不但要考虑材料是脆性或是塑性，还要考虑危险点处的应力状态。

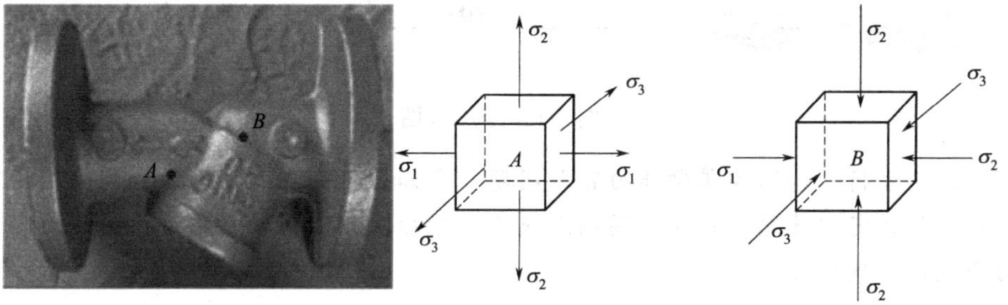

图 7-11 例 7-2 图

解：(1) $\sigma_1=30\text{MPa}$，$\sigma_2=25\text{MPa}$，$\sigma_3=15\text{MPa}$，危险点处于三向拉应力状态，不论材料本身是塑性材料或是脆性材料，均采用第一强度理论，即：

$$\sigma_{r1}=\sigma_1=30\text{MPa}=[\sigma_t]\text{，安全}$$

(2) $\sigma_1=-25\text{MPa}$，$\sigma_2=-30\text{MPa}$，$\sigma_3=-40\text{MPa}$，危险点处于三向压应力状态，即使是脆性材料，也应采用第三或第四强度理论，即：

$$\sigma_{r3}=\sigma_1-\sigma_3=-25\text{MP}_a-(-40)\text{MPa}=15\text{MPa}<[\sigma_t]\text{，安全}$$

$$\sigma_{r4}=\sqrt{\frac{1}{2}[(-25\text{MPa}+30\text{MPa})^2+(-30\text{MPa}+40\text{MPa})^2+(-40\text{MPa}+25\text{MPa})^2]}$$

$$=13.23\text{MPa}<[\sigma_t]\text{，安全}$$

例 7-3 压力容器，是指盛装气体或者液体，承载一定压力的密闭设备，其范围规定为最高工作压力大于或者等于 0.1MPa（表压）的气体、液化气体和最高工作温度高于或者等于标准沸点的液体、容积大于或者等于 30L 且内直径（非圆形截面指截面内边界最大几何尺寸）大于或者等于 150mm 的固定式容器和移动式容器。压力容器以在化学工业与石油化学工业中应用最多，占全部压力容器总数的 50%左右。压力容器主要用于传热、传质、反应等工艺过程，以及贮存、运输有压力的气体或液化气体。容器的厚度与其中间曲面半径之比值远小于1的，称为薄壁容器。

图 7-12 所示薄壁容器承受内压 p。在容器外表面沿平行于轴向贴电阻应变片 A，测得 $\varepsilon_A=120\times10^{-6}$，在垂直于轴向贴电阻应变片 B，测得 $\varepsilon_B=350\times10^{-6}$。已知制成容器材料的弹性模量 $E=200\text{GPa}$，$\mu=0.25$，试计算筒壁内轴向及周向应力，并确定内压 p。

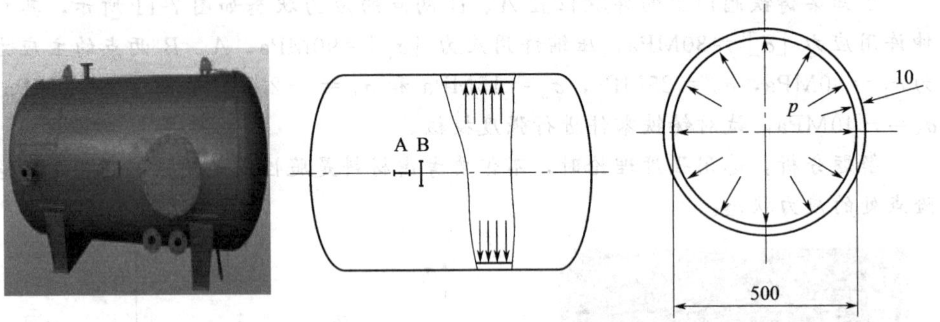

图 7-12 例 7-3 图

解题分析：本题为薄壁压力容器问题。已知简壁一点处的轴向和周向应变可由广义胡克定律计算出轴向和周向正应力，然后直接应用教材中给出的压力容器的公式计算内压 p。

解：(1) 计算出轴向和周向正应力

为计算方便，在测点处建立坐标系。设轴向为 x 轴，y 轴为测点沿圆周的切线方向，则应变片 A 测出的是轴向正应变，应变片 B 测出的是该点处周向正应变。即

$$\varepsilon_x=\varepsilon_A=1.20\times10^{-4},\varepsilon_y=\varepsilon_B=3.5\times10^{-4}$$

由平面应力状态下的广义胡克定理，得：

$$\sigma_x=\frac{E(\mu\varepsilon_y+\varepsilon_x)}{1-\mu^2}=\frac{200\times10^3\text{MPa}\times(0.25\times350+120)\times10^{-6}}{1-0.25}=41.5\text{MPa}$$

$$\sigma_y=\frac{E(\mu\varepsilon_x+\varepsilon_y)}{1-\mu^2}=\frac{200\times10^3\text{MPa}\times(0.25\times120+350)\times10^{-6}}{1-0.25}=101.33\text{MPa}$$

(2) 求内压 p

根据公式 $\sigma_x=\dfrac{pD}{4\delta}\left(\text{或}\ \sigma_y=\dfrac{pD}{2\delta}\right)$，可确定内压

$$p=\frac{4\sigma_x\delta}{D}=\frac{(4\times41.5\text{MPa})\times10}{500}=3.32\text{MPa}$$

例 7-4 球罐是一种钢制容器设备，在石油炼制工业和石油化工中主要用于储存和运输液态或气态物料。它可以用来作为液化石油气、液化天然气、液氨及其他介质的储存容器。也可作为压缩气体（空气、氧气、氮气、氢气、城市煤气）的储罐。操作温度一般为−50～50℃，操作压力一般在 3MPa 以下。球罐与圆筒容器（即一般储罐）相比，在相同直径和压力下，球罐的表面积最小，故所需钢材面积少；在相同直径情况下，球罐壁内应力最小，而且均匀，其承载能力比圆筒形容器大 1 倍，故球罐的板厚只需相应圆筒形容器壁板厚度的一半。钢材用量省，一般可节省钢材 30%～45%；且占地较小，基础工程简单。但球罐的

制造、焊接和组装要求很严，检验工作量大，制造费用较高。

现有一球罐如图 7-13 所示，壁厚为 δ，内径为 D，内压为 p，试求容器壁内的应力。

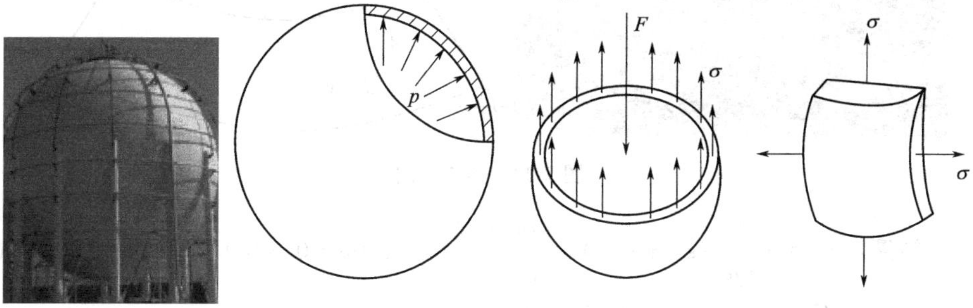

(a) (b) (c) (d)

图 7-13 例 7-4 图

解： 用包含直径的平面把容器分成两个半球，其一如图 7-13(c) 所示，半球上内压力的合力为 F，等于半球在直径平面上的投影面积 $\frac{\pi D^2}{4}$ 与 p 的乘积，即

$$F = p\,\frac{\pi D^2}{4}$$

容器截面上的内力为 $$F_N = \pi D\delta\sigma$$

由平衡方程 $F_N - F = 0$，容易求出 $$\sigma = \frac{pD}{4\delta}$$

由容器的对称性可知，包含直径的任意截面上皆无剪应力，且正应力都等于由上式算出的 σ。与 σ 相比，如再省略半径方向的应力，三个主应力将是 $\sigma_1 = \sigma_2 = \sigma$，$\sigma_3 = 0$。

所以，这也是一个二向应力状态。

例 7-5 天车吊是指在高空运行的起重机，包括：单梁起重机，双梁起重机。广泛应用于石油、石化、机械制造、冶金、港口、铁路等行业的车间、仓库、料场等不同场合吊运货物，禁止在易燃、易爆、腐蚀性介质环境中使用。具有外形尺寸紧凑、建筑净空高度低、自重轻、轮压小等优点。设有地面和操纵室两种操作形式。操纵室有开式、闭式两种。

如图 7-14 所示当天车吊装重物时，由于重物重量会导致天车梁发生变形。用变形仪测量的天车横梁 A 点的应变为 $\varepsilon_x = 0.0005$，$\varepsilon_y = 0.00015$，试求 A 点在 x-x 和 y-y 方向的正应力。设 $E = 200\text{GPa}$，$\mu = 0.3$。

解： 根据广义胡克定义得：

$$\varepsilon_x = \frac{1}{E}(\sigma_x - \mu\sigma_y)$$

$$\varepsilon_y=\frac{1}{E}(\sigma_y-\mu\sigma_x)$$

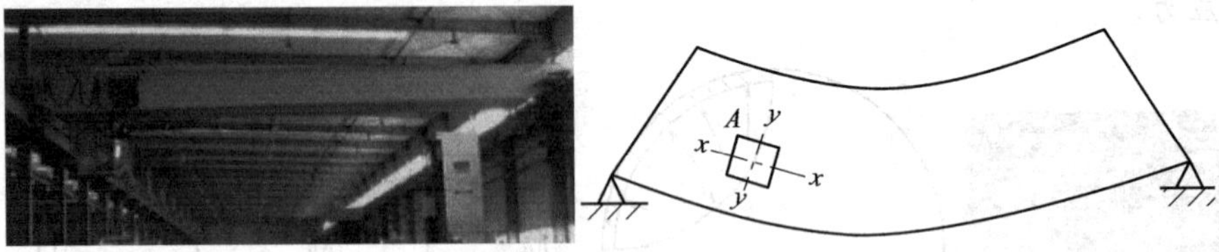

图 7-14　例 7-5 图

解得：$\sigma_x=\frac{E}{1-\mu^2}(\varepsilon_x+\mu\varepsilon_y)=\frac{200\times10^9}{1-0.3^2}(0.0005-0.3\times0.00015)=100\text{MPa}$

$$\sigma_y=\frac{E}{1-\mu^2}(\varepsilon_y+\mu\varepsilon_x)=\frac{200\times10^9}{1-0.3^2}(0.00015+0.3\times0.0005)=65.9\text{MPa}$$

例 7-6　离心泵是把机械能转换成液体的能量，利用离心力原理，通过高速旋转的叶轮叶片带动液体旋转，从而达到增压和输送液体的机械。按泵轴位置来分类有卧式泵和立式泵。离心泵的基本构造是由八部分组成的，分别是：叶轮、泵体、泵盖、挡水圈、泵轴、轴承、密封环、填料函。泵轴的作用是借联轴器和电动机相连接，将电动机的转矩传给叶轮，所以它是传递机械能的主要部件。

现有一泵轴受力如图 7-15 所示，已知固定端横截面上的最大弯曲应力为 50MPa。最大扭转剪应力为 30MPa，因剪力而引起的最大剪应力为 6kPa，已知主应力方向角公式 $\tan2\alpha_0=-\frac{2\tau_{xy}}{\sigma_x-\sigma_y}$，求 A 点的主应力和剪应力极值及其作用面的方位。

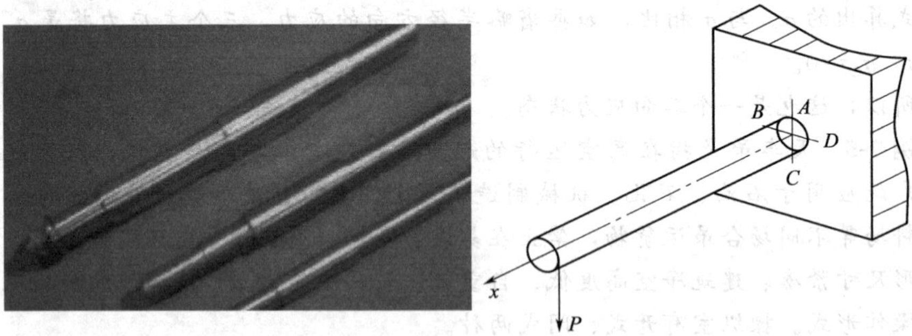

图 7-15　例 7-6 图

解： A 点

由分析可知 $\sigma_x=50$，$\sigma_y=0$，$\tau_{xy}=-30$

$$\sigma_{1,3}=\frac{\sigma_x+\sigma_y}{2}\pm\sqrt{\left(\frac{\sigma_x-\sigma_y}{2}\right)^2+\tau_{xy}}=\frac{50}{2}\pm\frac{1}{2}\sqrt{50^2+4\times30^2}=25\pm39.1$$

$$\sigma_2=0$$

$$\tan 2\alpha_0=-\frac{2\tau_{xy}}{\sigma_x-\sigma_y}=\frac{2\times(-30)}{50-0}=1.2$$

$$\alpha_0=\frac{50.194°}{2}=25.097°,\alpha_0+90°=115.097°$$

$$\tau_{极}=\pm\frac{\sigma_1-\sigma_3}{2}=\pm\frac{64.1+14.1}{2}=\pm 39.1$$

例 7-7 电锅炉是以电力为能源，利用电阻发热或电磁感应发热，通过锅炉的换热部位把热媒水或有机热载体（导热油）加热到一定参数（温度、压力）时，向外输出具有一定热能的蒸汽、高温水或有机热载体的一种热能机械设备。电锅炉也称电加热锅炉、电热锅炉，电锅炉本体主要由电锅炉钢制壳体、电脑控制系统、低压电气系统、电加热管、进出水管及检测仪表等组成。具有结构简单、机械强度高、安全可靠、更换方便、结构紧凑、无噪声、无污染、热效率高、散热损耗小、节能降耗等特点。电锅炉主要分为电开水锅炉、电热水锅炉、电蒸汽锅炉。电蒸汽锅炉可用于化工、钢铁、冶金等工业产品加工工艺过程所需蒸汽，并可供企业居民的生活热水。

现有一电锅炉如图 7-16 所示，直径 $D=1.5\text{m}$，壁厚 $t=10\text{mm}$，内受蒸汽压力 $p=3\text{MPa}$。试求：(1) 壁内主应力及剪应力极值；(2) 斜截面 ab 上的正应力及剪应力。

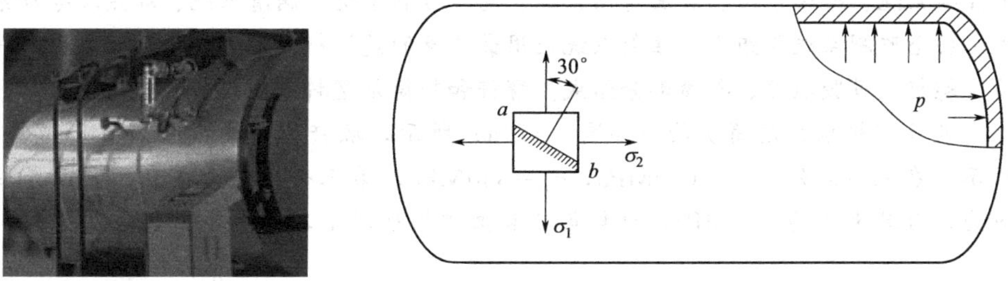

图 7-16 例 7-7 图

解：沿纵向截开锅炉，由平衡得：

$$p\times D=\sigma_1\times 2\delta$$

所以环向应力：$\sigma_1=\dfrac{pD}{2t}=\dfrac{3\times 1.5}{2\times 10\times 10^{-3}}=225\ (\text{MPa})$

沿横向截开锅炉，由平衡得 $p\times\dfrac{\pi}{4}D^2=\sigma_2\times\pi D\delta$

所以轴向应力：

$$\sigma_2=\frac{pD}{4t}=\frac{3\times 1.5}{4\times 10\times 10^{-3}}=112.5\ (\text{MPa})$$

壁内主应力 $\sigma_1=225\text{MPa}$，$\sigma_2=112.5\text{MPa}$，另 $\sigma_3=0$，故可视为二向应力状态：

$$\tau_{max}=\frac{\sigma_1-\sigma_3}{2}=112.5\text{MPa}$$

斜截面 ab 上的正应力及剪应力：

$$\sigma_x=\sigma_2=112.5\text{MPa},\sigma_y=\sigma_1=225\text{MPa},\tau_x=0,\alpha=60°$$

$$\begin{aligned}\sigma_\alpha&=\frac{\sigma_x+\sigma_y}{2}+\frac{\sigma_x-\sigma_y}{2}\cos2\alpha-\tau_x\sin2\alpha\\&=\frac{112.5+225}{2}+\frac{112.5-225}{2}\cos(120°)-0\times\sin(120°)\\&=196.875\ (\text{MPa})\end{aligned}$$

$$\tau_\alpha=\frac{\sigma_x-\sigma_y}{2}\sin2\alpha+\tau_x\cos2\alpha=\frac{112.5-225}{2}\sin(120°)-0\times\sin(120°)=-48.714\ (\text{MPa})$$

例 7-8 注塑机又名注射成型机或注射机。它是借助螺杆（或柱塞）的推力，将热塑性塑料或热固性料利用塑料成型模具制成各种形状的塑料制品的主要成型设备。注塑机按照注射装置和锁模装置的排列方式，可分为立式、卧式和立卧复合式。按塑化方式分柱塞式塑料注射成型机、往复螺杆式塑料注射成型机、螺杆-柱塞式塑料注射成型机。按合模方式分机械式、液压式和液压-机械式。注塑机通常由注射系统、合模系统、液压传动系统、电气控制系统、润滑系统、加热及冷却系统、安全监测系统等组成。注射系统应用最广泛的是螺杆式，主要由加料装置、料筒、螺杆、过胶组件、射嘴部分组成。螺杆和料筒是塑料成型设备的核心部件。

某注塑机螺杆炮筒实物图如图 7-17(a) 所示，螺杆炮筒横截面如图 7-17(b) 所示。在危险点处，$\sigma_t=600\text{MPa}$，$\sigma_r=350\text{MPa}$，第三个主应力垂直于图面是拉应力，且其大小为 420MPa。试按第三和第四强度理论，计算其相当应力。

(a)

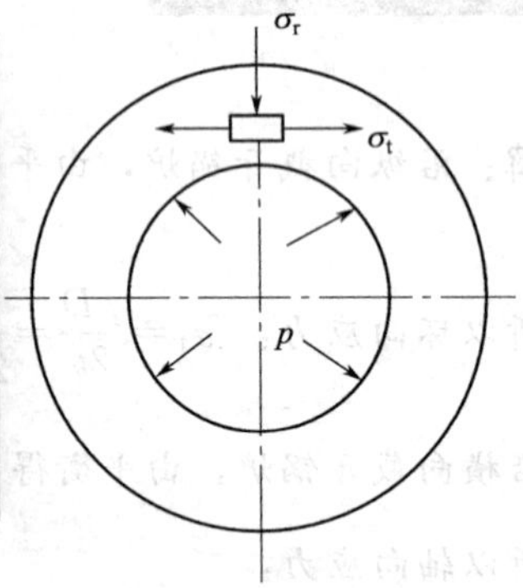

(b)

图 7-17 例 7-8 图

解：

$$\sigma_1=\sigma_t=600\text{MPa}$$

$$\sigma_2=\sigma_x=420\text{MPa}$$

$$\sigma_3=\sigma_r=-350\text{MPa}$$

$$\sigma_{r3}=\sigma_1-\sigma_3=600-(-350)=950\text{MPa}$$

$$\sigma_{r4}=\sqrt{\frac{1}{2}[(600-420)^2+(420+350)^2+(-350-600)^2]}=874\text{MPa}$$

例 7-9 管子用于管道中输送各种流体的零件。按材料分为普通钢管，铸铁管，不锈钢管，镀锌管，铜管等；按承受压力可分为真空管道，低压管，中压管，高压管，超高压管。按是否有焊缝可分为无缝管和有缝管；按照表示单位分为英制（以英寸为单位）和公制（以米为单位）。1in＝25.4mm。把 1in 分成 8 等分，在右上角打上两撇，如 1/8″，1/4″，3/8″，1/2″，5/8″，3/4″，7/8″相当于通常说的 1 分管到 7 分管。如 *DN*15（4 分管）、*DN*20（6 分管）、*DN*25（1 寸管）、*DN*32（1 寸 2 管）。钢管广泛用作输送流体的管道，如输送石油、天然气、煤气、水等。

某铸铁薄管如图 7-18 所示。管的外径为 $D=180\text{mm}$，壁厚 $\delta=15\text{mm}$，内压 $p=4\text{MPa}$，$F=200\text{kN}$。铸铁的抗拉及抗压许用应力分别为 $[\sigma_t]=30\text{MPa}$、$[\sigma_c]=120\text{MPa}$，$\mu=0.25$。试用第二强度理论及莫尔强度理论校核薄管的强度。

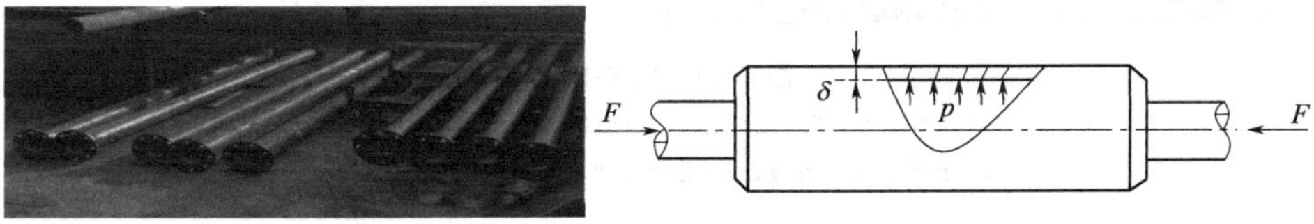

图 7-18 例 7-9 图

解：

$$\sigma_1=\frac{pD}{2\delta}=\frac{4\times180}{2\times15}=24\ (\text{MPa})$$

$$\sigma_2=0$$

$$\sigma_3=\frac{pD}{4\delta}-\frac{F}{\pi D\delta}=\frac{1}{2}\times24\text{MPa}-\frac{200\times10^3}{\pi\times180\times15\times10^{-6}}\text{MPa}=-11.58\text{MPa}$$

按第二强度理论校核：

$$\sigma_{r2}=\sigma_1-\mu(\sigma_2+\sigma_3)=24-0.25\times(-11.58)=26.895\ (\text{MPa})\leqslant[\sigma_t]=30\text{MPa}\quad 安全$$

按莫尔强度理论校核：

$$\sigma_{rm}=\sigma_1-\frac{[\sigma_t]}{[\sigma_c]}\sigma_3=24-\frac{30}{120}\times(-11.58)=26.895\ (\text{MPa})\leqslant[\sigma_t]=30\text{MPa}\quad 安全$$

此题由于 $\sigma_1\gg|\sigma_3|$，也可选用第一强度理论校核。

按第一强度理论校核：$\sigma_1=24\text{MPa}<[\sigma_t]=30\text{MPa}$ 安全

例 7-10 弹簧管压力表测量范围极广，品种规格繁多。按其所使用的测压元件不同，可有单圈弹簧管压力表与多圈弹簧管压力表。按其用途不同，除普通弹簧管压力表外，还有耐腐蚀的氨用压力表、禁油的氧气压力表等。它们的外形与结构基本上是相同的，只是所用的材料有所不同。弹簧管压力计的结构原理如图 7-19 所示。试说明弹簧管压力计的基本测量原理。

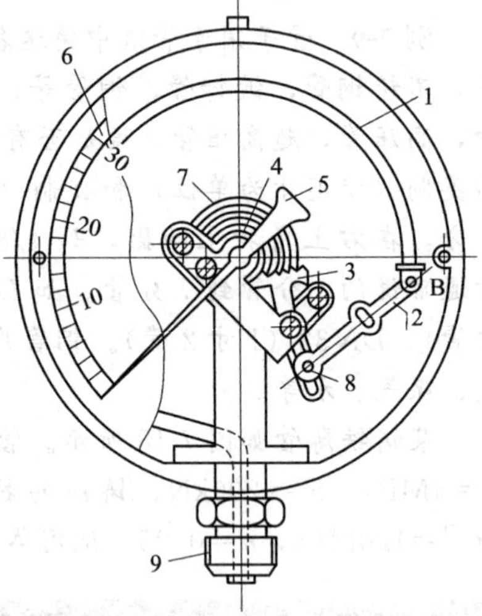

图 7-19 例 7-10 图

1—弹簧管；2—拉杆；3—扇形齿轮；4—中心齿轮；
5—指针；6—面板；7—游丝；8—调整螺钉；9—接头

解： 弹簧管 1 是压力计的检测元件。图中所示为单圈弹簧管，它是一根弯成 270°圆弧的椭圆截面的空心金属管子。管子的自由端 B 封闭，管子的另一端固定在接头 9 上。当通入被测的压力 p 后，由于椭圆形截面在压力 p 的作用下，将趋于圆形，弯成圆弧形的弹簧管随之产生向外挺直的扩张变形。由于变形，使弹簧管的自由端 B 产生位移。输入压力 p 越大，产生的变形也越大。由于输入压力与弹簧管自由端 B 的位移成正比，所以只要测得 B 点的位移量，就能反映压力 p 的大小，这就是弹簧管压力计的基本测量原理。

思考题

1. 简述材料变形时产生应力与应变的原因。
2. 什么是应力？研究应力的意义是什么？
3. 材料发生哪两个方面的应变？请简述各个方面应变的特点。
4. 什么是主应力？简述单向应力状态、双向应力状态、三向应力状态的概念。

5. 最大剪应力和最小剪应力在平面的什么位置。

6. 简述低碳钢的拉伸试验中每个阶段的特点。

7. 材料的强度指标有哪些并且简述各个强度指标的定义。

8. 什么是弹性模量和泊松比？简述两者分别衡量材料的什么指标。

9. 分别简述四大强度理论的应用范围。

第8章
拉伸和压缩 剪切和挤压

物体在力的作用下，产生拉伸（tension）、压缩（compression）、剪切（shear）、挤压（extrusion），从对内力分析和变形分析，解决物体的强度和刚度问题。

8.1 拉伸和压缩

作用于直杆两端的大小相等，方向相反且作用线与杆轴线重合的两个外力，使杆产生轴向伸长（或缩短），这种变形形式称为轴向拉伸（或轴向压缩）。拉伸的反向效果就是压缩。

8.1.1 内力

金属在发生弹性形变时，其内部各质点（原子）间的相互位置发生改变。伴随这种改变，各质点间原有的相互作用力必然变化，这种质点间的相互作用力所发生的变化被称为内力（internal force）。

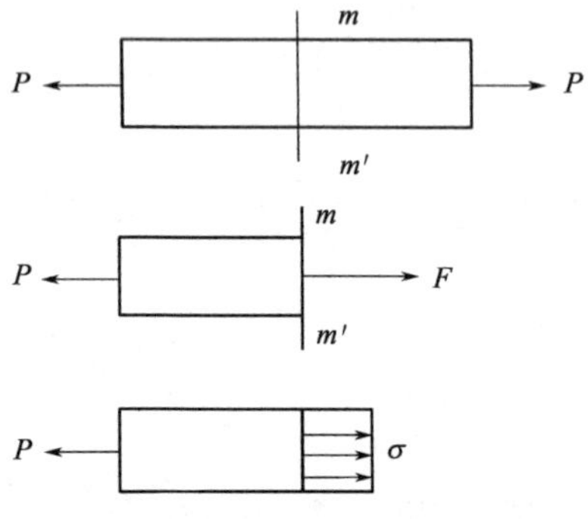

图 8-1 截面法求内力

截面法求内力是假象，将杆截开，把内力显示出来，利用力的平衡，求其内力，如图 8-1 所示。

例如，将上述杆假象用截面 m-m 截开，取截下后的左侧部分为研究对象，因为假象截开后左侧部分依然是平衡的，必有一力与 P 力平衡，只有右侧部分对左侧部分给予力 F 使其与 P 平衡，则力 F 即为内力。内力是如何产生的呢？是右侧部分金属各质点对左侧部分金属各质点之间的相互作用力，这力是分布形式的，即图中的 σ。

8.1.2 应变与应力

直杆在外力 P 的作用下，沿纵向被拉长，同时沿横向直线尺寸变小，如

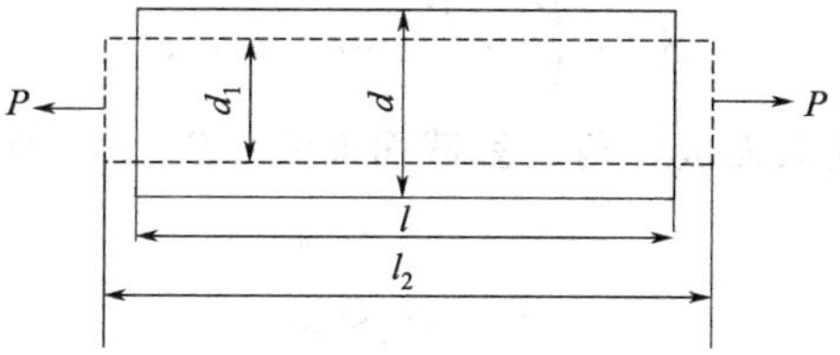

图 8-2 直杆

图 8-2 所示。

(1) 应变

单位长度杆的伸长（或缩短）称为线应变。

杆原长为 l，拉伸之后的长度为 l_2，杆的伸长量为 $\Delta l = l_2 - l$，则应变 ε 为：

$$\varepsilon = \frac{\Delta l}{l} \tag{8-1}$$

(2) 应力

单位面积上所受的内力，称为应力，如图 8-3 所示。

$$p = \lim_{\Delta A \to 0} \frac{\Delta Q}{\Delta A} \tag{8-2}$$

式中，ΔQ 为单位面积的受力；ΔA 为单位面积。

总应力分为两个分量：一个是沿截面法线方向的分量，称为正应力 σ；一个是沿截面切线方向的分量，称为剪应力 τ，单位为 $N/m^2 = Pa$。

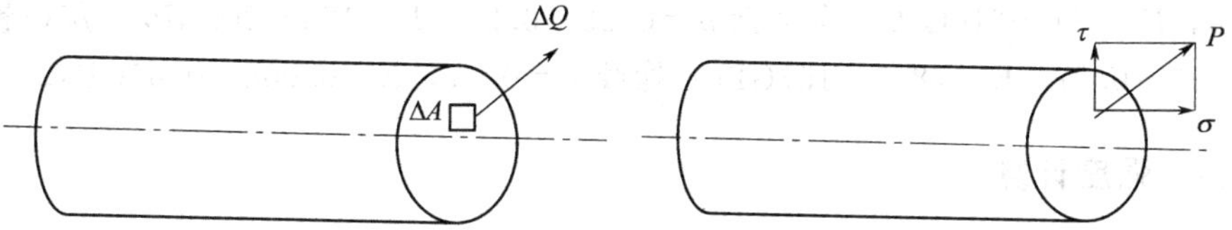

图 8-3 应力

设直杆的轴向拉力为 F，横截面面积为 A，受拉直杆截面上的正应力为：

$$\sigma = \frac{F}{A} \tag{8-3}$$

当应力均布时，$\sigma = \dfrac{F}{A}$ 说明应力是内力的分布，而写成 $F = \sigma A$，说明内力是应力的合成。

简单拉伸直杆斜截面上的应力：

$$\sum F_x = 0$$

$$S_\alpha A_\alpha - P = 0，\sigma A - P = 0$$

$$S_\alpha = \frac{P}{A_\alpha}，A = A_\alpha \cos\alpha$$

$$S_\alpha=\frac{P}{A_\alpha}=\frac{P}{A}\cos\alpha=\sigma\cos\alpha$$

式中，A_α 为与横截面成 α 角的斜截面面积；S_α 为斜面上的应力。

$$\begin{cases}\sigma_\alpha=S_\alpha\cos\alpha\\ \tau_\alpha=S_\alpha\sin\alpha\end{cases}$$

则：

$$\sigma_\alpha=\sigma\cos^2\alpha \tag{8-4a}$$

$$\tau_\alpha=\sigma\cos\alpha\sin\alpha=\frac{\sigma}{2}\sin2\alpha \tag{8-4b}$$

可见，当 $\alpha=0$ 时，σ_α 最大，$\sigma_{\max}=\sigma$；当 $\alpha=45°$时，τ_α 最大，$\tau_\alpha=\frac{\alpha}{2}$。

上述例子说明：轴向拉、压杆件的最大应力发生在横截面上，最大剪应力发生在±45°斜截面上。

8.1.3 胡克定律

胡克定律是反映应力与应变之间关系的定律，若应力不超过某一极限时，对于轴向拉伸（或压缩），应力与应变呈线性关系，即：

$$\sigma=E\varepsilon \tag{8-5}$$

其中 E 为弹性模量，对于同一种材料，E 是常数，单位为 GPa。弹性模量 E 和泊松比 μ 是表征材料的弹性性能，可由实验测定。例如：碳钢 $\mu=0.24\sim0.28$，$E=196\sim216$GPa；合金钢 $\mu=0.25\sim0.30$，$E=186\sim206$GPa；灰铸铁 $\mu=0.23\sim0.27$，$E=78.5\sim157$GPa；橡胶 $\mu=0.47$，$E=0.008\sim0.67$GPa。

8.1.4 强度计算

（1）许用应力

脆性材料断裂时的应力是强度极限 σ_b，塑性材料到达屈服时的应力是屈服极限 σ_s 这两者都是构件失败时的极限应力。从保证杆的安全出发，对杆的工作应力应规定一个建立在材料力学性能（mechanical properties of materials）基础上的最高允许值，即许用应力 $[\sigma]$。常用材料的许用应力可通过查表得到。

对于塑性材料：$$[\sigma]=\frac{\sigma_s^t}{n_s}$$

对于脆性材料：$$[\sigma]=\frac{\sigma_b}{n_b}$$

σ_s^t，σ_s 是通过材料的力学试验来测定的。n_s，n_b 为安全系数，一般 n_s 取 1.5，n_b 取 3。

（2）强度条件

$$\sigma \leqslant [\sigma] \tag{8-6}$$

强度条件是使极限应力适当地降低，在强度方面上有一定的储备，规定了杆件能安全工作的最大应力值。

8.2 剪切与挤压

8.2.1 剪切

剪切常发生在机械中的连接件，如铆钉、螺栓、销钉和键等。其受力特点是：构件受一对大小相等、方向相反、作用线垂直于轴线且相互平行、相距很近。

变形特点是：构件沿两个力作用线之间的截面发生相互错动。这种相互错动变形称为剪切变形。发生相互错动的面称为剪切面。如图 8-4 所示的这一吊钩，链环与拉杆之间用销钉连接，销钉的弯曲变形很小，主要变形是沿剪切面 m-m 和 n-n 发生错动。

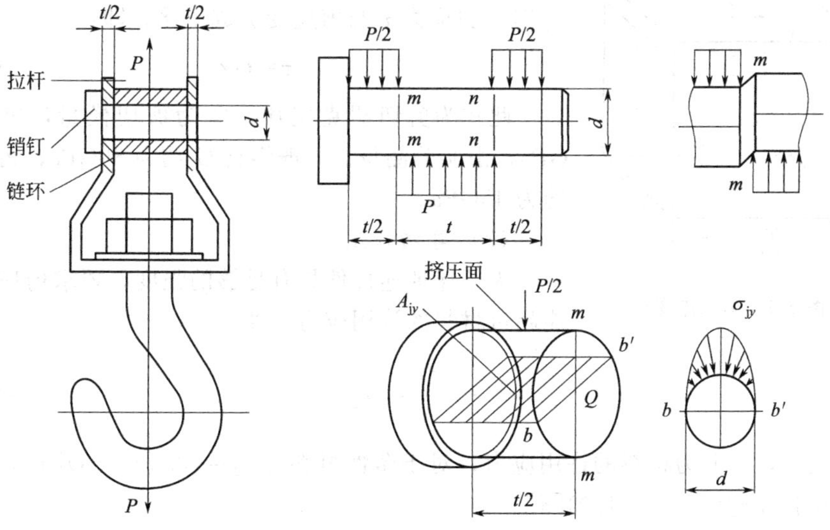

图 8-4 吊钩的受力分析

下面以螺栓连接为例，螺栓受剪切力作用，如图 8-5 所示。

剪切面上的内力为 Q

$$\sum F=0,\ F-Q=0$$

即：

$$F=Q \tag{8-7}$$

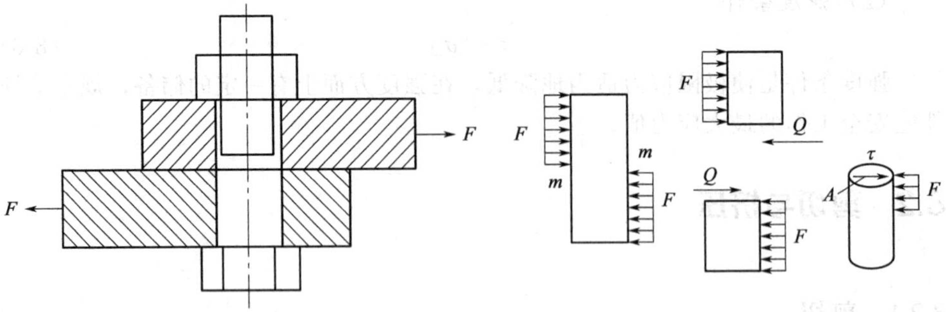

图 8-5 螺栓受力分析

(1) 剪切面上的剪应力 τ

$$\tau=\frac{Q}{A} \tag{8-8}$$

(2) 剪切胡克定律

在剪应力 τ 的作用下，单元体对应两面发生错动，如图 8-6 所示，右面相对左面发生错动，使原来的直角改变了一个微量 γ，γ 即为剪应变。

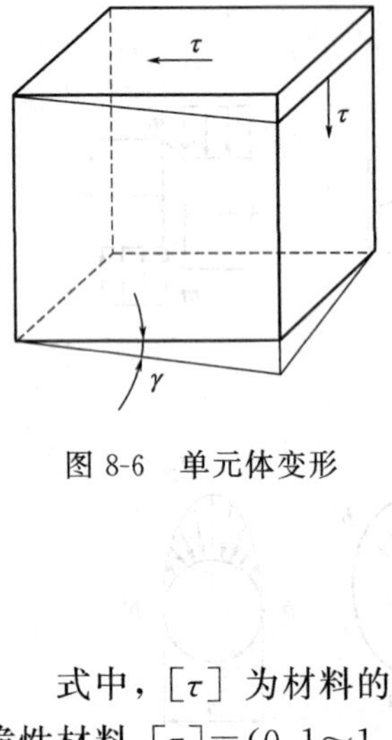

图 8-6 单元体变形

实验证明：当剪应力不超过材料的剪切比例极限 τ_p 时，剪应力 τ 与剪应变 γ 成正比，即：

$$\tau=G\gamma \tag{8-9}$$

此式为剪切胡克定律，G 为剪切模量，单位是 GPa，由实验测得。一般钢材 G 约为 80GPa，铸铁 G 约为 45GPa。

(3) 剪切强度

为了保证连接件具有足够的强度，要求剪应力不能超过材料的许用应力，即：

$$\tau=\frac{Q}{A}\leqslant[\tau] \tag{8-10}$$

式中，$[\tau]$ 为材料的许用应力，对于塑性材料 $[\tau]=(0.6\sim0.8)[\sigma]$，对于脆性材料 $[\tau]=(0.1\sim1.0)[\sigma]$。

8.2.2 挤压

连接件在发生剪切变形的同时，它与被连接件传力的接触面上将受到较大的压力作用，从而出现局部变形，这种现象称为挤压。发生挤压的接触面为挤压面，挤压面上的压力称为挤压力 F_{jy}，相应的应力为挤压应力 σ_{jy}。

如图 8-7 所示为铆钉连接。铆钉与钢板相互压紧。

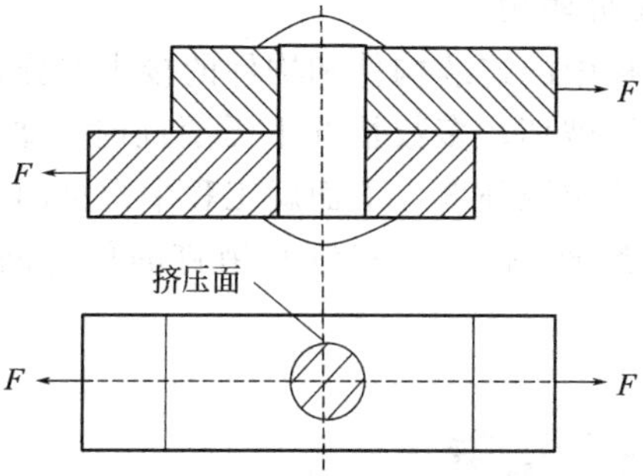

图 8-7 铆钉连接受力图

(1) 挤压应力

由于挤压面上的挤压应力比较复杂，工程上计算时认为挤压应力在挤压面上均匀分布，即：

$$\sigma_{jy}=\frac{F_{jy}}{A_{jy}} \tag{8-11}$$

式中，A_{jy} 为挤压面计算面积，如图 8-8 所示。

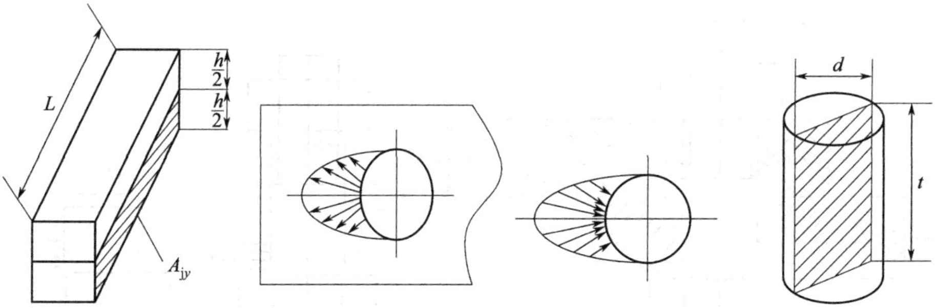

图 8-8 挤压应力分布图

键连接挤压面为平面，该平面的面积就是挤压面的计算面积，$A_{jy}=\frac{h}{2}\times L$，对于销钉、铆钉与圆柱连接件，挤压面为圆柱面，计算面积为半圆柱面的正投影面积 $A_{jy}=dt$。

(2) 挤压强度

铆钉连接时，可能把铆钉或钢板的铆钉孔压成局部塑性变形：铆钉孔可能被压成长圆孔，铆钉也可能被压成扁圆柱。为保证连接件具有足够的挤压强度而不破坏，挤压强度条件为：

$$\sigma_{jy}=[\sigma_{jy}] \tag{8-12}$$

式中，$[\sigma_{jy}]$ 为材料的许用挤压应力。对塑性材料 $[\sigma_{jy}]=(1.7\sim2.0)[\sigma]$ 对脆性材料 $[\sigma_{jy}]=(0.9\sim1.5)[\sigma]$。

(3) 剪切和挤压应用实例

值得说明的是，工程中的连续构件和构件的接头部分，往往同时发生剪切和挤压变形，为保证其不被破坏，多数情况下需要同时考虑剪切强度和挤压强度，有时还应考虑连接头处的拉压强度，下面就工程中常见的基本问题举例说明。

螺栓连接的单剪问题见例 8-1，铆钉及销钉的单剪问题与其处理方法基本相同。

工程实践例题与简解

例 8-1 两块钢板用螺栓连接如图 8-9(a) 所示，每块钢板厚度 $t=10$mm，螺栓直径 $d=16$mm，螺栓材料的许用剪应力为 $[\tau]=60$MPa，钢板与螺栓的许用挤压应力 $[\sigma_b]=180$MPa，已知在连接过程中，每块钢板作用 $F=10$kN 的拉力。试校核螺栓的强度。

解：(1) 取螺栓为研究对象，受力分析如图 8-9(b) 所示。

(2) 确定螺栓的剪切面为中间水平圆截面，挤压面为左上和右下部分的半圆柱面。实用挤压面为直径面。

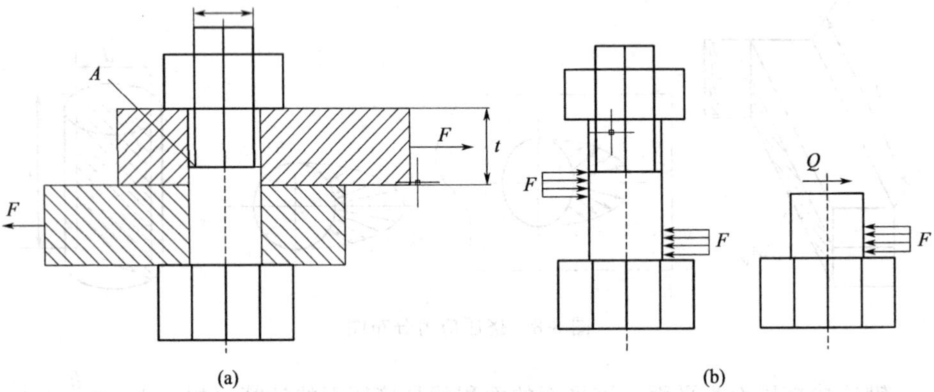

图 8-9 例 8-1 图

剪切面积 A

$$A=\frac{1}{4}\pi d^2=\frac{3.14\times16^2}{4}\approx201\ (\text{mm}^2)$$

挤压面积 A_{jy}

$$A_{jy}=dt=16\times10=160\ (\text{mm}^2)$$

(3) 校核剪切和挤压强度

剪切强度校核

$$\tau_{\max}=\frac{Q}{A}=\frac{10\times10^3}{201}=49.8\ (\text{MPa})\leqslant60\text{MPa}$$

挤压强度校核

$$\sigma_{jy}=\frac{F}{A_{jy}}=\frac{10\times10^3}{160}=62.5\ (\text{MPa})\leqslant180\text{MPa}$$

故螺栓的强度满足要求。

例 8-2 电动机主轴与皮带轮用平键连接，如图 8-10 所示。已知轴的直径 $d=70\text{mm}$，键的尺寸 $b\times h\times l=20\text{mm}\times12\text{mm}\times100\text{mm}$，轴传递的最大力矩 $M=1.5\text{kN}\cdot\text{m}$。平键的材料为 45 钢，$[\tau]=60\text{MPa}$，$[\sigma_{jy}]=100\text{MPa}$。试校核键的强度。

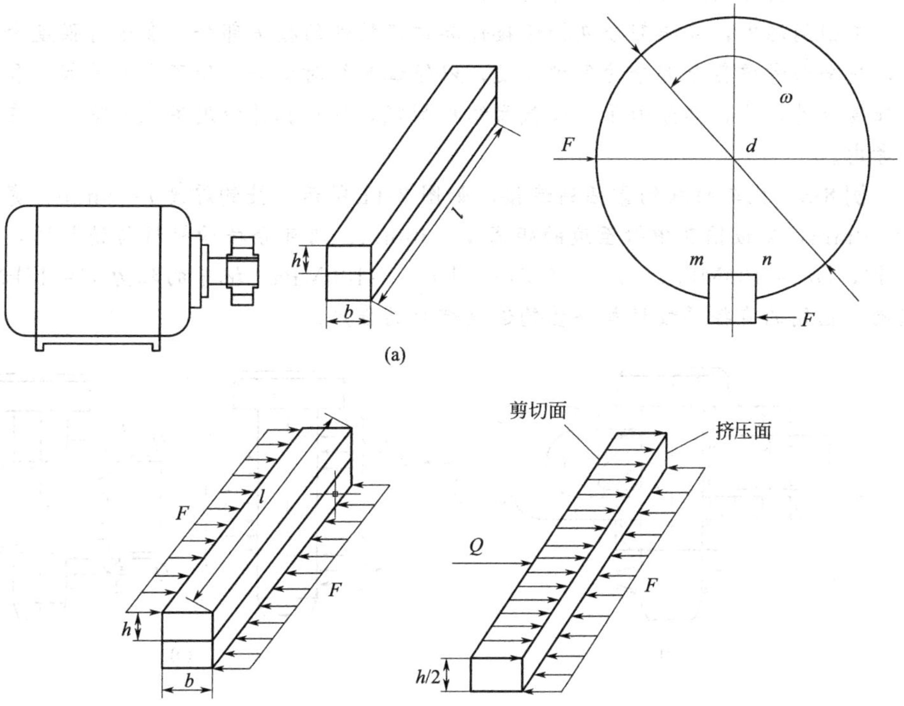

图 8-10 例 8-2 图

解：(1) 为计算键的受力，取键与轴为研究对象，受力分析如图 8-10(a) 所示。

(2) 取键为研究对象，受力分析如图 8-10(b) 所示。

确定剪切面为中间水平截面，$A=bl$；挤压面为左上和右下半侧面，$A_{jy}=\frac{1}{2}hl$。

(3) 校核键的剪切强度

$$M=\frac{d}{2}F=1.5\text{kN}\cdot\text{m}$$

$$d=70\text{mm}$$

所以
$$Q=F=42.9\text{kN}$$

$$\tau_{max}=\frac{Q}{A}=\frac{42.9\times10^3}{20\times100}=21.45\ (\text{MPa})\leqslant60\text{MPa}$$

(4) 校核键的挤压强度

$$\sigma_{jy}=\frac{F}{A_{jy}}=\frac{42.9\times10^3}{\frac{12\times100}{2}}=71.5\ (\text{MPa})\leqslant100\text{MPa}$$

故平键的剪切和挤压强度都满足需求。

工程问题中，连接部分包括连接件和被连接件的接头部分，在进行强度分析时，应全面考虑各个部分的各种强度，以保证其绝对安全，除了要考虑剪切和挤压强度以外，连接部分由于接头截面积被削减，往往拉伸强度不能忽略，需要综合考虑。

例 8-3 拖车的挂钩靠插销连接，如图 8-11 所示，挂钩厚度 $t=8\text{mm}$，宽度 $b=30\text{mm}$，直板销孔中心至边的距离 $a=30\text{mm}$，两部分挂钩材料与销相同，为 20 钢，$[\sigma]=100\text{MPa}$，$[\tau]=60\text{MPa}$，$[\sigma_{jy}]=100\text{MPa}$。拖车的拉力 $F=15\text{kN}$。试确定插销的直径并校核整个挂钩连接部分的强度。

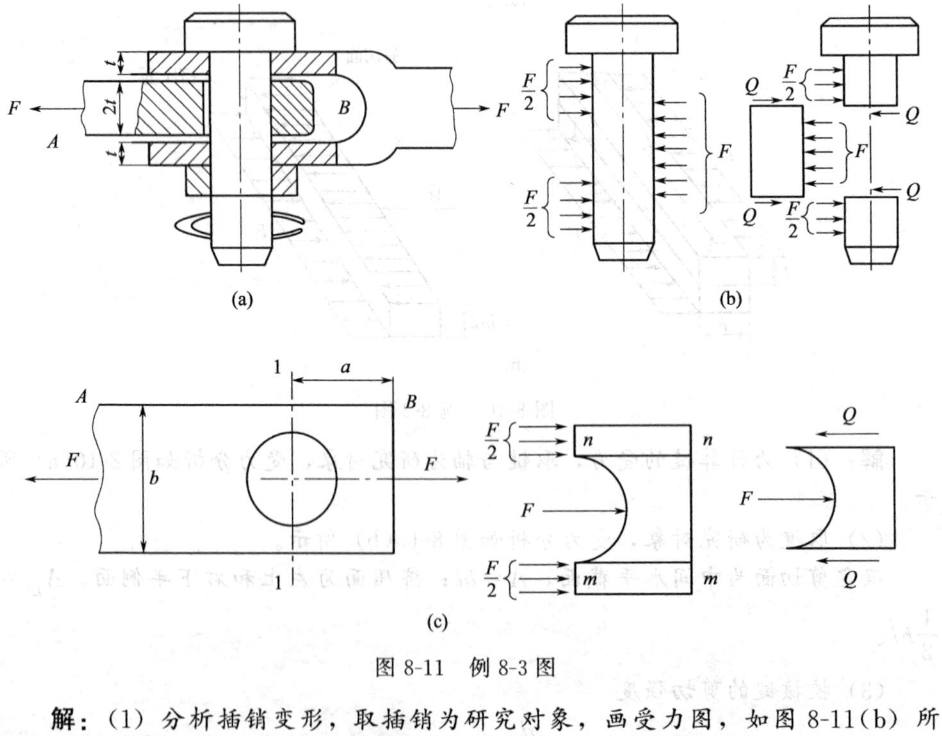

图 8-11 例 8-3 图

解：(1) 分析插销变形，取插销为研究对象，画受力图，如图 8-11(b) 所示。插销是连接件，要考虑剪切和挤压变形。

（2）有两处剪切面，为双剪问题，两处剪切面的情况相同；有三处挤压面，受力与面积成倍数关系，情况也基本相同。考虑强度时，可分别取一处进行分析。

（3）根据剪切强度条件设计插销直径

$$\tau=\frac{Q}{A}=\frac{F/2}{\frac{3.14}{4}\times d^2}\leqslant[\tau]$$

所以

$$\frac{\frac{15}{2}\times 10^3}{\frac{3.14}{4}\times d^2}\leqslant 60$$

即 $d\geqslant 12.62\text{mm}$。

（4）校核挤压强度

$$\sigma_{jy}=\frac{F}{A_{jy}}=\frac{15\times 10^3}{8\times 12.62}=74.29\ (\text{MPa})\leqslant 100\text{MPa}$$

所以满足强度条件。

例 8-4 如图 8-12 所示，冲床的最大冲力 $F=400\text{kN}$，冲头材料的许用压应力 $[\sigma]=440\text{MPa}$，钢板的剪切强度极限 $[\tau_b]=360\text{MPa}$。试确定：（1）该冲床所能冲剪的最小孔径；（2）该冲床能冲穿钢板的最大厚度。

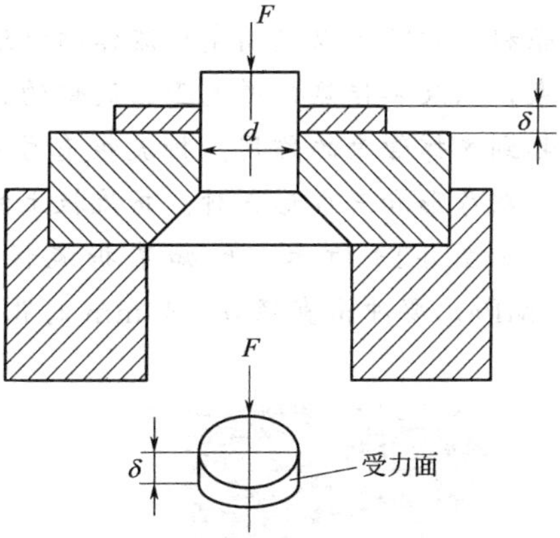

图 8-12 例 8-4 图

解：（1）确定冲床所能冲剪的最小孔径 d。冲床能冲剪的最小孔径也就是冲头的最小直径。为了保证冲头正常工作，必须满足冲头的压缩强度条件，即：

$$\sigma=\frac{F}{\frac{\pi d^2}{4}}\leqslant[\sigma]$$

$$d\geqslant\sqrt{\frac{4F}{\pi[\sigma]}}=\sqrt{\frac{4\times 400\times 10^3}{\pi\times 440}}=34\ (\text{mm})$$

故该冲床能冲剪的最小孔径为 34mm。

（2）确定冲床能冲穿钢板的最大厚度为 δ。冲头冲剪钢板时，剪切面为圆柱面，如图 8-12 所示。剪切面面积 $A=\pi d\delta$，剪切面上剪力为 $Q=F$，当剪应力 $\tau\geqslant[\tau_b]$ 时，方可冲出圆孔。冲穿钢板的条件为：

$$\tau=\frac{Q}{A}\geqslant[\tau_b]$$

冲穿钢板的冲力为：

$$F=Q\geqslant A\tau_b=\pi d\delta[\tau_b]$$

能冲穿钢板的最大厚度为：

$$\delta=\frac{F}{\pi d[\tau_b]}=\frac{400\times10^3}{3.14\times34\times360}=10.4\ (\text{mm})$$

故该冲床能冲穿的钢板最大厚度为10.4mm。

分析思路和过程

① 根据连接件的受力分析可能的破坏形式，要进行剪切和挤压强度计算，关键在于确定剪切面和挤压面的面积。

② 剪切面与外力平行，在两个反向外力作用线之间，是假象断裂的平面。

③ 挤压面与外力垂直，是两个物体的传力接触表面。

④ 当挤压面为平面时其接触面为真实面积，当挤压面为曲面时，其接触面积为其正投影面积。

例 8-5 折流板是用来改变流体流向的板，常用于管壳式换热器设计壳程介质流道，根据介质性质和流量以及换热器大小确定折流板的多少。折流板被设置在壳程，它既可以提高壳程流体的流速，增加湍动程度，并使壳程流体垂直冲刷管束，以改善传热，增大壳程流体的传热系数，同时减少结垢，在卧式换热器中还起到支撑管束的作用。折流板有弓形和圆盘-圆环形两种，弓形折流板有单弓形、双弓形和三弓形三种。折流板上的孔可以钻孔加工也可以冲孔加工。

如图8-13所示，已知某折流板厚 $t=10\text{mm}$，其剪切极限应力 $[\tau_b]=500\text{MPa}$。要冲出直径 $d=30\text{mm}$ 的孔，需多大冲剪力 P？

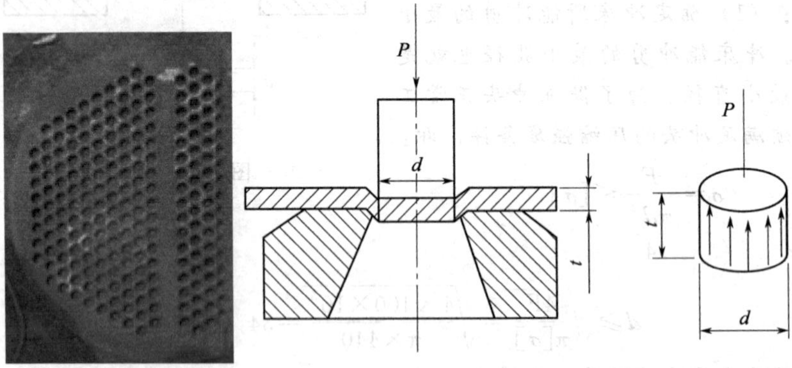

图 8-13 例 8-5 图

解：

$$A=\pi dt=3.14\times30\times10=942\ (\text{mm}^2)$$

$$P\geqslant A[\tau_b]=942\times500=471000\ (\text{N})=471\text{kN}$$

例 8-6 搅拌釜式反应器中机械搅拌釜仍然是化工厂应用最普遍和方便的混合设备。搅拌反应釜主要由筒体、传热装置、传动装置、轴封装置、各种接管等组成。传动装置包括电动机、减速机、联轴器、机架。联轴器主要是用键连接搅拌轴和减速器的轴，键连接是通过键实现轴和轴上零件间的周向固定以传递运动和转矩。键连接可分为平键连接、半圆键连接、楔键连接和切向键连接。普通平键用于轮毂与轴间无相对滑动的静连接，按键的端部形状不同分为A型（圆头)、B型（方头)、C型（单圆头）三种方式。

如图8-14所示，已知轴的直径$d=80\text{mm}$，键的尺寸为$b\times h\times l=20\text{mm}\times12\text{mm}\times100\text{mm}$，传递轴转力偶矩$M_e=2\text{kN}\cdot\text{m}$，键的许用应力$[\tau]=60\text{MPa}$，$[\sigma_b]=100\text{MPa}$，校核键的强度。

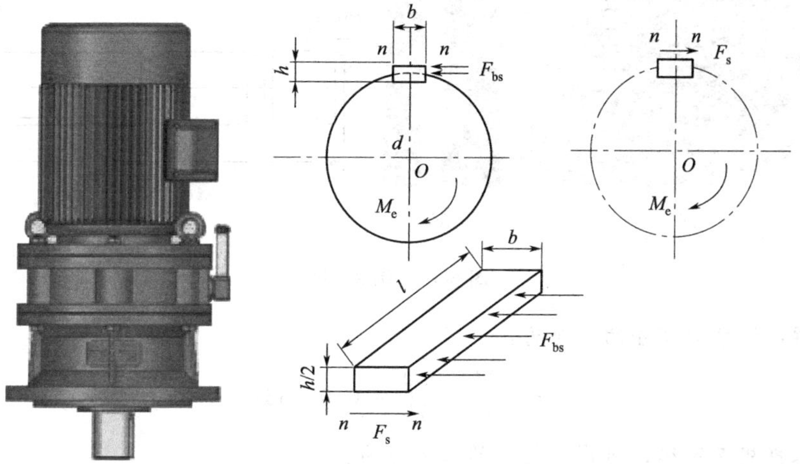

图8-14 例8-6图

解： 对O点取矩，有

$$F_s=\frac{2M_e}{d}=\frac{2\times2\times10^3}{80\times10^{-3}}=50\ (\text{kN})$$

$$A_s=bl=2000\text{mm}^2$$

$$\tau=\frac{F_s}{A_s}=25\text{MPa}<[\tau]\quad 安全$$

$$F_{bs}=F_s,A_{bs}=\frac{hl}{2}=\frac{1200}{2}=600\ (\text{mm}^2)$$

$$\sigma_b=\frac{F_{bs}}{A_{bs}}=83.33\text{MPa}<[\sigma_b]\quad 安全$$

例8-7 压力容器是石化工业中使用最广泛的设备，是石化工业的主要生产工具之一。由于工艺要求和设备内件安装、检修的需要，压力容器常需要设置容器法兰（如常见的管壳式热交换器、反应釜、塔器、过滤器等）。化工设备中，由于法兰连接拆卸方便，便于安装维修，大量采用法兰螺栓连接。特别是压力容器封头、管道、管箱等都采用了法兰螺栓连接。法兰螺栓连接的关键是必须保证密封不泄漏，要保证密封的可靠性，必须预先对密封垫施加一个合适的预紧力，使得密封效果好。如图 8-15(a)、(b) 所示为法兰及螺栓实物图。如图 8-15(c) 所示，已知某螺栓内径 $d=9.8\text{mm}$，拧紧后在计算长度 $l=75\text{mm}$ 上产生的总伸长 $\Delta l=0.05\text{mm}$。钢的弹性模量 $E=200\text{GPa}$。试计算螺栓内的应力和螺栓的预紧力。

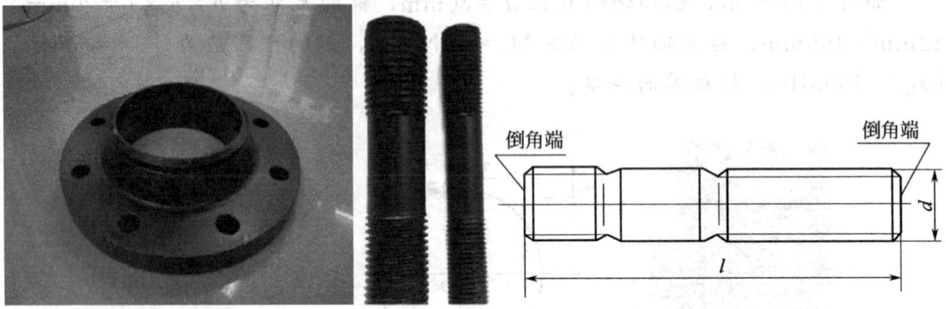

(a) (b) (c)

图 8-15 例 8-7 图

解：拧紧后螺栓的应变为：

$$\varepsilon=\frac{\Delta l}{l}=\frac{0.05}{75}=0.000667$$

根据胡克定律，可得螺栓内的拉应力为：

$$\sigma=E\varepsilon=200000\times0.000667=133.4\ (\text{MPa})$$

螺栓的预紧力为：

$$P=A\sigma=\frac{\pi d^2}{4}\sigma=\frac{3.14\times9.8^2}{4}\times133.4=10.06\ (\text{kN})$$

以上问题求解时，也可以先由胡克定律的另一表达式即 $\Delta l=\frac{Nl}{EA}$ 求出预紧力，然后再由预紧力计算应力 σ。

例 8-8 张紧器是皮带、链条传动系统上常用的保持装置，皮带和链条传动在石油化工行业中应用得非常广泛。张紧器的特点是保持皮带、链条在传动过程中可以拥有适当的张紧力，从而避免皮带打滑，或避免同步带发生跳齿、脱齿而脱出。或者是防止链条松动、脱落，减轻链轮、链条磨损。张紧器的结构多种多样，其大致包括固定式结构和弹性自动调节结构，其中固定式结构多采用固定可调式链轮调节皮带、链轮的张紧，弹性自动调节结构多采用弹性部件可自动回弹控制皮带、链条的张紧。某张紧器（图 8-16）工作时可能出现的最大张力 $P=34\text{kN}$，套筒和拉杆的材料均为 Q215 钢，$[\sigma]=200\text{MPa}$，试校核其强度。

解：此张紧器的套筒与拉杆均受拉伸，轴力 $N=P=34\text{kN}$。由于截面面积有变化。必须找出最小截面。对拉杆，M20 螺纹内径 $d_1=19.29\text{mm}$，$A_1=292\text{mm}^2$，对套筒，内径 $d_2=30\text{mm}$，外径 $D_2=40\text{mm}$，故 $A_2=550\text{mm}^2$。

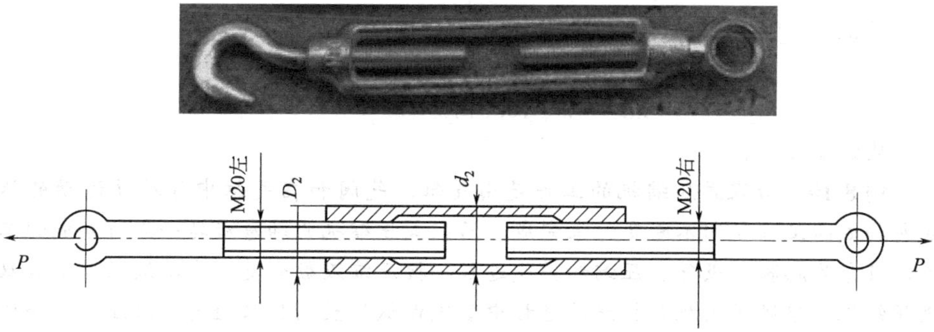

图 8-16 例 8-8 图

最大拉应力为：

$$\sigma_{\max}=\frac{N}{A_{\min}}=\frac{34\times10^3\text{N}}{292\text{mm}^2}=116.5\text{MPa}<[\sigma]$$

故强度足够。

例 8-9 管道吊架是石油化工管道设计中的重要组成部分，能够有效地保证管道和设备的受力、位移、振动等情况，保障装置安全运转。按照用途可分为承重管架、限制性管架和减振管架。管道吊架的设置一般根据管径、管道形状、阀门和管件的位置等因素确定。管道吊架的设计和管系的应力状态有着紧密的联系，直接影响管系的安全运行。

某化工厂管道吊架如图 8-17 所示。设管道重量对吊杆的作用力为 12kN；吊杆选用直径为 10mm 的圆钢，问强度是否足够？如果不够，至少应选用直径为多少毫米的圆钢？已知：吊杆材料为 Q235-A 钢，许用应力 $[\sigma]=130\text{MPa}$。

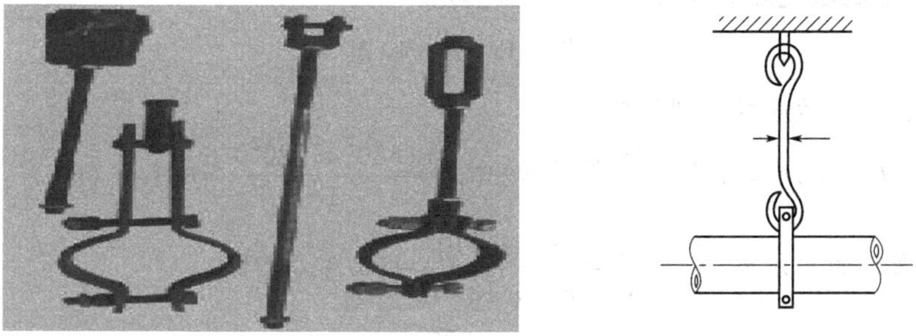

图 8-17 例 8-9 图

解： 按强度条件：

$$\sigma=\frac{P}{A}\leqslant[\sigma]$$

$$\sigma=\frac{P}{\frac{\pi}{4}d^2}=\frac{12000\times4}{\pi\times(0.01)^2}=152\ (\text{MPa})$$

因$\sigma>[\sigma]$，故强度不够。另选14mm的圆钢：

$$\sigma=\frac{4P}{\pi d^2}=\frac{4\times12000}{\pi\times(0.014)^2}=77.9\ (\text{MPa})$$

故强度足够。

例 8-10 活塞式压缩机的工作是由气缸、气阀和在气缸中作往复运动的活塞所构成的工作容积不断变化来完成。活塞式压缩机曲轴每旋转一周所完成的工作，可分为膨胀、吸气、压缩和排气过程。按压缩级数分类，有单级压缩机和双级压缩机。单级压缩机是指压缩过程中蒸气由低压至高压只经过一次压缩。而所谓的双级压缩，是指压缩过程中蒸气由低压至高压要连续经过两次压缩。按作用方式分类，有单作用压缩机和双作用压缩机。单作用压缩机其蒸气仅在活塞的一侧进行压缩，活塞往返一个行程，吸气排气各一次。而双作用压缩机蒸气轮流在活塞两侧的气缸内进行压缩，活塞往返一个行程，吸、排气各两次。蒸气推动气缸里的活塞往复运动，活塞再通过连杆带动曲柄（曲轴）转动。蒸气机的气缸如图8-18所示。气缸内径$D=580\text{mm}$，内压$p=2.5\text{MPa}$，活塞杆直径$d=120\text{mm}$。所用材料的屈服极限为320MPa。(1) 试求活塞杆的正应力及工作安全系数。(2) 若连接气缸和气缸盖的螺栓直径为30mm，其许用应力为80MPa，求连接每个气缸盖所需的螺栓数。

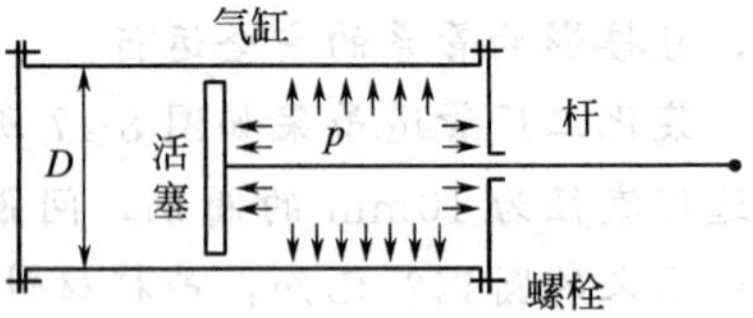

图 8-18 例 8-10 图

解：(1) 活塞杆受到的轴力：

$$F_N=pA=p\,\frac{\pi(D^2-d^2)}{4}=2.5\times\frac{\pi(580^2-120^2)}{4}=631.9\ (\text{kN})$$

活塞杆的正应力：$\sigma=\dfrac{F_N}{A}=\dfrac{631.9\times10^3}{\pi\times0.12^2/4}=55.9\ (\text{MPa})$

工作安全系数：$$n=\frac{\sigma_t}{\sigma}=\frac{320}{55.9}=5.73$$

(2) 螺栓数m

$$m=\frac{F_N}{A[\sigma]}=\frac{631.9\times10^3}{\pi\times30^2/4\times80}=11.2$$

由于圆对称，取 $m=12$ 个。

例 8-11 管道是指用管子、管子连接件和阀门等连接成的用于输送气体、液体或带固体颗粒的流体的装置。管道的用途很广泛，主要用在给水、排水、供热、供煤气、长距离输送石油和天然气、农业灌溉、水利工程和各种工业装置中。管道可能承受许多种外力的作用，包括本身的重量（管子、阀门、管子连接件、保温层和管内流体的重量）、流体的压力作用在管端的推力、风雪载荷、土壤压力、热胀冷缩引起的热应力、振动载荷和地震灾害等。为了保证管道的强度和刚度，必须设置各种支（吊）架，如活动支架、固定支架、导向支架和弹簧支架等。支架的设置根据管道的直径、材质、管子壁厚和载荷等条件决定。固定支架用来分段控制管道的热伸长，使膨胀节均匀工作。导向支架使管子仅作轴向移动。

现有一重 60kN 的管道固定到支架 B 处，如图 8-19 所示，现有两种材料的杆件可供选择：（1）铸铁杆 $[\sigma^+]=30\text{MPa}$，$[\sigma^-]=90\text{MPa}$；（2）钢质杆 $[\sigma]=120\text{MPa}$。试按经济实用原则选取支架中 AB 和 BC 杆的材料，并确定其直径。(杆件自重不计)

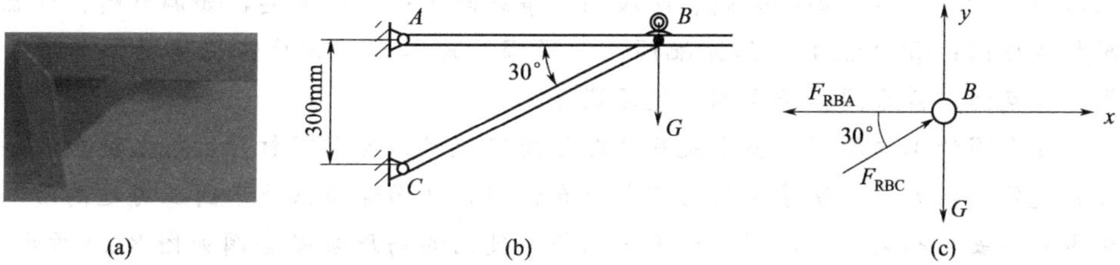

图 8-19 例 8-11 图

解： 铰接点 B 的受力图如图 8-19(c) 所示，建立图示坐标图，列平衡方程。

由 $\sum F_x=0$ 得 $\qquad -F_{RBA}+F_{RBC}\cos30°=0$

由 $\sum F_y=0$ 得 $\qquad F_{RBC}\sin30°-G=0$

代入已知数据解以上两式，应用作用与反作用定理，可得 AB 杆、BC 杆所受外力为：

$$F'_{RBA}=F_{RBA}=103.93\text{kN}$$
$$F'_{RBC}=F_{RBC}=120\text{kN}$$

用截面法可求得两杆内力。AB 杆、BC 杆的轴力分别为：

$$F_{N1}=F'_{RBA}=103.93\text{kN}\ (\text{拉力})$$
$$F_{N2}=F'_{RBC}=120\text{kN}\ (\text{压力})$$

铸铁杆耐压不耐拉，故拉杆 AB 选钢材料，压杆 BC 选铸铁材料。

根据强度条件 $\qquad \sigma=\dfrac{F_N}{A}\leqslant[\sigma]$，得 $A\geqslant\dfrac{F_N}{[\sigma]}$

AB 杆 $$A_{AB}=\frac{\pi d_{AB}^2}{4}\geqslant\frac{F_{N1}}{[\sigma]}$$

代入已知得 $$d_{AB}\geqslant 33.3\text{mm}$$

圆整取 $$d_{AB}=34\text{mm}$$

BC 杆 $$A_{BC}=\frac{\pi d_{BC}^2}{4}\geqslant\frac{F_{N2}}{[\sigma]}$$

代入已知得 $$d_{BC}\geqslant 35.68\text{mm}$$

圆整取 $$d_{BC}=36\text{mm}$$

例 8-12 阀门是在流体系统中，用来控制流体的方向、压力、流量的装置。阀门是使配管和设备内的介质（液体、气体、粉末）流动或停止并能控制其流量的装置。阀门可用于控制空气、水、蒸汽、各种腐蚀性介质、泥浆、油品、液态金属和放射性介质等各种类型流体的流动。阀门是管路流体输送系统中控制部件，它是用来改变通路断面和介质流动方向，具有导流、截止、节流、止回、分流或溢流卸压等功能。阀门分类方式有很多，其中按照作用和用途可分为①截断类，如闸阀、截止阀、旋塞阀、球阀、蝶阀、针型阀、隔膜阀等；②止回类，如止回阀；③安全类，如安全阀、防爆阀、事故阀等；④调节类，如调节阀、节流阀和减压阀；⑤分流类，如分配阀、三通阀、疏水阀；⑥特殊用途类，如清管阀、放空阀、排污阀、排气阀、过滤器等。

安全阀的工作原理是当系统压力超过规定值时，安全阀打开，将系统中的一部分气体排入大气，使系统压力不超过允许值，从而保证系统不因压力过高而发生事故。安全阀又称溢流阀。现有一冶炼厂使用的高压泵安全阀如图 8-20 所示。要求当活塞下高压液体的压强达 $p=3\text{MPa}$ 时，使安全销沿 1-1 和 2-2 两截面剪断，从而使高压液体流出，以保证泵的安全。已知活塞直径 $D=5.2\text{cm}$，安全销采用 15 钢，其剪切极限 $\tau_b=320\text{MPa}$，试确定安全销的直径 d。

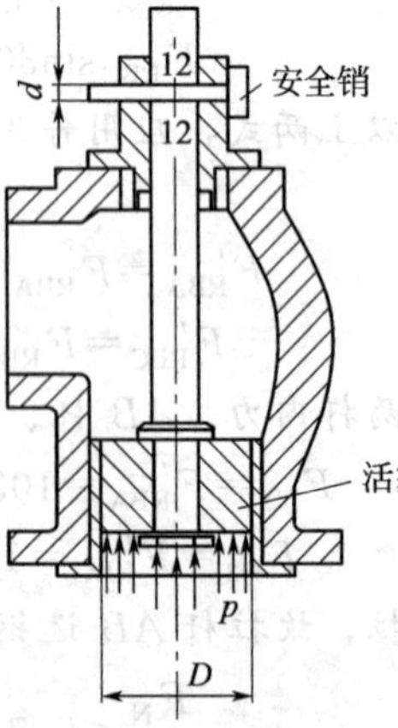

图 8-20 例 8-12 图

解：$p=3\text{MPa}$ 时，活塞产生的推力，亦即安全销所受的剪力：

$$F=ps=3\times10^6\times3.14\times0.026^2=6372\ (\text{N})$$

$$2\pi r^2\times\tau_b=F$$

所以 $$r=3.17\text{m},\ d=6.34\text{mm}$$

例 8-13 抽油机是开采石油的一种机器设备，俗称“磕头机”，通过加压的办法使石油出井。常见抽油机即游梁式抽油机是油田广泛应用的传统抽油设备，通常由普通交流异步电动机直接拖动。其曲柄带以配重平衡块带动抽油杆，驱动井下抽油泵做固定周期的上下往复运动，把井下的油送到地面。在一个循环内，随着抽油杆的上升/下降，而使电机工作在电动/发电状态。上升过程电机从电网吸收能量电动运行；下降过程电机的负载性质为位势负载，加之井下负压等使电动机处于发电状态，把机械能转换成电能回馈到电网。抽油机由主机和辅机组成，主机由底座、减速器、曲柄、连杆、横梁、支架、游梁、驴头、悬绳器、皮带轮及皮带和刹车装置组成；辅件由电动机、节电装置、电力控制系统组成［图 8-21(a)］。

某油井深 200m，井架高 18m 其提升系统简图如图 8-21(b) 所示。设悬绳器、连杆及其装载的石油共重 $Q=45\text{kN}$，钢丝绳自重为 $p=24\text{N/m}$；钢丝绳横截面面积 $A=2.51\text{cm}^2$，抗拉强度 $\sigma_b=1600\text{MPa}$。设取安全系数 $n=7.5$，试校核钢丝绳的强度。

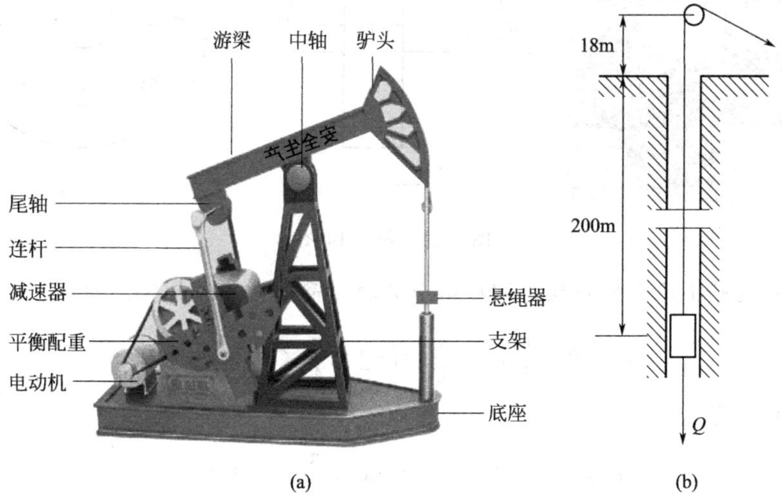

图 8-21 例 8-13 图

解：根据题意可知钢丝绳的最大拉应力为：

$$\sigma_{max}=\frac{F_{N\max}}{A}$$

并且此钢丝绳得许用应力为：

$$[\sigma]=\frac{\sigma_b}{n}=\frac{1600\text{MPa}}{7.5}=213.33\text{MPa}$$

其中 $F_{\text{Nmax}}=Q+pl_{总}=45\times10^3+24\times(200+18)=50232\ (\text{N})$

所以 $\sigma_{\max}=\dfrac{50232N}{2.51\times10^{-4}\text{m}^2}=200.128\text{MPa}<213.33\text{MPa}$

所以钢丝绳的强度满足要求。

例 8-14 凸缘联轴器属于刚性联轴器，是把两个带有凸缘的半联轴器用普通平键分别与两轴连接，然后用螺栓把两个半联轴器连成一体，以传递运动和转矩。这种联轴器有两种主要的结构形式：①靠铰制孔用螺栓来实现两轴对中和靠螺栓杆承受挤压与剪切来传递转矩；②靠一个半联轴器上的凸肩与另一个半联轴器上的凹槽相配合而对中。如图 8-22 所示，一机轴采用两段直径 $d=110\text{mm}$ 的圆轴，由凸缘和螺栓加以连接，共有 8 个螺栓布置在 $D_0=200\text{mm}$ 的圆周上。已知轴在扭转时的最大剪应力为 70MPa，螺栓的许用剪应力 $[\tau]=60\text{MPa}$。试求螺栓所需的直径。

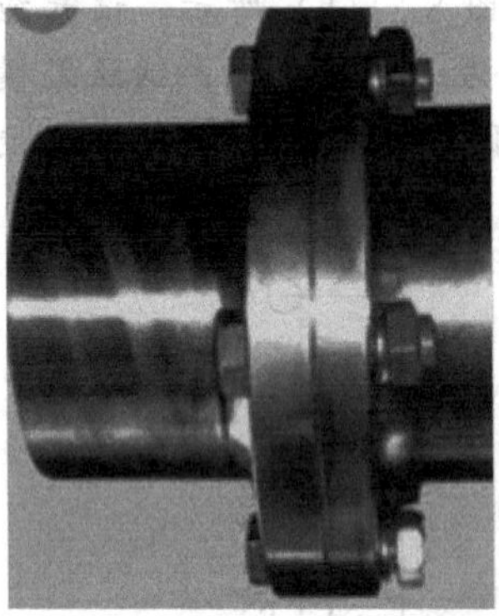

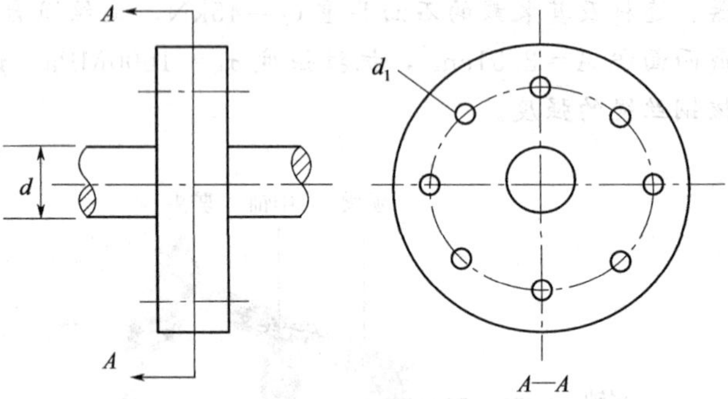

图 8-22 例 8-14 图

解： 圆轴上承受的扭矩与螺栓承受的扭矩最大值应该相等，即

$$M=70\times\frac{\pi}{4}d^2\times\frac{d}{2}=[\tau]\times\frac{\pi}{4}\times d_1^2\times\frac{D_0}{2}\times8$$

所以可得

$$70\times\frac{\pi}{4}\times110^2\times55=60\times\frac{\pi}{4}d_1^2\times100\times8$$

即 $d_1=31.16\text{mm}$

圆整取 $d_1=32\text{mm}$

例 8-15 在石油行业的各大装置中，很多大型的设备施工质量要求高，安装难度大，如裂解炉等。其外围钢结构刚性差，吊装中易产生结构破坏。利用桁架式平衡梁作为辅助吊装工具，借助该平衡梁较好的结构钢性，可有效地防止吊

装时产生变形。桁架是一种由杆件彼此在两端用铰链连接而成的结构。桁架由直杆组成，一般具有三角形单元的平面或空间结构，桁架杆件主要承受轴向拉力或压力，从而能充分利用材料的强度，在跨度较大时可比实腹梁节省材料，减轻自重和增大刚度［图 8-23(a)］。

某桁架受力及尺寸如图 8-23(b) 所示。$F_p=40kN$，材料的拉伸许用力 $[\sigma]^+=120MPa$ 压缩许用应力 $[\sigma]^-=60MPa$。试设计杆 AC 及杆 AD 所需的截面面积。

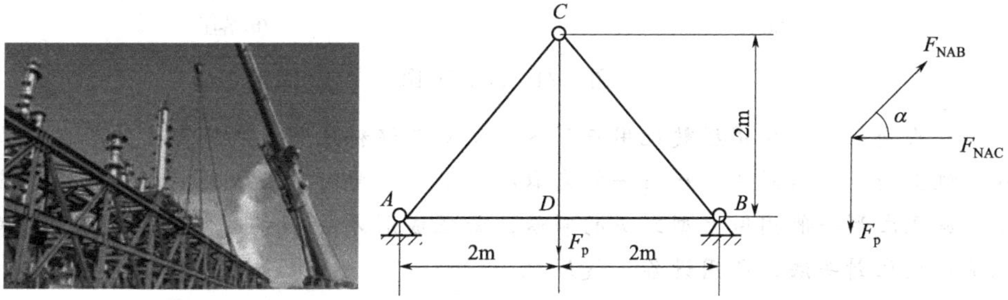

(a) (b) (c)

图 8-23 例 8-15 图

解：(1) 受力分析，确定 AC 和 AD 杆的轴力 F_{NAC} 和 F_{NAD}

对整体受力分析可得

$$F_{RA}=F_{RB}=\frac{F_p}{2}=20kN$$

再取节点 A，受力分析，如图 8-23(c) 所示，建立平衡方程

$$\sum F_y=0,\ F_{NAC}\sin45°+F_{RA}=0$$

解得 AC 杆轴力大小　$F_{NAC}=28.28kN$（压）

$$\sum F_x=0,\ F_{NAC}\cos45°+F_{NAD}=0$$

解得 AD 杆轴力大小　$F_{NAD}=20kN$（拉）

(2) 强度条件

拉杆 $$A_{AD}=\frac{F_{NAD}}{[\sigma]^+}=\frac{20\times10^3}{120}=167\ (mm^2)$$

压杆 $$A_{AC}=\frac{F_{NAC}}{[\sigma]^-}=\frac{28.28\times10^3}{60}=471\ (mm^2)$$

例 8-16 封头是容器的重要组成部分。常见的有凸形封头、锥形封头和平板封头。凸形封头包括半球形封头、椭圆形封头、碟形封头、球冠形封头。封头的加工方式有冲压成形与旋压成形（图 8-24），试简述二者特点与区别。

解：封头冲压——采取在热压国标封头 50～8000t 的水压机或油压机上进行冷冲压或热冲压的方法，用上下模和压边圈直接压制成封头。

(a) 冲压　　　　(b) 旋压

图 8-24　例 8-16 图

封头旋压——先用压鼓机用点压方式把封头坯料压制成浅碟形。然后在封头旋压机上旋压成为封头。旋压一般采取冷成形，必要时可采取火焰加热进行热旋压。旋压成形一般用做大型封头的制造。旋压成形方法分为①单机旋压法；②联机旋压试压封头法。所用设备：旋压机。

冲压和旋压的区别：冲压成形好，对封头破坏小，尺寸保证得好，但是适合小封头。冲压是需要模具的，模具量多，占地面积大。由于生产效率高，质量好，尺寸准确、不受变形率的限制、劳动强度低、噪声小等优点获得了广泛应用，尤其适用于批量封头的生产。碳钢多选热冲，不锈钢多选冷冲，薄的也多选冷冲，厚的多选热冲。

旋压成形不好，厚薄不均匀，在各分段加工的连续成形过程，金属变形的速度不大，过渡区的减薄量比冲压时要小得多，几乎无边缘皱折，旋压成形大大减少了昂贵的模具数量，而且使用范围广，从小封头直至 10m 左右的大封头都可以采用旋压成形。

思考题

1. 什么是内力并且简述求解内力的方法。
2. 简述胡克定律及剪切胡克定律。
3. 剪切经常发生在哪些方面？简述其受力的特点。
4. 强度计算时应从哪两方面进行校核？
5. 什么是拉伸和压缩？在生产实践中有哪些实例？
6. 挤压的定义是什么？并且举例说明日常生活和生产实践中挤压的实例。
7. 剪切的受力特点和变形特点是什么？在生产实践中有哪些剪切的实例？
8. 挤压的计算面积怎么计算？分别从实践中举例说明。

第9章 弯曲

当物体承受垂直于其轴线的外力或位于其轴线所在平面内的力偶作用时，其轴线将弯曲成曲线，这种受力与变形形式称为弯曲（bend）。承受弯曲的构件称为梁，梁的受力特点是：梁的轴线平面内受到垂直于梁轴线的外力和平面内的力偶作用。梁的变形特点是：梁的轴线由原来的直线变成曲线。

工程中经常把一些复杂的力学问题简化成简单的力学模型，以便于计算，并保证有足够的精度。例如石油化工中的储罐，可以简化成受均布力的梁，如图9-1(a）所示；再如在风的作用下的塔设备，为了简化计算，可以看做是直立梁受均布力的作用，如图9-1(b）所示。

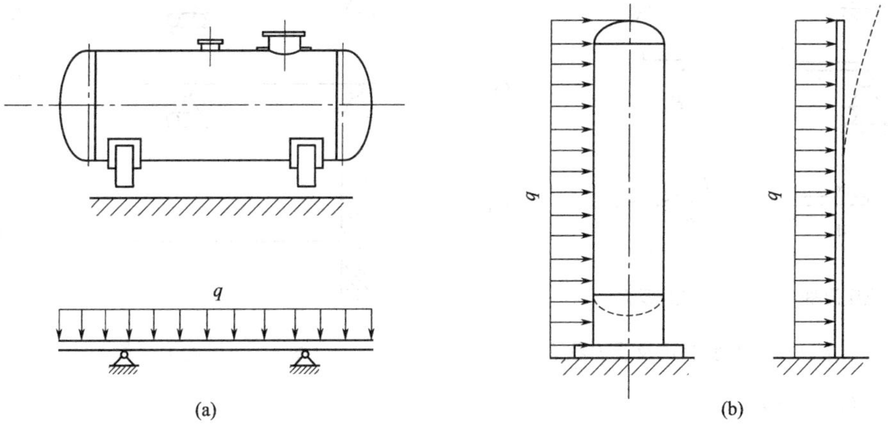

图9-1 梁弯曲模型

9.1 外力分析

(1) 支承分类

梁的支承多种多样，但可通过简化归纳为以下三种。如图9-2所示为其支承形式和受力状态。

① 固定铰链支承。如图9-2(a）所示，特点：支座可阻止梁在支承处沿水平和垂直方向的移动，但不能阻止梁绕铰链中心转动，两个自由度受限。

② 活动铰链支承。如图 9-2(b) 所示，特点：支座可阻止梁在支座处沿垂直方向的移动，但不能阻止梁水平方向的移动和绕铰链中心移动，一个自由度受限。

③ 固定端。如图 9-2(c) 所示，特点：支座可阻止梁在支承处沿水平和垂直方向的移动，同时阻止梁绕铰链中心转动，三个自由度受限。

(2) 梁的分类

为了方便处理梁的问题，根据梁的支承情况不同，通常把梁简化为以下三种。

① 简支梁。如图 9-3(a) 所示，特点：梁的一端为固定铰链支座，另一端为活动铰链支座。

② 外伸梁。如图 9-3(b) 所示，特点：梁的一端为固定铰链支座，另一端为活动铰链支座，并且梁的一端或两端伸出支座外。

③ 悬臂梁。如图 9-3(c) 所示，特点：梁的一端固定，另一端自由外伸。

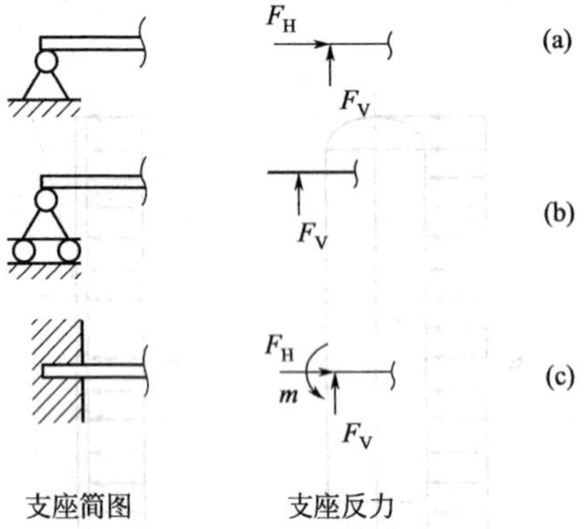

图 9-2 支承形式及受力状态

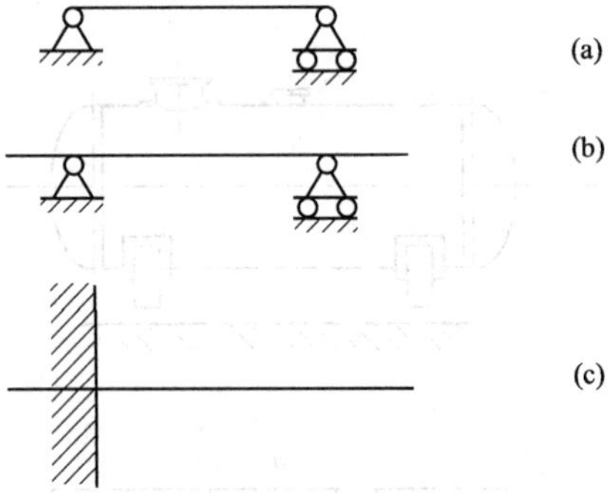

图 9-3 梁的力学模型

(3) 外力

外力 (external force) 有集中力、集中力偶、分布力。其中分布力为单位轴线长度上的力 (N/m)。

9.2 内力分析

(1) 剪力和弯矩

先看一例子来分析梁的内力，如图 9-4 所示，假想把梁从 1-1 横截面截开，并列平衡方程，左侧段 $\sum F=0$，则

$$y_A - Q = 0,\ Q = y_A = \frac{P}{2}$$

对 1-1 截面形心 O 取矩，即 $\sum M_O=0$，得 $y_A x-M=0$，$M=y_A x=\frac{P}{2}x$

对右侧段分析结论一样。

从梁的受力分析来看，梁的内力有剪力和弯矩。作用于某一横截面上的剪力，其作用是抵抗该截面一侧所有外力对该截面的剪切作用；作用于某一横截面上的弯矩，其作用是抵抗该截面一侧所有外力使该截面绕其中性轴转动。

剪力 Q 是由剪应力 τ 组成的，弯矩 M 是正应力 σ 组成力偶产生的。剪力、弯矩符号规定如图 9-5 所示。

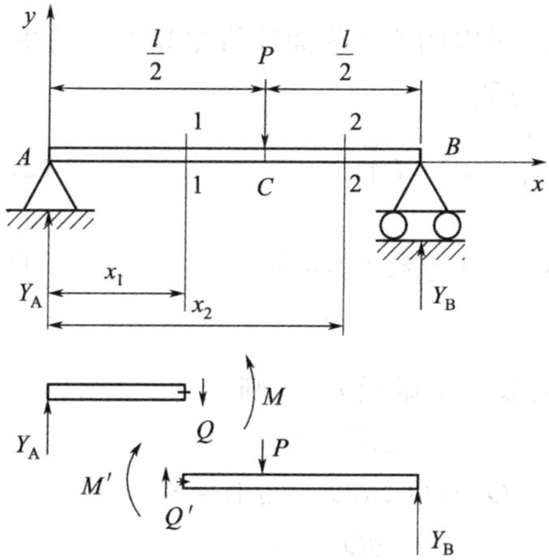

图 9-4 内力分析

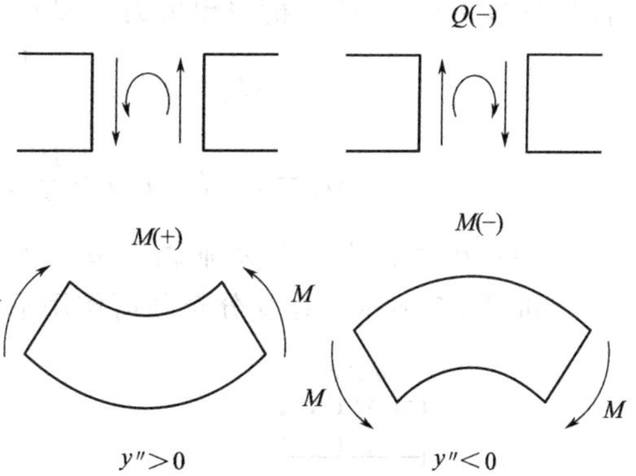

图 9-5 剪力、弯矩符号

（2）剪力、弯矩求法

① 剪力求解法则：梁的任意横截面上的剪力等于横截面一侧所有横向外力的代数和。

② 弯矩求解法则：梁在外力作用下，其任意指定截面上的弯矩等于该截面一侧所有外力对该截面中性轴取矩的代数和。

例：如图 9-4 所示，简支梁 AB 在中心处承受集中力 P 作用。求剪力、弯矩。

① 先由静力学平衡方程求出梁的反力：

$$Y_A=Y_B=\frac{P}{2}$$

② 求 AC 段剪力方程和弯矩方程。在 AC 段内，从距 A 端为 x_1 的 1-1 截面处将梁切开，在截面上设正剪力 Q_1 和正弯矩 M_1，考虑左侧段图 9-6(a) 的平衡得出剪力方程和弯矩方程：

$$Q_1=Y_A=\frac{P}{2}\quad\left(0<x_1<\frac{l}{2}\right)\tag{a}$$

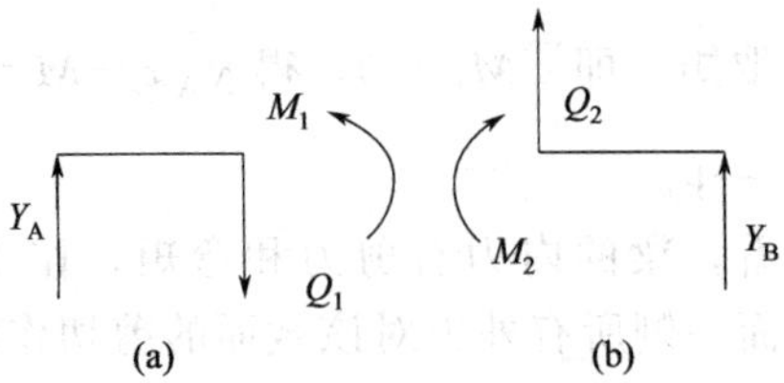

图 9-6 剪力方程和弯矩方程

$$M_1 = Y_A x_1 = \frac{P}{2} x_1 \quad \left(0 \leqslant x_1 \leqslant \frac{l}{2}\right) \tag{b}$$

③ 求 BC 段剪力方程和弯矩方程。在 BC 段内的 2-2 截面处将梁切开，考虑右侧段图 9-6(b) 的平衡得出剪力方程和弯矩方程：

$$Q_2 = -Y_B = -\frac{P}{2} \quad \left(\frac{l}{2} < x_1 < l\right) \tag{c}$$

$$M_2 = Y_B(l - x_2) = \frac{P}{2}(l - x_2) \quad \left(\frac{l}{2} \leqslant x_2 \leqslant l\right) \tag{d}$$

(3) 剪力、弯矩与分布载荷微分关系

如图 9-7 所示。在受分布载荷作用下的梁取一小微段 dx，则

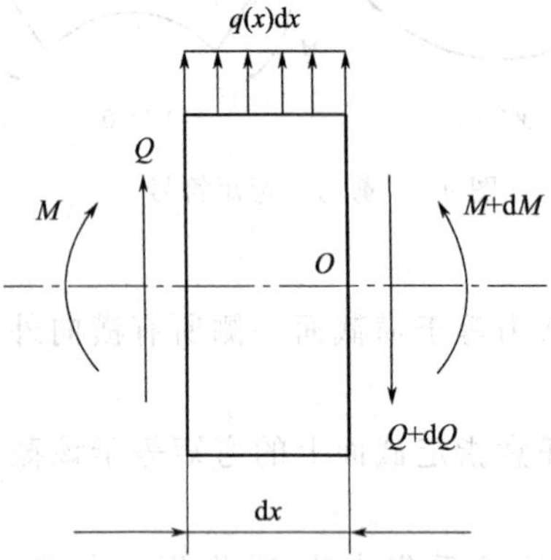

图 9-7 剪力、弯矩与分布载荷微分关系

$$\sum F_y = 0$$

$$Q - (Q + dQ) + q\,dx = 0$$

$$\frac{dQ}{dx} = q \tag{9-1}$$

对截面形心 O 取力矩 $\sum M_0 = 0$

$$-Q\,dx - M + (M + dM) - q\,dx\,\frac{dx}{2} = 0$$

$$\frac{dM}{dx} = Q \tag{9-2}$$

$$\frac{d^2M}{dx^2} = q \tag{9-3}$$

(4) 剪力图和弯矩图

以横截面上的剪力或弯矩为纵坐标，以横截面位置为横坐标，用 $Q = f_1(x)$ 或 $M = f_2(x)$ 表示的图线称为剪力图和弯矩图。Q、M 图规律如下。

① 梁上某段无分布载荷时，该段剪力图为水平线，弯矩图为斜直线。

② 某段有向下的分布载荷时，该段剪力图递减，弯矩图为向上凸的曲线；反之，当有向上的分布载荷时，剪力图递增，弯矩图为向下凹的曲线。如为均布载荷时，则剪力图为斜直线，弯矩图为二次抛物线。

③ 在集中力 P 作用处，剪力图有突变（突变值等于集中力 P），弯矩图有

折角；在集中力偶的作用处，弯矩图有突变（突变值等于力偶矩 m）。

④ 某截面 $Q=0$，则在该截面处弯矩图有极值。

如图 9-4 所示，简支梁 AB 在中心处承受集中力 P 作用。

由式(a) 和式(c) 可看出 AC 和 CB 两段的剪力方程为常数，故此两段内的剪力图是与横坐标轴平行的水平线，如图 9-8(a) 所示。

由式(b) 和式(d) 可看出 AC 和 CB 两段的弯矩方程式是坐标 x 的一次函数，故此两段的弯矩图都是倾斜的直线，如图 9-8(b) 所示。

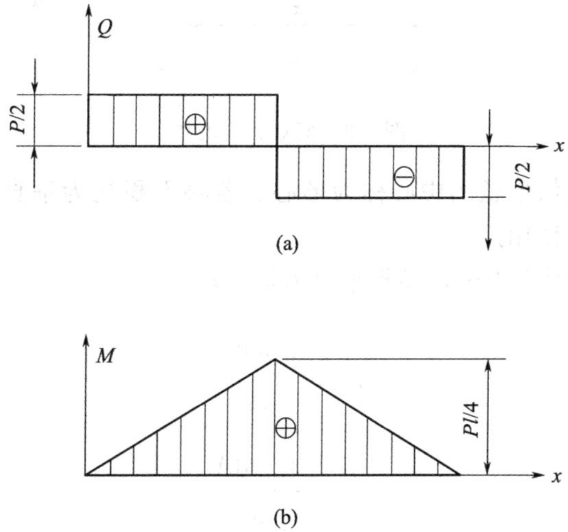

图 9-8　剪力图和弯矩图

9.3 弯曲应力

取一段只有弯矩而无剪力的梁，来研究弯曲应力（bending stress），即为纯弯曲。

（1）假设

① 平面假设：梁的所有横截面在变形过程中发生转动但仍保持为平面，并且和变形后的梁轴线垂直。

② 互不挤压假设：梁的所有轴线平行的纵向纤维都是轴向拉伸或压缩（即纵向纤维之间挤压）。

通过上述假设所计算出的结果具有足够的精度。

（2）平面图形几何性质

① 面矩、形心

面矩：ydA 为微面积 dA 对 x 轴的面矩，其他同理。如图 9-9 所示。

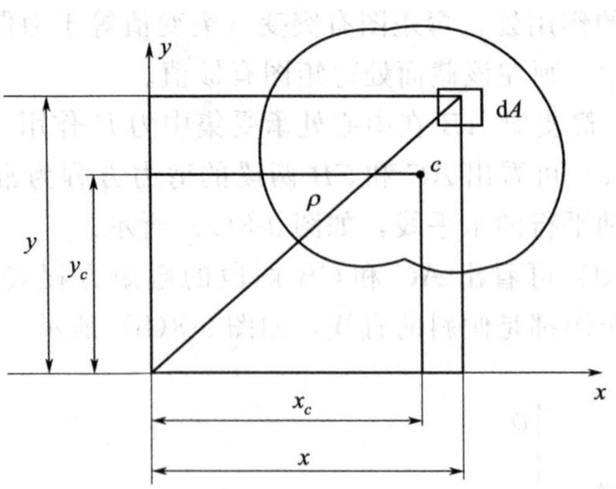

图 9-9　面矩、形心图

形心：图形几何形状的中心称为形心。若将面积视为垂直于图形平面的力，则形心即为合力的作用点。

设 x_c、y_c 为形心坐标，则根据合力矩定理

$$x_c=\frac{\int_A x\,\mathrm{d}A}{A}$$

$$y_c=\frac{\int_A y\,\mathrm{d}A}{A}$$

② 惯性矩　任意图形，以及给定的 xoy 坐标，定义下列积分

$$I_x=\int_A y^2\,\mathrm{d}A$$

$$I_y=\int_A x^2\,\mathrm{d}A$$

$$I_\rho=\int_A \rho^2\,\mathrm{d}A$$

分别为图形对于 x 轴、y 轴的截面二次轴矩或惯性矩及坐标原点 o 的极惯性矩。

常用截面参数如图 9-10 所示。

对于矩形截面：　$I_z=\frac{bh^3}{12}$

对于圆形截面：　$I_\rho=\frac{\pi d^4}{32}$

$$I_z=\frac{\pi d^4}{64}$$

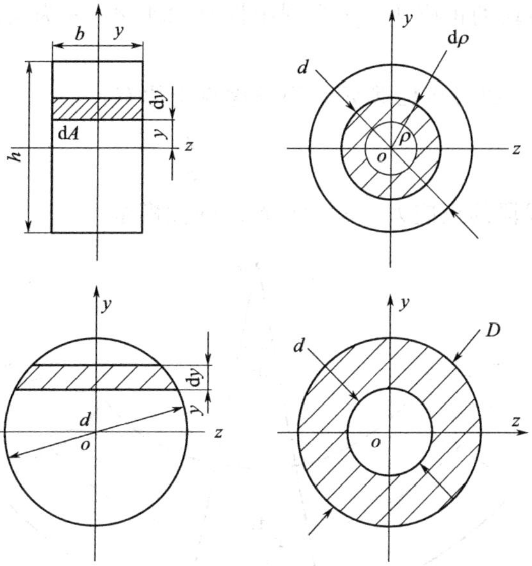

图 9-10 惯性矩

对于圆环截面：

$$I_{\rho}=\frac{\pi D^{4}}{32}\left(1-\frac{d^{4}}{D^{4}}\right)$$

$$I_{z}=\frac{\pi D^{4}}{64}\left(1-\frac{d^{4}}{D^{4}}\right)$$

(3) 弯曲应力

如图 9-11 所示。

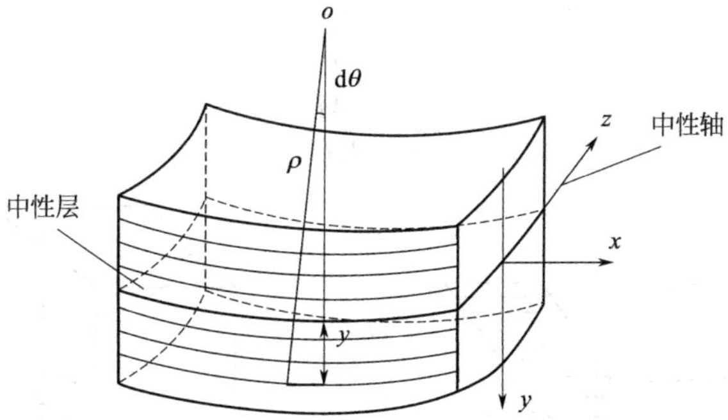

图 9-11 弯曲梁几何特性

中性层：纵向纤维，既不伸长也不缩短。

中性轴：中性层和横截面的交线。

① 几何方程

$$\varepsilon=\frac{(\rho+y)\mathrm{d}\theta-\rho\mathrm{d}\theta}{\rho\mathrm{d}\theta}=\frac{y}{\rho} \tag{9-4}$$

式中，ε 为线段的正应变；y 为到中性轴的距离；ρ 为梁的轴线弯曲后的曲率半径。

② 物理方程　如图 9-12 所示，根据虎克定律有：

$$\sigma = E\varepsilon = E\frac{y}{\rho} \tag{9-5}$$

式中，σ 为线段的正应力，E 为材料的弹性模量。

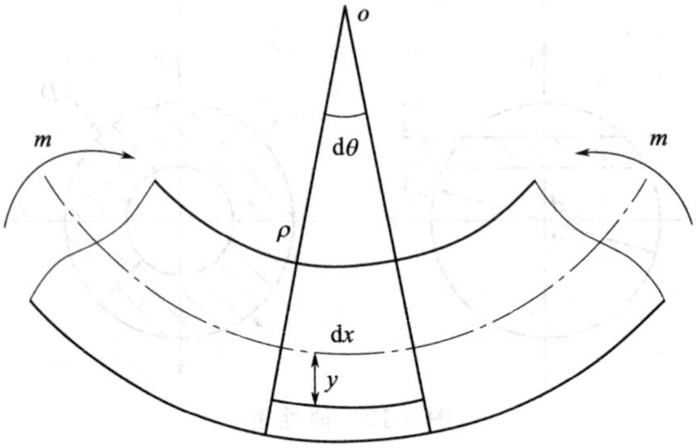

图 9-12　梁的弯曲

③ 弯曲应力　如图 9-13 所示，弯矩是由正应力对中性轴取矩而得到的，对于纯弯曲梁的正应力是中性轴对称并线性分布的，因此有：

$$M = \int_A \sigma \mathrm{d}A y = \int_A E\frac{y^2}{\rho}\mathrm{d}A = \frac{E}{\rho}\int_A y^2 \mathrm{d}A$$

$$M = \frac{EI_z}{\rho} \tag{9-6}$$

$$\frac{1}{\rho} = \frac{M}{EI_z} \tag{9-7}$$

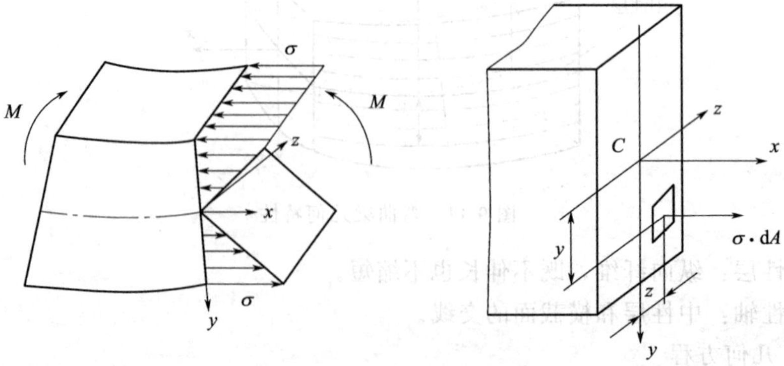

图 9-13　弯曲应力与弯矩关系

式中，$\frac{1}{\rho}$为中性层的曲率。

$$\sigma=E\varepsilon=Ey\frac{1}{\rho}=Ey\frac{M}{EI_z}=\frac{My}{I_z} \tag{9-8}$$

梁的最大正应力发生在最大弯矩截面的上、下边缘处，故

$$\sigma_{max}=\frac{M_{max}y_{max}}{I_z}=\frac{M_{max}}{\frac{I_z}{y_{max}}}=\frac{M_{max}}{W_z} \tag{9-9}$$

式中，W_z 为截面对于中性轴 z 的抗弯截面系数，是一个只取决于截面几何形状和尺寸的几何量。

(4) 弯曲强度条件

在梁的强度计算时，应先确定梁的危险截面和危险截面上的危险点。一般情况下，对于等截面直梁，其危险点在弯矩最大的截面上的上、下边缘处，即最大正应力所在处；对于短梁、截面靠近支座的梁以及薄壁截面梁，还要考虑其最大剪应力所在的部位。

正应力强度条件：

$$\sigma_{max}=\frac{M_{max}}{W_z}\leqslant[\sigma] \tag{9-10}$$

剪应力强度条件：

$$\tau_{max}\leqslant[\tau] \tag{9-11}$$

在设计梁的截面时，先按正应力强度条件计算，必要时再进行剪应力强度核校。

强度条件解决的三类问题：

① 强度核校。验算梁的强度是否满足强度条件，判断梁的工作是否安全。

② 设计截面。根据梁的最大载荷和材料的许用应力，确立梁截面的尺寸和形状，或选用合适的标准型钢。

③ 确立许用载荷。根据梁截面的形状和尺寸及许用应力，确立梁可承受的最大弯矩，再由弯矩和载荷的关系确立梁的许用载荷。

例如，如图 9-14 所示为一矩形截面梁，求其最大弯曲正应力。

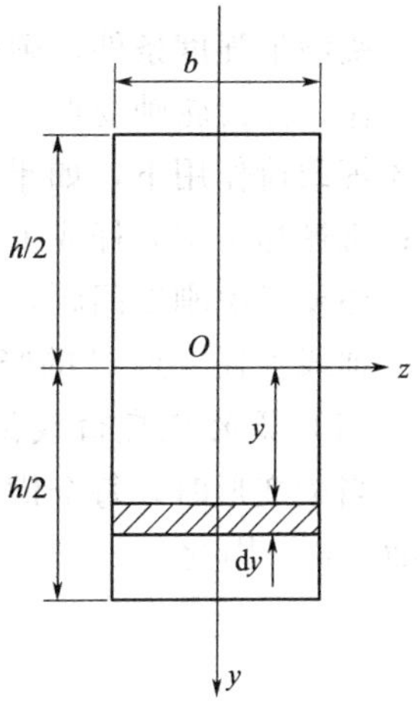

图 9-14 矩形截面梁

从弯矩图中可知，最大弯矩发生在梁的中心：

$$M_{max}=\frac{Pl}{4}$$

对于矩形截面梁 $I_z=\int_A y^2 \mathrm{d}A=\int_{-\frac{h}{2}}^{\frac{h}{2}} y^2(b\mathrm{d}y)=\frac{bh^3}{12}$

所以 $$W_z=\frac{I_z}{y_{\max}}=\frac{\frac{bh^3}{12}}{\frac{h}{2}}=\frac{bh^2}{6}$$

因此 $$\sigma_{\max}=\frac{M_{\max}}{W_z}=\frac{3}{2}\frac{Pl}{bh^2}$$

9.4 挠度

梁在横向作用力下发生弯曲变形，原为直线的轴线将弯曲成一条曲线，叫做挠曲线，如图 9-15 所示。轴线上任一点 c 的竖直位移 y 称为该点的挠度（deflection）。

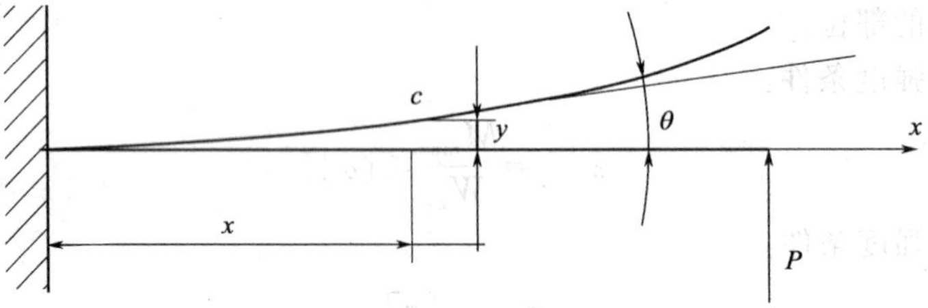

图 9-15 挠曲线

梁满足强度条件，则表明其能安全运行，但如果变形过大，也会影响设备正常工作，如齿轮轴变形过大，会使齿轮不能正常啮合，产生振动和噪声，塔设备在风等载荷作用下，如果挠度过大，塔盘倾斜，塔设备不能按要求进行传质传热；机械加工中刀杆或工件变形过大会导致较大制造误差。所以在满足强度条件时，还要考虑刚度问题，控制变形在一定的范围内。

轴线上任一点 C 的竖直位移 y 称为该点的挠度。

(1) 梁的挠度曲线微分方程

当梁变形时，每个横截面将转动一个角度 θ，叫做截面转角。θ 很小，$\theta\approx\tan\theta=y'$，因此

$$K=\frac{y''}{(1+y'^2)^{\frac{3}{2}}}=\frac{1}{\rho}$$

当 $y'\approx0$ 时，$\frac{1}{\rho}=y''$，$y''=\frac{M}{EI}$

挠曲线的微分方程式为：

$$EIy''=M \tag{9-12}$$

从此式解出 $y=f(x)$，表明全梁各截面的挠度值，函数 $y=f(x)$ 称为挠曲线方程。

因转角 θ 很小，因此 $\theta\approx\tan\theta=y'$ 称为转角方程。

如图 9-4 所示，其两侧弯矩为：

$$M_1=\frac{P}{2}x_1$$

$$M_2=\frac{P}{2}(l-x_2)$$

因此挠曲线微分方程为： $EIy''=M_1=\frac{P}{2}x_1$

AC 段： $EIy'=\frac{P}{4}x_1^2+C_1$

$$EIy=\frac{P}{12}x_1^3+C_1x_1+D_1$$

根据边界条件：当 $x_1=0$ 时，$y=0$（端点无位移）；则 $x_1=l/2$ 时，$y'=0$（由于对称性，在中心是驻点，切线为一水平线），故有 $D_1=0$。

$$0=\frac{P}{4}\left(\frac{l}{2}\right)^2+C_1$$

$$C_1=-\frac{Pl^2}{16}$$

由于对称性，C 点两侧挠曲线应一致，因此有：

$$EIy=\frac{P}{12}x^3-\frac{Pl^2}{16}x$$

挠曲线方程为： $EIy'=\frac{P}{4}x^2-\frac{Pl^2}{16}$

转角为： $\theta=y'=\frac{P}{4EI}x^2-\frac{Pl^2}{16EI}$

最大挠度：令 $y'=0$，则

$$x=\frac{l}{2},y_{\max}=-\frac{Pl^3}{48EI}$$

最大转角：令 $y''=0$，则

$$x=0,\theta=y'=-\frac{Pl^2}{16EI}$$

(2) 梁的刚度条件

$$y_{\max}\leqslant[y] \tag{9-13}$$

或

$$\theta_{max} \leqslant [\theta] \quad (9\text{-}14)$$

式中，[y] 为许用挠度；[θ] 为许用转角。根据不同工程规范和特殊工程要求确定。

（3）叠加法求梁的变形

在小变形条件下，材料服从胡克定律，内力（Q、M）与外力（q、P、M）成线性关系，挠曲线微分方程 $EIy''=M$ 为线性微分方程，说明梁在几个载荷同时作用下，每一载荷的影响是独立的。因此，梁在几个载荷共同作用下产生的变形等于各个载荷分别作用时产生变形的代数和。

叠加原理：几何载荷共同作用的变形＝各个载荷单独作用的变形之和。

9.5 提高梁的强度和刚度的措施

根据 $\sigma_{max}=\dfrac{M_{max}}{W_z}$ 和 $EIy''=M$ 可知等直梁上的最大弯曲正应力 σ_{max} 和梁上的最大弯矩 M_{max} 成正比，和抗弯截面系数 W_z 成反比。梁的变形和梁的跨度 l 的高次方成正比，和梁的抗弯刚度 EI_z 成反比。因此提高梁的强度和刚度应从以下几个方面采取措施。

（1）合理安排梁的支承

当梁的尺寸和截面形状确定后，合理安排梁的支承或增加约束，可以缩小梁的跨度，降低梁上的最大弯矩。

例：剪支梁受均布载荷，图 9-16 所示，若将两端的支座均向内移动 0.2L，则最大弯矩只有原来最大弯矩的 1/5。

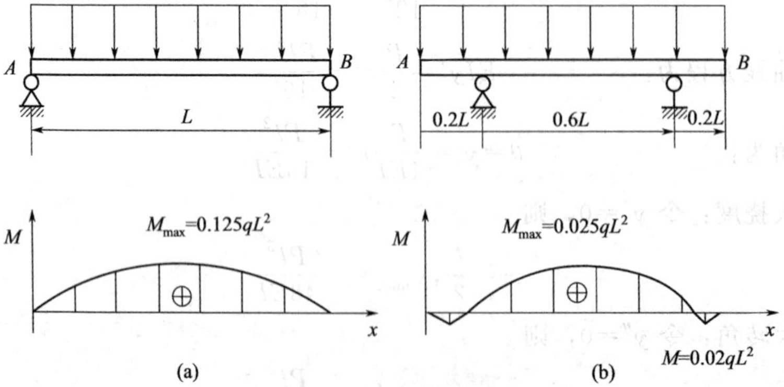

图 9-16 简支梁受载图

（2）选择梁的合理截面

梁的抗弯截面系数 W_z 与截面的面积形状有关，在满足 W_z 的情况下选择适当的截面形状，使其面积减小，可达到节约材料、减轻自重的目的。

由于横截面上的正应力和各点到中性轴的距离成正比，靠近中性轴的材料正应力较小，未能充分发挥其潜力，故将靠近中性轴的材料移至界面边缘，使 W_z 增大。因此使用工字钢和槽钢制成的梁的截面较为合理。

(3) 合理布置载荷

将集中力变为分布力将减小最大弯矩的值，如图 9-17 所示。

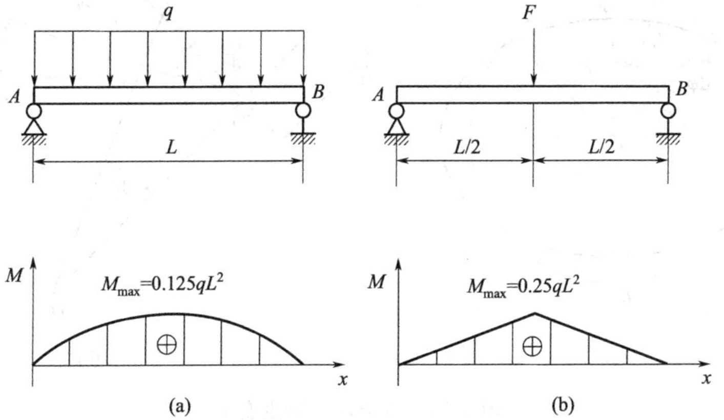

图 9-17 简支梁受载图

9.6 圆环的挠曲线微分方程

实验和精确的理论分析证明，即使是曲率比较大的曲杆，当求其在外力作用下发生的变形时，多数情况下都可以只考虑弯矩，而略去轴力和剪力对变形的影响。一般用能量法计算比较方便，这将在以后课程中介绍。

这里只讨论薄圆环（即环的径向尺寸 h 比环半径 R 小得多）弯曲时的挠曲线微分方程。积分这个方程，可以求出圆环弯曲时的挠曲线。

设中心线半径为 R 的薄圆环［图 9-18(a) 中虚线所示］，在弯曲后变成扁圆，环上距 AO 为 φ 角的任意点，由于径向位移 u 而移动到 m_1，即 $u=mm_1$。同理，相邻的 n 点也将移动到 n_1 点。mm_1 与 nn_1 的夹角为 $d\varphi$。这里我们假设 u 以向心移动为正。

现将这微段变形放大画出［图 9-18(b)］，由图可知，变形前微段圆弧 mn 的弧长为：

$$ds=R\,d\varphi \tag{a}$$

其曲率

$$\frac{d\varphi}{ds}=\frac{1}{R} \tag{b}$$

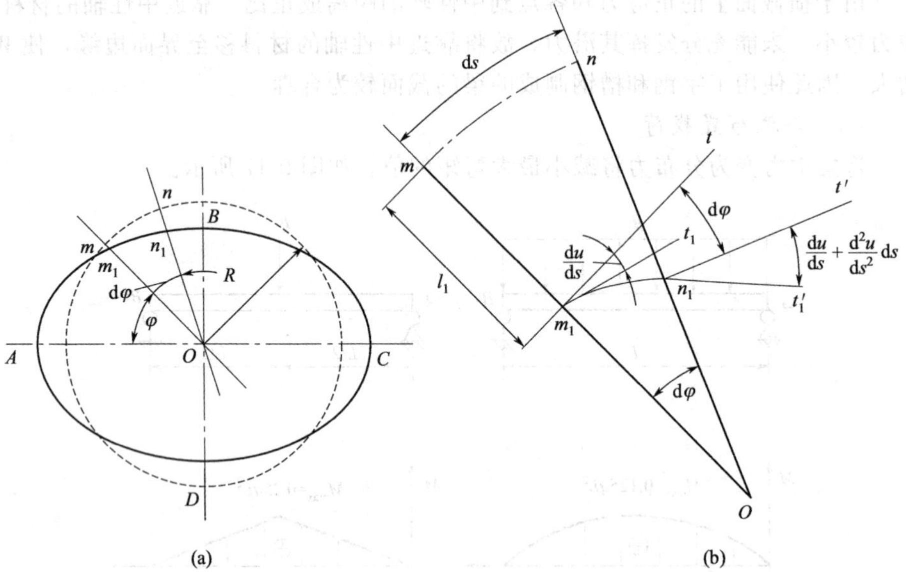

图 9-18 薄圆环及微段变形

在变形后，微段 mn 变到 m_1n_1 位置，圆弧 ds 将有一增量 $\delta(ds)$，即 $m_1n_1=ds+\delta(ds)$。在 m_1 点和 n_1 点分别作出 m_1n_1 的切线 m_1t_1 和 n_1t_1'。再在 m_1 点作 $m_1t\perp m_1m$，在 n_1 点作 $n_1t'\perp n_1n$，这样 m_1t 和 n_1t' 分别与 mn 在 m 点和 n 点的切线平行。变形前 mn 在点 m 和点 n 的切线的夹角为 $d\varphi$，即是 m_1t 和 n_1t' 的夹角，如图 9-18(b) 中所示。变形后 m_1n_1 在点 m_1 和点 n_1 切线的夹角，即是 m_1t_1 和 n_1t_1' 的夹角，此夹角可设为 $d\varphi+\delta(d\varphi)$。这样变形后的曲率是：

$$\frac{1}{R}=\frac{d\varphi+\delta(d\varphi)}{ds+\delta(ds)} \tag{c}$$

在小变形情况下：

$$\begin{aligned}\delta(ds)&=m_1n_1-mn\\&=(R-u)d\varphi-Rd\varphi=-u\,d\varphi\\&=-u\,\frac{ds}{R}\end{aligned} \tag{d}$$

又 m_1t_1 与 m_1t 的夹角即 m 处横截面在变形过程中的转角，故此角是 du/ds，同理 n_1t_1' 与 n_1t' 的夹角即是 n 处横截面的转角，此转角等于 $\frac{du}{ds}+\frac{d}{ds}\left(\frac{du}{ds}\right)ds$。于是由 m 截面到 n 截面，转角改变量是：

$$\delta(d\varphi)=\left(\frac{du}{ds}+\frac{d^2u}{ds^2}ds\right)-\frac{du}{ds}$$

即

$$\delta(d\varphi)=\frac{d^2u}{ds^2}ds \tag{e}$$

将式(d)、式(e) 代入式(c)，得

$$\frac{1}{R'}=\frac{\mathrm{d}\varphi+\frac{\mathrm{d}^2u}{\mathrm{d}s^2}\mathrm{d}s}{\mathrm{d}s-u\frac{\mathrm{d}s}{R}}=\frac{\mathrm{d}\varphi+\frac{\mathrm{d}^2u}{\mathrm{d}s^2}\mathrm{d}s}{\mathrm{d}s\left(1-\frac{u}{R}\right)}=\frac{\frac{\mathrm{d}\varphi}{\mathrm{d}s}+\frac{\mathrm{d}^2u}{\mathrm{d}s^2}}{1-\frac{u}{R}}$$

注意到：

$$\frac{1}{1-\frac{u}{R}}=1+\frac{u}{R}+\frac{u^2}{R^2}+\cdots$$

略去此展开式中 u^2/R^2 以后的高阶微量，则

$$\frac{1}{R'}=\left(\frac{\mathrm{d}\varphi}{\mathrm{d}s}+\frac{\mathrm{d}^2u}{\mathrm{d}s^2}\right)\left(1+\frac{u}{R}\right)$$

将式(b) 代入上式，得

$$\frac{1}{R'}=\left(\frac{1}{R}+\frac{\mathrm{d}^2u}{\mathrm{d}s^2}\right)\left(1+\frac{u}{R}\right)$$

$$=\frac{1}{R}+\frac{u}{R^2}+\frac{\mathrm{d}^2u}{\mathrm{d}s^2}+\frac{\mathrm{d}^2u}{\mathrm{d}s^2}\times\frac{u}{R}$$

上式右方第四项和其他项比为高阶小量，可略去，最后得到

$$\frac{1}{R'}-\frac{1}{R}=\frac{u}{R^2}+\frac{d^2u}{\mathrm{d}s^2} \tag{f}$$

所以，得到

$$\frac{\delta(\mathrm{d}\varphi)}{\mathrm{d}s}=\frac{M}{ES_zR} \tag{g}$$

式中，S_z 表示平面图形对该轴的静矩，有时候又称为截面面积矩，简称面矩。

$$S_z=\int_A\frac{y^2\mathrm{d}A}{\rho}$$

对于薄圆环，$R\gg h$，所以中性层曲率半径 $r\approx R$。

所以 $$RS_z=R\int_A\frac{y^2\mathrm{d}A}{\rho}=R\int_A\frac{y^2\mathrm{d}A}{r+y}\approx R\int_A\frac{y^2\mathrm{d}A}{R+y}$$

由于薄圆环 $h\ll R$，故 $y\ll R$，$R+y\approx R$，上式写成：

$$RS_z\approx\int_A y^2\mathrm{d}A=I$$

式(g) 变成：

$$\frac{\delta(\mathrm{d}\varphi)}{\mathrm{d}s}=\frac{M}{EI} \tag{9-15}$$

而按定义$\frac{\delta\ (\mathrm{d}\varphi)}{\mathrm{d}s}$即为曲率改变量$\left(\frac{1}{R'}-\frac{1}{R}\right)$。我们曾规定，使曲率增加的 M

为正弯矩，故得到：

$$\frac{1}{R'}-\frac{1}{R}=\frac{M}{EI} \tag{h}$$

将式(h) 代入式(f)，得：

$$\frac{u}{R^2}+\frac{\mathrm{d}^2u}{\mathrm{d}\varphi^2}=\frac{M}{EI} \tag{9-16a}$$

注意到 $R\mathrm{d}\varphi=\mathrm{d}s$，上式可改写为：

$$u+\frac{\mathrm{d}^2u}{\mathrm{d}\varphi^2}=\frac{MR^2}{EI} \tag{9-16b}$$

这就是薄圆环的挠曲线微分方程。式中，u 为薄圆环中心线的径向位移；R 为薄圆环形心轴半径；M 为弯矩；E 为材料弹性模量；I 是圆环径向截面对其中性轴 z（即形心轴，因薄圆环的 $r\approx R$）的惯性矩。

在以后其他课程里的外压容器计算中将要用到此知识。

工程实践例题与简解

例 9-1 桥式起重机是横架于车间、仓库和料场上空进行物料吊运的起重设备。它的两端坐落在高大的水泥柱或者金属支架上，形状似桥。桥式起重机的桥架沿铺设在两侧高架上的轨道纵向运行，可以充分利用桥架下面的空间吊运物料，不受地面设备的阻碍［图 9-19(a)］。它是使用范围最广、数量最多的一种起

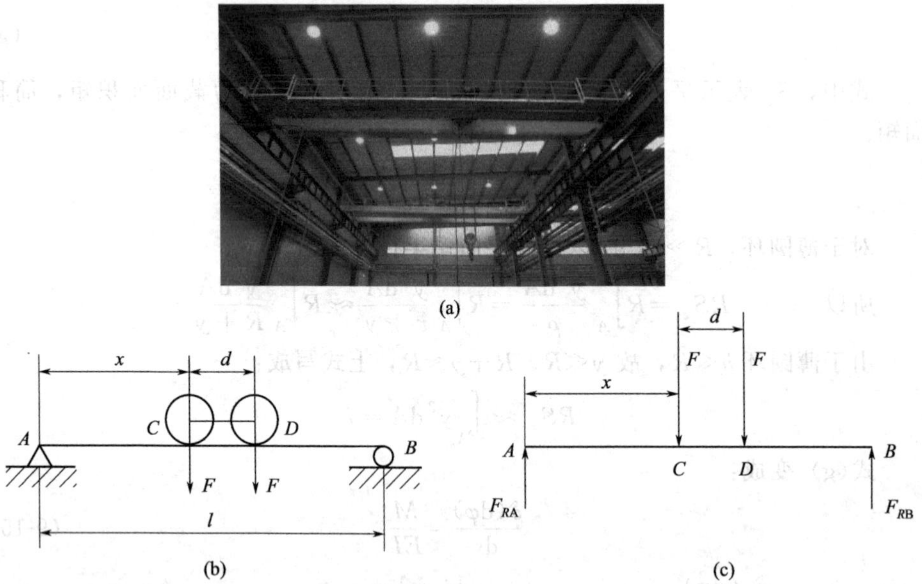

图 9-19　例 9-1 图

重机械。桥式起重机是压力容器制造企业中必备的运输设备，比如压力容器在车间之间的运输。如图 9-19(b) 所示，桥式起重机大梁上的小车的每个轮子对大梁的压力均为 F，试问小车在什么位置时梁内的弯矩为最大？其最大弯矩等于多少？最大弯矩的作用截面在何处？(设小车的轮距为 d，大梁的跨度为 l)。

解： 取大梁为研究对象，做受力图，如图 9-19(c) 所示，根据平衡条件有：

$$\sum M_{\mathrm{A}}=0, F_{RB}l-Fx-F(x+d)=0$$

所以
$$F_{RB}=\frac{F(2x+d)}{l}$$

$$\sum F_y=0, F_{RA}+F_{RB}=2F$$

所以
$$F_{RA}=\frac{F(2l-d-2x)}{l}$$

AC 段的弯矩方程：

$$M(x)=\frac{F(2l-d-2x)}{l}x$$

$M(x)$ 取极值的条件是其一阶导数等于零，即：

$$\frac{\mathrm{d}M}{\mathrm{d}x}=0, 2l-d-4x=0, x=\frac{2l-d}{4}$$

AC 段最大弯矩在左轮着力点 C 处，其大小为：

$$M_{\mathrm{Cmax}}=\frac{F}{2}(l-d)+\frac{Fd^2}{8l}$$

此时 BD 段的最大弯矩产生在右轮着力点 D 处，其大小为：

$$M_{\mathrm{Dmax}}=\frac{F(2x+d)}{l}(l-x-d)=\frac{F}{2}(l-d)-\frac{3Fd^2}{8l}$$

将以上左右两轮着力点处的 $M_{\max}$ 相比较，可知梁在左轮着力点 C 处截面上弯矩最大。因为结构对称，若右轮的着力点与右支座的距离等同于前一种情况下左轮距左支座的距离，那么最大弯矩将产生在右轮着力点处。其数值和前一种情况的 $M_{\max}$ 相等。

例 9-2 如图 9-20(a) 所示，桥式起重机大梁 AB 的跨度 $l=16\text{m}$，原设计最大起重量为 110kN。在大梁上距 B 端为 x 的 C 点悬挂一根钢索，绕过装在重物上的滑轮，将另一端再挂在吊车的吊钩上，使吊车驶到与 C 对称的位置 D。这样就可以吊运 150kN 的重物。试问 x 的最大值等于多少？设只考虑大梁的正应力强度。

解： 吊重 110kN 和 150kN 时梁的受力图分别如图 9-20(b) 和图 9-20(c) 所示，图 9-20(b) 中，危险截面在梁的跨度中点处，其上的弯矩 $M_1=\frac{Fl}{4}(\text{kN}\cdot\text{m})$，危险点的应力

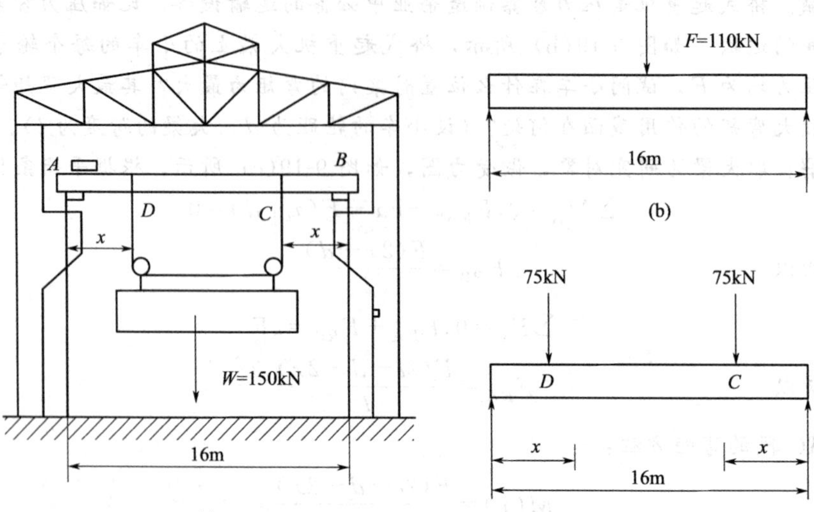

图 9-20　例 9-2 图

$$\sigma_1=\frac{M_1}{W}=\frac{(110\times16)/4}{W}=\frac{Fl/4}{W}=\frac{440}{W}$$

图 9-20(c) 中，危险截面在 C、D 处，其上的弯矩为 $M_2=75x$（kN・m），危险点的应力：

$$\sigma_2=\frac{M_2}{W}=\frac{75x}{W}$$

根据强度条件，原设计吊重为 110kN 时，梁内最大应力 σ_1 已达到许用应力，所以为了能安全工作，应有：

$$\sigma_2\leqslant\sigma_1$$

$$\frac{75x}{W}\leqslant\frac{440}{W}$$

x 的最大值为：　$x\leqslant\frac{440}{75}\text{m}=5.87\text{m}$

例 9-3　机加工是机械加工的简称，是指通过机械精确加工去除材料的加工工艺。机加工是压力容器行业制造中的关键工序。机加工设备包括车床、铣床、磨床等。钢板加工坡口、换热器管板的加工都需要车床进行加工。若车刀在切削工件时，受到 $F=1$kN 的切削力作用。尺寸如图 9-21 所示，试求车刀内的最大弯曲应力。

解： 最大弯曲应力可能产生在 m-m 截面，也可能产生在 n-n 截面，虽然 m-m 截面上的弯矩比 n-n 截面小，但它的抗弯截面系数也比 n-n 截面的小，所以两个截面上的最大应力都应当求出，并加以比较，方可决定车刀内的最大弯曲应力。

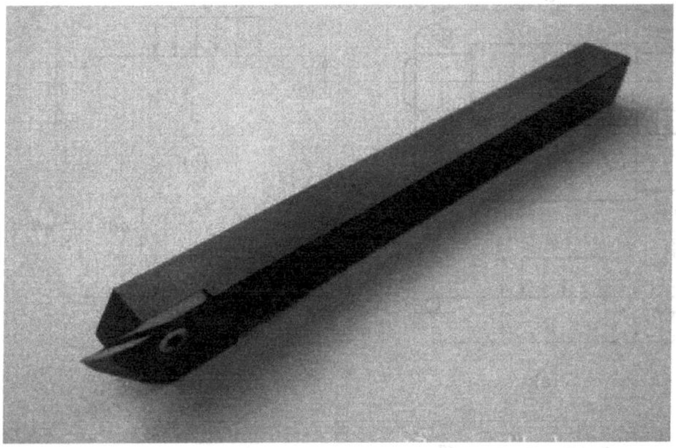

(a)

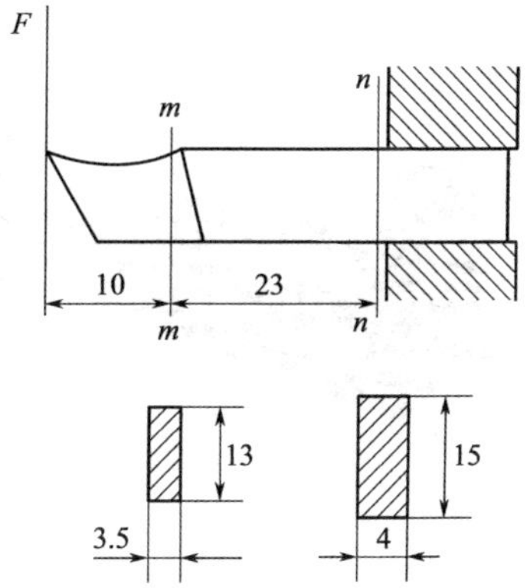

(b)

图 9-21 例 9-3 图

m-m 截面：

$$W_1=\frac{1}{6}bh^2=\frac{1}{6}\times 3.5\times 13^2\,\text{mm}^3=98.58\text{mm}^3$$

$$M_1=1\times 10\text{kN}\cdot\text{mm}=10\text{N}\cdot\text{m}$$

$$\sigma_1=\frac{M_1}{W_1}=\frac{10\times 10^3}{98.58}\text{MPa}=101.44\text{MPa}$$

n-n 截面：

$$W_2=\frac{1}{6}bh^2=\frac{1}{6}\times 4\times 15^2\,\text{mm}^3=150\text{mm}^3$$

$$M_2=1\times 33\text{kN}\cdot\text{mm}=33\text{N}\cdot\text{m}$$

$$\sigma_2=\frac{M_2}{W_2}=\frac{33\times 10^3}{150}\text{MPa}=220\text{MPa}$$

所以车刀内最大弯曲应力为 $\sigma_{\max}=220\text{MPa}$

例 9-4 卷板机是对板材进行连续点弯曲的塑形机床，具有卷制 O 型、U 型、多段 R 型等不同形状板材的功能。压力容器行业中的大部分筒体和大直径的接管均是由卷板机卷制而成的。如图 9-22(a) 所示轧辊轴直径 $D=280\text{mm}$，跨长 $L=1000\text{mm}$，$l=450\text{mm}$，$b=100\text{mm}$。轧辊材料的弯曲许用应力 $[\sigma]=100\text{MPa}$。求轧辊能承受的最大轧制力。

解： 根据平衡条件求出轧辊轴的支承反力，如图 9-22(b) 所示，画弯矩如图 9-22(c) 所示，最大弯矩：

$$M_{\max}=\frac{qb}{2}\times\frac{L}{2}-\frac{1}{2}q\left(\frac{b}{2}\right)^2=\frac{1}{4}qbL-\frac{1}{8}qb^2$$

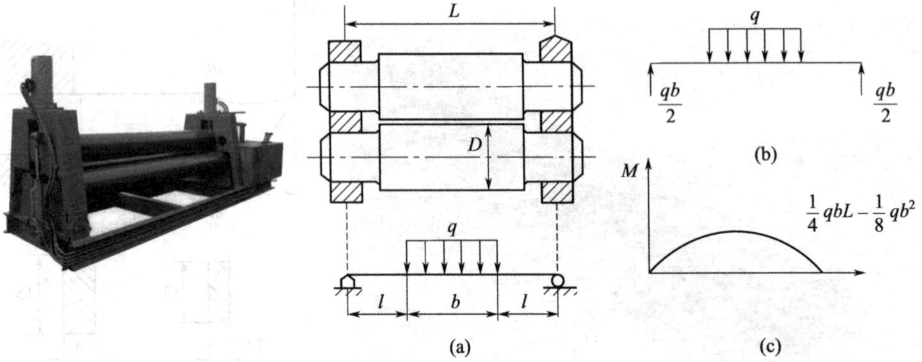

图 9-22 例 9-4 图

由强度条件可确定许用载荷集度：

$$\sigma_{\max}=\frac{M_{\max}}{W}=q\left(\frac{1}{4}bL-\frac{1}{8}b^{2}\right)\Big/\left(\frac{\pi}{32}\right)D^{3}\leqslant[\sigma]$$

$$q\leqslant\frac{[\sigma]\frac{\pi}{32}D^{3}}{\frac{1}{4}bL-\frac{1}{8}b^{2}}=\frac{100\times10^{4}\times\frac{\pi}{32}\times0.28^{3}}{\frac{1}{4}\times0.1\times1-\frac{1}{8}\times0.1^{2}}\mathrm{N/m}=9070\mathrm{kN/m}$$

最大轧制力： $F=qb=9070\times0.1=907\ (\mathrm{kN})$

例 9-5 压力容器上常有外部盘管的结构，即在容器外部紧紧缠绕若干圈钢管，在盘管内部通入高温或低温介质，来保证容器内部的保温效果。如图 9-23 所示，若把直径 $d=50\mathrm{mm}$ 的钢管绕在直径为 2.5m 的容器筒体上，试计算该钢管中产生的最大应力，设 $E=200\mathrm{GPa}$。

图 9-23 例 9-5 图

解： 把钢管绕到筒体上后，钢管内的弯矩 M 和中性层曲率之间的关系是

$$\frac{1}{\rho}=\frac{M}{EI}$$

因此弯矩和曲率半径之间的关系为：

$$M=\frac{EI}{\rho}$$

由弯曲正应力公式得： $\sigma_{max}=\frac{My_{max}}{I}=\frac{Ey_{max}}{\rho}$

钢管绕在直径为 D 的筒体上后产生弯曲变形，其中性层的曲率半径：

$$\rho=\frac{D+d}{2}\approx\frac{D}{2}\quad（因 D\gg d）$$

将 $y_{max}=d/2$ 代入最大应力表达式中得：

$$\sigma_{max}=\frac{Ed/2}{D/2}=\frac{200\times10^{9}\times50\times10^{-3}/2}{2.5/2}\text{Pa}=4000\text{MPa}$$

例 9-6 压力容器接管就是安装在压力容器封头或者筒体、夹套上的管子，作用是进料、出料、进气、排气等作用。最常用的可拆的连接接管的就是管法兰，由法兰、螺栓、垫片和被连接的两部分壳体组成。如图 9-24(a)、(b) 所示某压力容器，采用接管及法兰连接，已知接管质量 2.4kg，法兰质量 4.0kg。

求：(1) 写出 AB 杆的剪力方程和弯矩方程。

(2) AB 接管法兰的剪力图 Q 弯矩图 M。

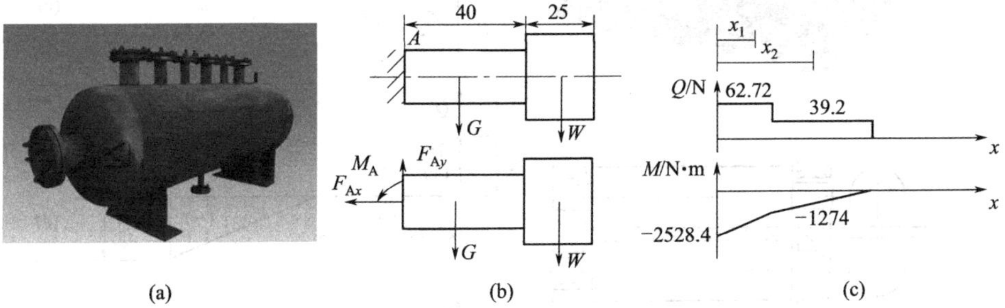

图 9-24 例 9-6 图

解：(1) 受力分析

$$G=2.4\times9.8=23.52\ (\text{N})$$

$$W=4\times9.8=39.2\ (\text{N})$$

$\sum F_x=0$，所以 $F_{Ax}=0$

$$\sum F_y=0，F_{Ay}-G-W=0$$

所以 $$F_{Ay}=62.72\text{N}$$

$\sum M_A(F)=0, M_A-G\times20-W\times52.5=0$，所以 $M_A=2528.4\text{N}\cdot\text{mm}$

(2) 剪力方程

$$Q_1(x)=F_{Ay}=62.72 \quad (0\leqslant x_1\leqslant 20)$$

$$Q_2(x)=W=39.2 \quad (20\leqslant x\leqslant 52.5)$$

弯矩方程 $M_1(x)=F_{Ay}x_1-M_A=62.72x_1-2528.4 \quad (0\leqslant x_1\leqslant 20)$

$$M_2(x)=-W(52.5-x_2)=39.2x_2-2058(20\leqslant x_2\leqslant 52.5)$$

(3) 画 Q、M 图

如图 9-24(c) 所示。

例 9-7 板料校平机是由多个单片梁组成，每根上辊分别安装在单片梁上，中间装有支承辊，每个单片梁有一套传动装置和数显装置，可任意调节相对位置，还能进行 V 形排布，便于高强度钢板矫平，特别是高强度板变形大时，更有利于解决板料矫平机进料困难的问题。图 9-25(a) 所示为一钢板校平机的示意图。其轧辊可简化为一简支梁，工作时所受压力可近似地简化为作用于全梁的均布载荷 q [图 9-25(b)]，试作梁的剪力图和弯矩图。

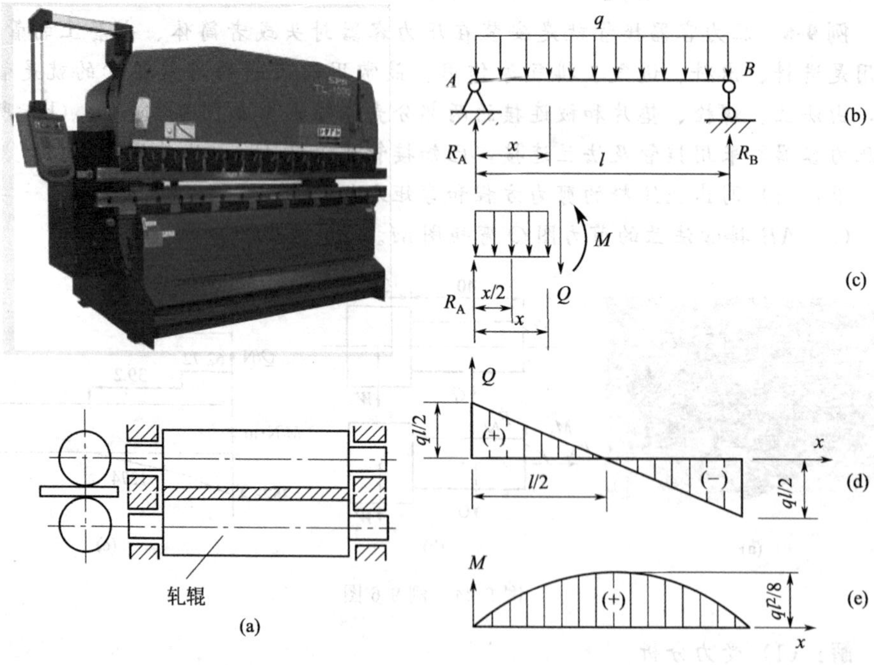

图 9-25 例 9-7 图

解：对于简支梁，必须首先计算支反力。在本例中，梁 AB 在均布载荷 q 的作用下，其合力是 ql，由梁和载荷的对称关系可知：$R_A=R_B=\frac{1}{2}ql$。

如图 9-25(c) 所示，任取距左端 A 为 x 处的横截面，当 $0\leqslant x\leqslant l$ 时，则由此可列出梁的剪力和弯矩方程：

$$Q=R_A-qx=\frac{q}{2}l-qx \tag{a}$$

$$M=R_A x-qx\frac{x}{2}=\frac{1}{2}qlx-\frac{1}{2}qx^2 \tag{b}$$

由式(a) 知，剪力图为一斜直线，确定两点：$x=0$ 处，$Q=\frac{1}{2}ql$；$x=l$ 处，$Q=-\frac{1}{2}ql$，即可绘出剪力图［图 9-25(d)］。Q 图在梁跨中点经过横坐标轴，在此截面 Q 值为零。

由式(b) 知，M 是 x 的二次函数，因此弯矩图为一抛物线，至少应由三点（包括顶点）来确定。梁端处（即 $x=0$ 及 $x=l$ 时）的弯矩均为零，由于载荷对称，抛物线顶点必在跨度中点，此时以 $x=\frac{l}{2}$ 代入式(b) 即得 $M_{max}=\frac{ql^2}{8}$，由以上三点的坐标即可绘出弯矩图［图 9-25(e)］。

例 9-8 锥齿轮减速机是斜齿轮减速机中的一种类型，是各种反应釜专用的减速机，其齿轮为硬齿面，具有承载能力大、噪声低、寿命长、效率高、运转平稳等特点，整机性能远优于摆线针轮减速机和蜗轮蜗杆减速机，已广泛地得到了用户的认可和应用。装有圆锥齿轮的传动轴如图 9-26(a) 所示，可简化为简支梁

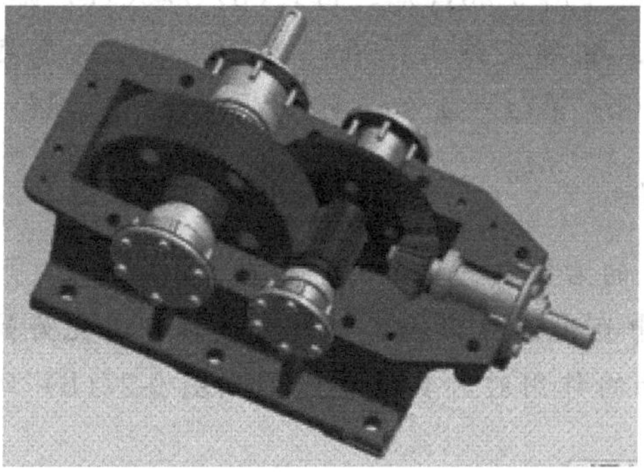

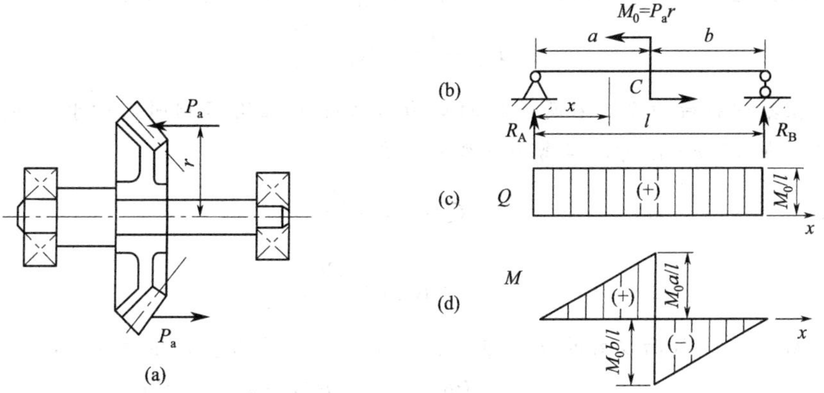

图 9-26 例 9-8 图

如图 9-26(b) 所示。当仅考虑齿轮上的轴向力 P_a 对轴的力偶矩 $M_0=P_a r$ 时，试作轴的剪力图和弯矩图。

解： 先由平衡方程$\sum M_B=0$ 和$\sum M_A=0$ 分别算得支反力为

$$R_A=M_0/l, R_B=-M_0/l$$

因整个梁的载荷仅为一力偶，故全梁只有一个剪力方程。取距左端为 x 的任意剪力来分析，当 $0\leqslant x\leqslant l$ 时：

$$Q=R_A=\frac{M_0}{l} \tag{a}$$

在集中力偶 M_0 的左、右边两段梁的弯矩方程式将不相同，须分段列出。

AC 段上，即

$$0\leqslant x\leqslant a \text{ 时}, M=R_A x=\frac{M_0}{l}x \tag{b}$$

CB 段上，即

$$a\leqslant x\leqslant l \text{ 时}, M=R_A x-M_0=\frac{M_0}{l}x-M_0 \tag{c}$$

由式(a) 知，剪力图为一水平直线图［图 9-26(c)］。由式(b) 和式(c) 知，AC 和 CB 两段梁的弯矩皆为斜直线，只要确定线上两点，就可以确定这条直线。梁端处的弯矩均为零。另外根据式(b) 在 $x=a$ 处（即 c 截面左侧），$M=\frac{M_0}{l}a$。根据式(c)，当 $x=(l-b)$ 时 $M=-\frac{M_0}{l}b$，由此可绘出弯矩图如图 9-26 (d) 所示。$b>a$ 时，在集中力偶作用处的右侧截面上的弯矩值最大。

例 9-9 图 9-27(a) 所示为例 9-8 中直齿圆柱齿轮传动轴。该轴可简化为简支梁，当仅考虑齿轮上的径向力 P 对轴的作用时，其计算简图如图 9-27(b) 所示。试作轴的剪力图和弯矩图。

解： 先由平衡方程式$\sum M_B=0$ 和$\sum M_A=0$ 分别求得支反力为

$$R_A=\frac{Pb}{l} \quad R_B=\frac{Pa}{l}$$

在集中载荷的左、右两段梁的剪力和弯矩方程均不相同。对于 C 截面以左的梁，即 $0\leqslant x\leqslant a$ 时，其剪力和弯矩方程为：

$$Q=R_A=\frac{Pb}{l} \tag{a}$$

$$M=R_A x=\frac{Pb}{l}x \tag{b}$$

而对于 C 截面以右的梁，即 $a\leqslant x\leqslant l$ 时，其剪力、弯矩方程为：

$$Q=R_A-P=\frac{Pb}{l}-P=-\frac{P(l-b)}{l}=-\frac{Pa}{l} \tag{c}$$

$$M=R_Ax-P(x-a)=\frac{Pa}{l}(l-x) \quad \text{(d)}$$

根据式(a)、式(c)，可绘出剪力图［图 9-27(c)］；而根据式(b)、式(d)，则可绘出弯矩图［图 9-27(d)］。

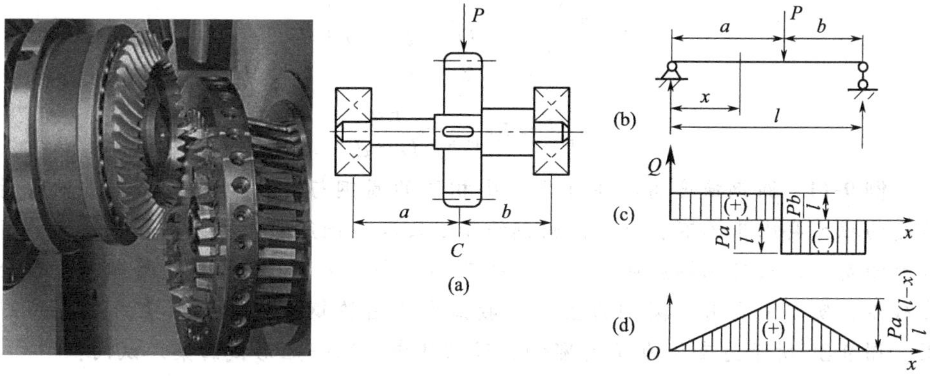

图 9-27 例 9-9 图

由图 9-27 可见，当 $b>a$ 时，在 AC 段梁的任意横截面的剪力值为最大，即 $Q_{\max}=\frac{Pb}{l}$，而集中载荷作用处的横截面上其弯矩值为最大，即 $M_{\max}=\frac{Pab}{l}$。

例 9-10 在板式塔的安装和检修中，塔盘吊装采用滑轮和吊篮进行，按照每个塔盘需用计划由下至上的顺序依次吊装，吊装上去的塔盘直接到人孔位置送入塔内。使用滑轮时，轴的位置固定不动的滑轮称为定滑轮。起重机滑轮组是吊钩组配合工作的固定滑轮，固定于结构上，由若干个定滑轮和动滑轮组合而成，它既可以省力又可以改变力作用方向。如图 9-28 所示，现有直径为 d 的金属丝，

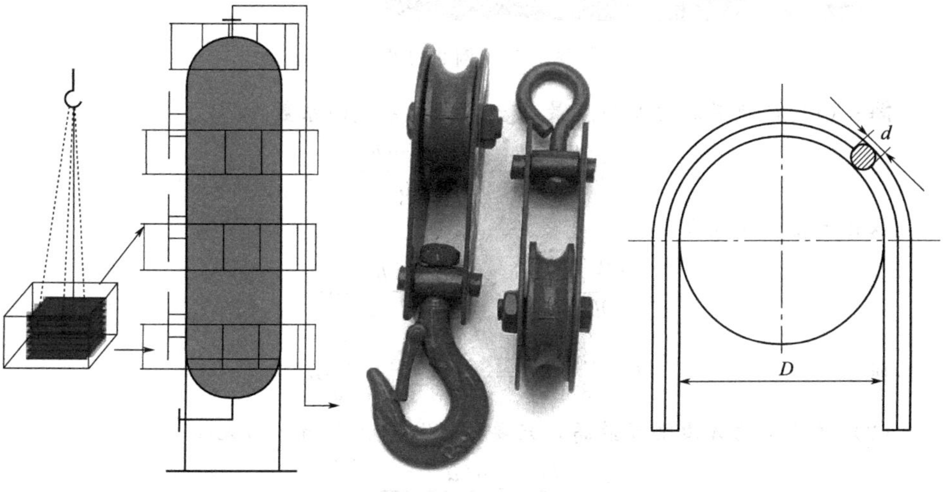

图 9-28 例 9-10 图

环绕在直径为 D 的滑轮上。已知材料的弹性模量为 E。试求金属丝内的最大正应变与最大正应力。

解：

$$\varepsilon_{max}=\frac{y_{max}}{\rho}=\frac{\frac{d}{2}}{\frac{D}{2}+\frac{d}{2}}=\frac{d}{D+d}$$

$$\sigma_{max}=E\varepsilon_{max}=\frac{Ed}{D+d}$$

例 9-11 圆钢强度高，即直径大小相同的圆钢与其他钢筋相比，圆钢所能承受的拉力要比其他钢筋小，但圆钢的塑性比其他钢筋强，即圆钢在被拉断前有较大的变形，而其他钢筋在被拉断前的变形要小得多。20CrMnTi 圆钢属于合金渗碳钢，实践中应用以圆钢为主，一般归类为齿轮钢，模具加工生产中也有应用。图 9-29 所示为直径为 d 的圆钢，现需从中切取一矩形截面梁。试问：

(1) 如欲使所切矩形梁的弯曲强度最高，b 和 h 应分别为何值；

(2) 如欲使所切矩形梁的弯曲刚度最高，b 和 h 应分别为何值。

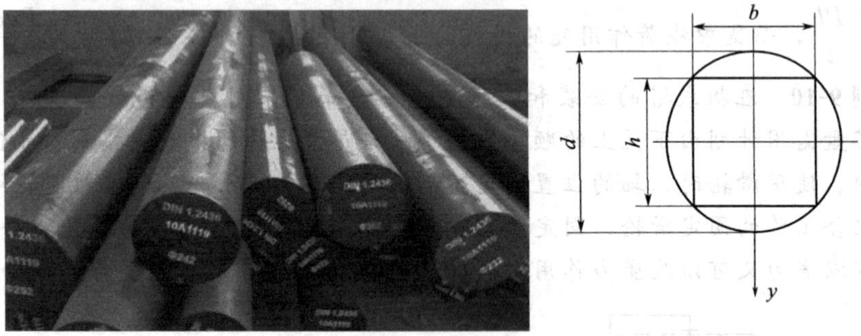

图 9-29 例 9-11 图

解：(1) 欲使梁的弯曲强度最高，只要抗弯截面系数

$$W_z=\frac{bh^2}{6}=\frac{b(d^2-b^2)}{6}$$

取极大值，为此令

$$\frac{\partial W_z}{\partial b}=0 \qquad 即\frac{d^2}{6}-\frac{b^2}{2}=0$$

所以

$$b=\frac{\sqrt{3}}{3}d, h=\sqrt{d^2-b^2}=\frac{\sqrt{6}}{3}d$$

(2) 欲使梁的弯曲刚度最高，只要惯性矩取极大值，为此令

$$I_z=\frac{bh^3}{12}=\frac{b(d^2-b^2)^{3/2}}{12}$$

$$\frac{\partial I_z}{\partial b}=0 \quad 即 \frac{(d^2-b^2)^{3/2}}{12}+\frac{b}{12}\cdot\frac{3}{2}(d^2-b^2)^{1/2}(-2b)=0$$

所以

$$b=\frac{1}{2}d, h=\sqrt{d^2-b^2}=\frac{\sqrt{3}}{2}d$$

例 9-12 型钢是一种有一定截面形状和尺寸的条型钢材（图 9-30）。按照钢的冶炼质量不同，型钢分为普通型钢和优质型钢。普通型钢按其断面形状又可分为工字钢、槽钢、角钢、圆钢、矩形钢、H 型钢等。工字钢、槽钢、角钢广泛应用于工业建筑和金属结构，如厂房、桥梁、船舶、农机车辆制造、输电铁塔，运输机械，往往配合使用。

试比较各种型钢的特点、抗弯性能、应用场合。

图 9-30 例 9-12 图

解： 工字钢是截面为工字形状的型钢。工字钢分普通工字钢和轻型工字钢。工字钢广泛用于各种建筑结构、桥梁、车辆、支架、机械等。

槽钢是截面为凹槽形的复杂断面型钢，属建造用和机械用碳素结构钢，槽钢主要用于建筑结构、幕墙工程、机械设备和车辆制造等。

角钢俗称角铁，是两边互相垂直成角形的型钢。有等边角钢和不等边角钢之分。角钢可按结构的不同需要组成各种不同的受力构件，也可作构件之间的连接件。广泛地用于各种建筑结构和工程结构，如房梁、桥梁、输电塔、起重运输机械、船舶、工业炉、反应塔、容器架以及仓库货架等。

圆钢是指截面为圆形的实心长条钢材。圆钢分为热轧、锻制和冷拉三种。热轧圆钢的规格为 5.5～250mm。其中：5.5～25mm 的小圆钢大多以直条成捆供应，常用作钢筋、螺栓及各种机械零件；大于 25mm 的圆钢，主要用于制造机械零件、无缝钢管的管坯等。

矩形钢是一种半成品辅助材料，广泛应用于铁艺护栏制造、机械制造、钢结构制造、工具、锅炉制造及配套、建筑五金、驱动链条及各种车链、汽车工业以及钢格栅、网制造业及其他方面。其中，热轧钢材质稳定，焊接、打眼、折弯、拧花等工艺均可；冷拉钢是利用冷挤压技术，通过方形的模具，冷拉出方形截面，具有精确度高、表面光滑、夹杂物含量低、不易损伤刀具等特点。

H 型钢是一种经济型断面钢材，是一种截面面积分配更加优化、强重比更加合理的经济断面高效型材，因其断面与英文字母“H”相同而得名。由于 H 型钢的各个部位均以直角排布，因此 H 型钢在各个方向上都具有抗弯能力强，比工字钢大约 5%～10%、施工简单、节约成本和结构重量轻等优点，已被广泛应用于工业、建筑、桥梁、石油钻井平台、石油化工及电力等工业设备结构等方面。

各型钢抗弯性能对比，根据弯曲强度公式 $\sigma_{\max}=\dfrac{M_{\max}}{W_z}$，为使 $\sigma_{\max}$ 尽可能小，必须使 W_z 尽可能大，但截面积 A 也随之增加。所以采用合理截面，使 W_z/A 数值尽可能大。矩形钢（已知高 h 宽 b）竖放 $W_z/A=0.167h$ 大于横放 $W_z/A=0.167b$，所以竖放抗弯性能好；圆钢 $W_z/A=0.125d$，圆管已知内径与外径比为 $d/D=0.8$ 时，$W_z/A=0.205D$；工字钢 $W_z/A=(0.29\sim0.31)h$。总体上说，工字钢优于矩形钢，矩形钢优于圆钢。相同型号的工字钢优于槽钢，如 18 工字钢 $W_x=185\text{cm}^3$，大于 18 槽钢 $W_x=152\text{cm}^3$；18 槽钢腿宽度为 70mm，远远大于相同宽度 70mm 的等边角钢的 $W_x=9.68\text{cm}^3$。各种型钢对比依次为 H 型钢优于工字钢，优于槽钢，优于矩形钢竖放，优于矩形钢横放，优于圆钢，优于角钢。

例 9-13 U 形管式换热器特别适用于管内走清洁而不易结垢的高温、高压、腐蚀性大的物料。U 形管都是由无缝钢管在弯管机加工成的（图 9-31），简述弯管机分类及注意事项。

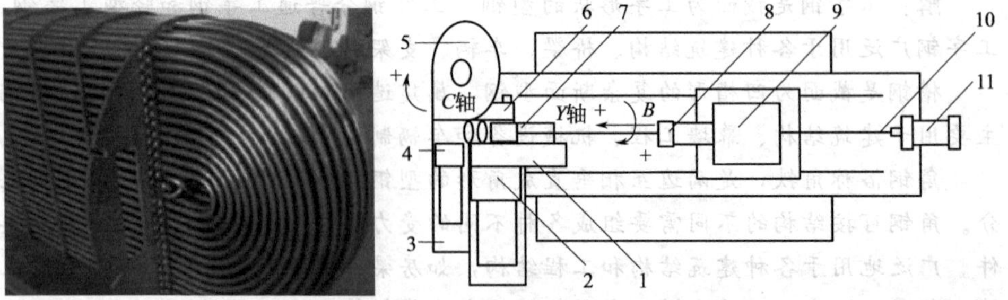

图 9-31 例 9-13 图

1—随动模；2—导向模；3—弯臂；4—钳口；5—弯曲模；
6—防皱模；7—管材；8—夹头；9—小车；10—芯棒；11—尾座

解： 弯管机主要用于电力施工、锅炉、桥梁、船舶以及家具、装潢等钢管的折弯，具有功能多、结构合理、操作简单等优点。

按照动力类型分类：液压弯管机、电动平台弯管机、气动弯管机、手动弯管机等。

按照控制方式分类：数控弯管机、半自动弯管机、全自动弯管机等。

按照工作类型分类：单头弯管机、双头弯管机、多头弯管机等。

按照加工范围分类：微型弯管机、小型弯管机、大型弯管机等。

液压弯管机主要用于工厂、仓库、码头、建筑、铁路、汽车等安装管道和修理。它除了具有弯管功能外，还能卸下弯管部件（油缸）作为分离式液压起顶机使用。

数控弯管机是航空航天、汽车、机车、摩托车、船舶、石化、电力、天然气、核工业、锅炉、车辆、健身器材、体育用品等管件的弯曲加工设备。

注意事项：①管型规整化：设计和排管时要避免过大的圆弧、任意曲线、复合弯以及大于180°的圆弧。②弯曲半径标准化：弯曲半径要尽量实现“一管一模”和“多管一模”。这样才有利于减少模块数量。③弯曲半径：导管弯曲半径的大小，决定了导管在弯曲成形时所受阻力的大小。一般来说，管径大弯曲半径小，弯曲时容易出现内皱和打滑现象，弯曲质量很难保证，所以一般选用弯管模的 R 值为管子直径的23倍为好。④弯曲成形速度：弯曲成形速度对成形质量的主要影响为：速度太快，容易造成导管弯曲部分的扁平，圆度达不到要求，造成导管的拉裂、拉断；速度太慢，容易造成导管的起皱和压紧块打滑，大管径的管子易形成导管弯曲部分的下陷。⑤芯棒及其位置：芯棒在弯曲过程中主要起着支撑导管弯曲半径的内壁防止其变形的作用。

例 9-14 为保证压力容器焊缝的质量和强度，保证较厚板材或其他结构能够焊透、融合好，调整焊接热量输入，需要在焊接前给焊件开坡口，用刨边机能实现此功能，试简述刨边机的组成、作用及坡口形式（图9-32）。

图 9-32 例 9-14 图

解： 刨边机属于机床金属加工的刨削机械，它是由固定座、活动座、输送机构、对中机构、气动压板机构、丝杆传动机构及刀座机构、压缩空气站、液压站及电控系统等组成。对中机构由液压马达、齿轮、齿条、拉杆等组成，钢板对中机构安装于活动座的横梁内侧上，能够使钢板两边有相等的加工余量。现在新型单程刀具的刨削量高达6mm，并能够对钢板双边同时进行快速刨削，具有高刨削量、高切削效率及良好的坡口粗糙度等优点，保证钢板所需坡口角度、尺寸及钢管加工成形前的技术要求。丝杆传动机构分别安装于固定座及活动座内，气动压板机构安装于横梁底面下，输送辊道、输出辊道位于刨边机两端。

刨边机的作用是将钢板边缘加工出一定角度的坡口和钝边，以便在焊接成焊件时形成较高质量的焊缝，保证焊缝强度。与铣边机相比，具有节能（被动刨削）、安全等优点。

坡口的形式主要有I形坡口、V形坡口、双V形坡口、U形坡口、双U形坡口、Y形坡口、双单边V形坡口、单坡V形坡口。

思考题

1. 什么是弯曲变形？在生产实践中有哪些？请举例说明。
2. 什么是梁？梁的分类有几种？生产实践中的例子中分别有哪些？
3. 梁的变形特点和受力特点分别是什么？
4. 梁的支撑有几种？在生产实践中分别有哪些实例？
5. 挠曲线的定义是什么？
6. 怎样提高梁的强度和刚度？分别举例说明。
7. 什么是纯弯曲？
8. 衡量弯曲变形的指标有哪些？它们之间的关系是什么？
9. 剪力求解法则是什么？
10. 弯矩求解法则是什么？
11. 什么是中性层？什么是中性轴？

第10章

扭　　转

在轴（或杆件）的不同横截面上受到力偶（或力矩）作用时，轴的横截面将绕轴线发生相对转动，纵向直线变成螺旋线，如搅拌反应釜中的搅拌轴等。一般情况下作为搅拌轴有三种功能：传递旋转运动、传递扭转力偶矩和传递功率。

因此扭转（twist）构件的受力特点是：两端受到一对数值相等、转向相反、作用面垂直于杆轴线的力偶作用。变形特点是：各截面绕轴线产生相对转动。

10.1　外力偶矩

工程上作用于轴上的外载荷通常用功率来表示，为了进行轴的强度和刚度计算，必须将功率换算成外力偶矩。

由物理学可知，如图 10-1 所示，单位时间所做的功称为功率 P，它等于力 F 和速度 v 的乘积，即

$$P=Fv \tag{10-1}$$

在圆轴的周边作用一个力 F，若轴的转速是 n（r/min），则轴的角速度：

$$\omega=\frac{2\pi n}{60}\ (\text{rad/s}) \tag{10-2}$$

圆轴周边上点的线速度等于角速度乘以圆轴半径 R，即 $v=R\omega$，代入式(10-1)，得

$$P=Fv=FR\omega$$

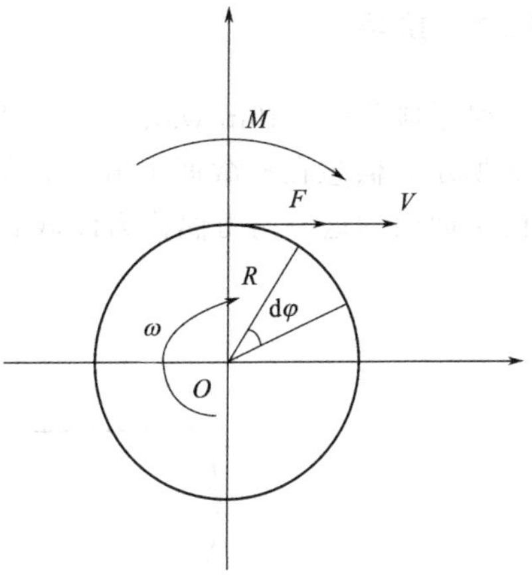

图 10-1　外力偶矩

式中，FR 是 F 对于 O 点的力矩 M，所以

$$P=M\omega=M\times\frac{2\pi n}{60} \tag{10-3}$$

若 F 的单位是 kN，R 的单位是 m，则 M 的单位为 kN·m，由式(10-3) 求出的功率单位为 kN·m/s，在工程上，通常用 kW（千瓦）表示。则外力偶矩（external torque）的计算公式为：

$$M=\frac{60P}{2\pi n}$$

或

$$M=9.55\times10^{3}\frac{P}{n} \tag{10-4}$$

式中，M 为作用在圆轴上的外力偶矩，即转矩，N·m；P 为轴所传递的功率，kW；n 为轴每分钟的转速，r/min。

从上述可以看出：

① 当轴传递的功率一定时，轴的转速越高，轴所受到的扭转力矩越小，因此，高速轴较细，低速轴较粗；

② 当轴的转速一定时，轴所传递的功率将随轴所受到扭转力矩的增加而增大；

③ 增加轴的转速，往往会使整个传动装置所传递的功率加大，有可能使电机过载，所以不应随意提高机器的转速。

10.2 薄壁筒扭转

10.2.1 扭矩

对于薄壁筒（thin-walled cylinder）在外力偶矩的作用下发生扭转，如图10-2所示，假想在横截面上截开，则内力显现出来的是一内力偶。将作用在横截面平面内的这一内力偶称为该截面扭矩（torque），用 M_n 表示，由平衡条件：

$$\sum m_x=0$$

$$M_n=M \tag{10-5}$$

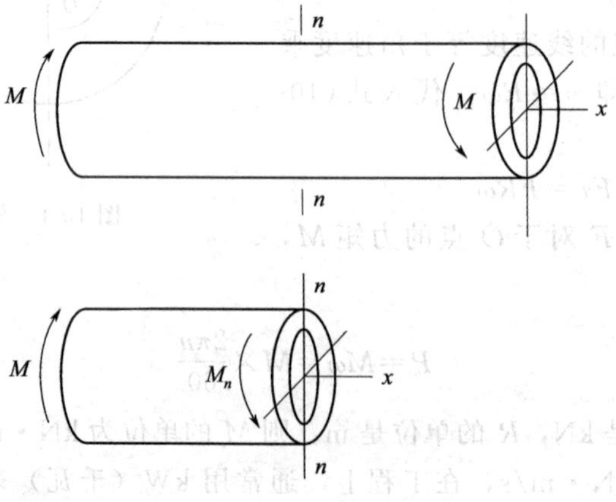

图 10-2 扭矩

10.2.2 应力

用网格标定薄壁圆筒表面，如图 10-3 所示，在外力偶的作用下，薄壁圆筒发生扭转。

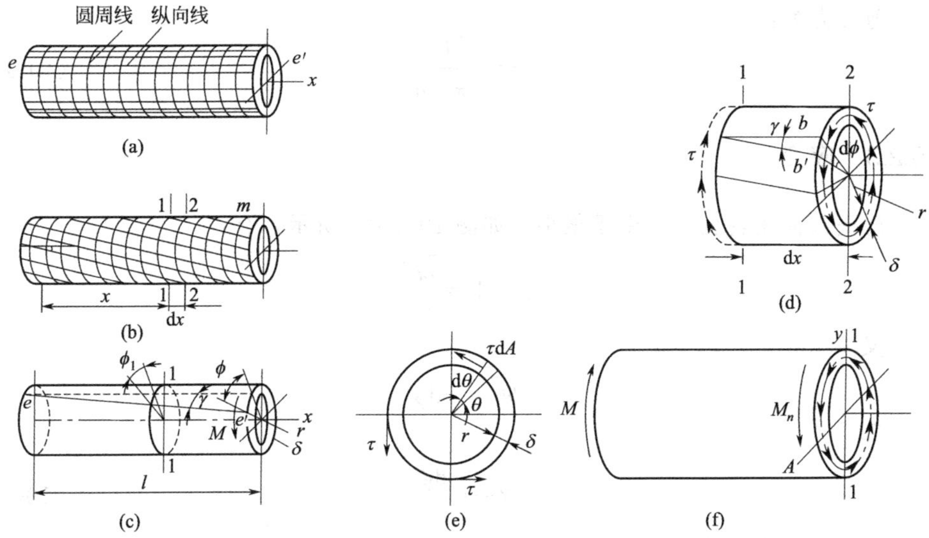

图 10-3 薄壁圆筒的应力与应变分析

（1）现象

① 各纵向线倾斜同一微小角 γ，矩形标定格变为平行四边形，如图 10-3(a)、(b) 所示。

② 各圆周线的形状、大小以及圆周线之间的距离没有改变，只是各圆周线绕 x 轴线转动不同的角度，如图 10-3(c) 所示。

（2）说明

① 在 x 方向上没有正应力，横截面上只产生均匀分布的剪应力；

② 由于是薄壁圆筒，剪应力在壁厚方向上无变化；

③ 剪应力与剪应变是关于 x 的连续函数。

扭角：两个相对转动的截面转过的角度。用 ϕ 表示，是一个相对量。如图 10-3(c) 所示，ϕ 是右端面相对左端面的扭角。

剪切变形：相邻两横截面产生相对平行错动，使矩形网格变成平行四边形。这一现象就是剪切变形，如图 10-3(b)、(c) 所示。取相距为 dx 的两横截面 1-1，2-2，变形前后 2-2 截面相对于 1-1 截面多转动一个 $d\phi$ 角。

剪应变：由于错动而倾斜的角度，即标定小矩形变形后直角的改变量，用 γ 表示。

在横截面上取一小面积 dA，如图 10-3(e) 所示。其微内力为 τdA，它对 x 轴之矩为 $\tau dA \cdot r$。由于内力是应力的合成，因此扭矩 M_n 是剪应力 τ 对 x 轴的力矩。因此：

$$M_n = \int r\tau \mathrm{d}A = \tau\int_0^{2\pi} \delta r^2 \mathrm{d}\theta = 2\pi r^2 \delta\tau$$

剪应力为：

$$\tau = \frac{M_n}{2\pi r^2 \delta} \tag{10-6}$$

10.2.3 应变

薄壁圆筒扭转变形，由于很小，如图 10-3(d) 所示，有：

$$\gamma = \mathrm{d}r = \frac{\overline{bb'}}{\mathrm{d}x}$$

又

$$\overline{bb'} = r\,\mathrm{d}\phi$$

即

$$\gamma = r\,\frac{\mathrm{d}\phi}{\mathrm{d}x} \tag{10-7}$$

由于 γ 角是纵向线转过同一微角，因此有

$$\gamma = r\,\frac{\phi}{l} \tag{10-8}$$

式中，l 为薄壁圆筒全长；ϕ 为扭角，可由实验测得。测得 ϕ 后，根据式 (10-8) 可计算剪应变 γ 值。

10.2.4 物理方程

由实验可知剪切力与剪应变之间的线性关系，即

$$\tau = G\gamma \tag{10-9}$$

此式为剪切变形的物理方程，式中 G 为剪切弹性模量，由于 γ 是无量纲的量，因此 G 的量纲与应力量纲相同。

10.3 圆轴扭转

"圆轴扭转（torsion of cylinder bar）变形"可将圆轴看做由无数薄壁圆筒组成，并且组成圆轴的所有薄壁圆筒的扭角 $\mathrm{d}\phi$ 均相同的变形。因此可作下面假设：变形前轴的圆形截面在变形后仍保持为同样大小的圆形平面，且半径仍为直线，如图 10-4 所示。

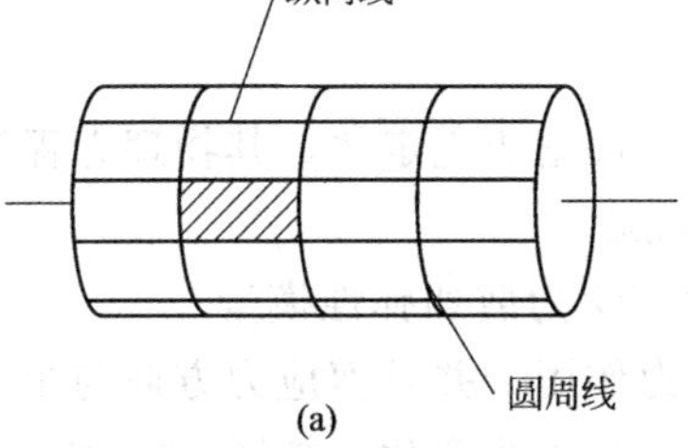

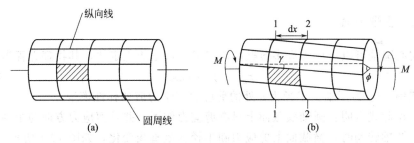

图 10-4 圆轴扭转

10.3.1 扭矩

如图 10-5 所示，已知外力偶矩 M，假想截一平面 m-m，由于其平衡状态，故 m-m 横截面上内力合力矩与外力偶矩 M 平衡，即

$$M_n = M$$

式中，M_n 为圆轴扭矩。

10.3.2 几何方程

在图 10-4 中取 dx 小段相邻截面 1-1、2-2 为研究对象（图 10-6）。扭转变形是用两个横截面绕轴线的扭角 $d\phi$ 来表示的。由于 γ_ρ 很小，因此有：

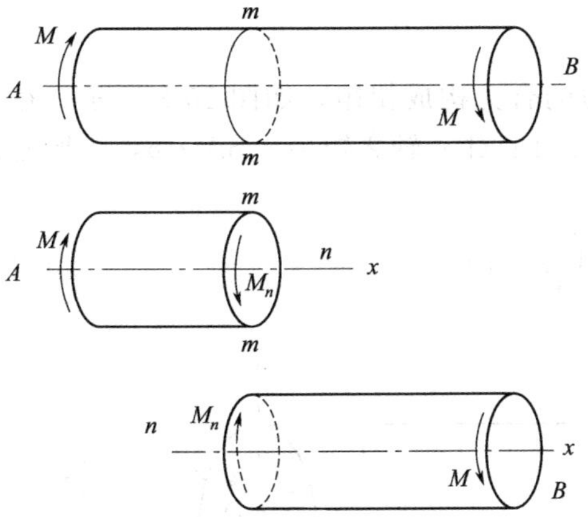

图 10-5 圆轴扭矩

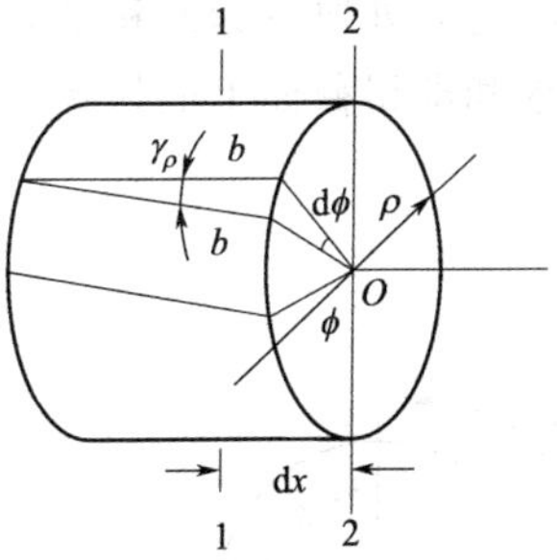

图 10-6 几何分析

$$\gamma_\rho dx = \rho d\phi \tag{10-10}$$

令 $\phi = \frac{d\phi}{dx}$，表示沿轴线方向单位长度的扭角，故有：

$$\gamma_\rho = \rho\phi \tag{10-11}$$

在同一横截面 ϕ 角为一常数。

10.3.3 物理方程

实心圆轴可以看成为许多薄壁圆筒组成，根据胡克定律，其物理方程为：

$$\tau_\rho = G\gamma_\rho = G\rho\phi \tag{10-12}$$

式中，τ_ρ 为圆轴上半径为 ρ 处的剪应力；G 为剪切弹性模量。

根据此式表明：圆轴横截面上只有剪应力作用，并且剪应力方向与半径方向垂直。圆轴转动时，横截面上剪应力随半径 ρ 呈直线变化，如图 10-7 所示。

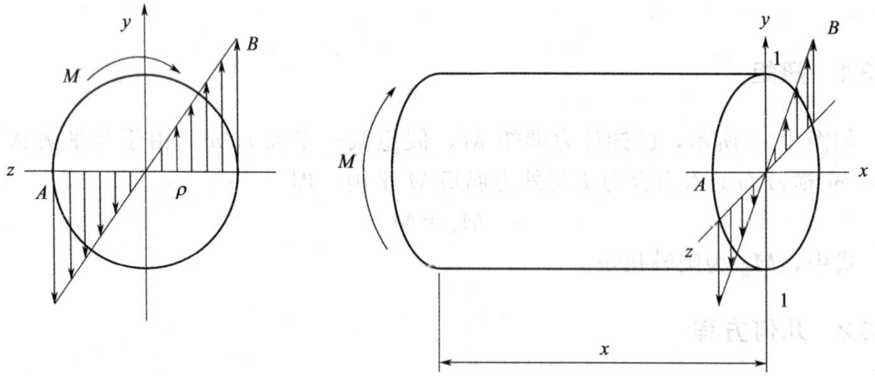

图 10-7 剪应力分布

10.3.4 静力学方程

根据静力学关系，横截面上剪应力的合力构成扭矩，如图 10-8 所示，在距离圆心为 ρ 处取一为面积 dA，其内力 $\tau_\rho dA$ 对 x 轴之矩为 $\tau_\rho dA \cdot \rho$，将所有内力矩求和即得截面上的扭矩：

$$M_n = \int_A \rho\tau_\rho dA \tag{10-13}$$

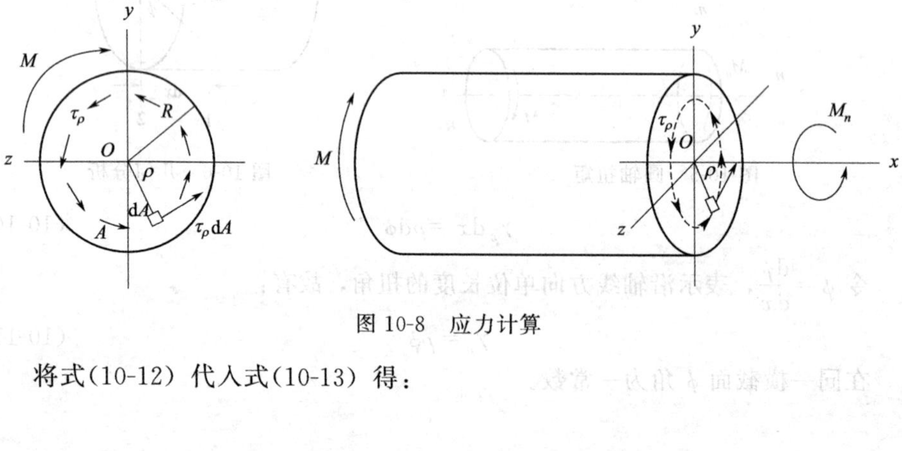

图 10-8 应力计算

将式(10-12) 代入式(10-13) 得：

$$M_n = G\phi\int_A \rho^2 \mathrm{d}A$$

因为 $I_\rho = \int_A \rho^2 \mathrm{d}A$ ，所以

$$M_n = G\phi I_\rho$$

单位长度扭角为：

$$\phi = \frac{M_n}{GI_\rho} \tag{10-14}$$

式中，ϕ 的单位为弧度/米（rad/m）；GI_ρ 反映截面抗扭转变形的能力，称为截面抗扭刚度。

将式(10-14) 代入式(10-12) 得：

$$\tau_\rho = \frac{M_n\rho}{I_\rho} \tag{10-15}$$

此式为圆轴扭转时横截面上的剪应力公式。

10.4 圆轴扭转强度条件

圆轴最大剪应力发生在最大扭转截面的周边各点处。从公式 $\tau_\rho = \frac{M_n\rho}{I_\rho}$ 中可以看出，当 $\rho_\rho = 0$ 时，$\tau_\rho = 0$；当 $\rho = R$ 时，$\tau_{\max} = \frac{M_n R}{I_\rho}$。

令 $W_n = \frac{I_\rho}{R}$，则

$$\tau_{\max} = \frac{M_n}{W_n} \tag{10-16}$$

式中，W_n 为抗扭转截面系数。

为使圆轴能正常工作，则必须使最大工作剪应力不超过材料许用应力，即

$$\tau_{\max} = \frac{M_{n\max}}{W_n} \leqslant [\tau] \tag{10-17}$$

10.5 圆轴扭转刚度条件

设计轴类构件时，不仅要满足强度要求，有时也要考虑刚度问题。工程上通常是限制单位长度的扭角 ϕ，使它不超过规定的许用值 $[\phi]$。

由式 $\phi = \frac{M_n}{GI_\rho} \leqslant [\phi]$ 可得圆轴扭转的刚度条件为：

$$\phi=\frac{M_n}{GI_\rho}\leqslant[\phi] \tag{10-18}$$

式中，ϕ 的单位为 rad/m。

工程实践中，许用扭角［ϕ］的单位通常用（°/m），经单位换算，得：

$$\phi=\frac{M_n}{GI_\rho}\times\frac{180}{\pi}\leqslant[\phi] \tag{10-19}$$

［ϕ］值按轴的工作条件和扭转精度来确定，可查轴类工程手册。一般规定：

精密机器的轴：$[\phi]=0.25°/m \sim 0.5°/m$

一般传动轴：$[\phi]=0.5°/m \sim 1.0°/m$

精度较低的轴：$[\phi]=1.0°/m \sim 2.5°/m$

工程实践例题与简解

例 10-1 离心泵是输送液体或使液体增压的机械，广泛应用于化工生产中液体的输送。它将原动机的机械能或其他外部能量传送给液体，并依靠流道出口的蜗壳断面变化使流体的动能转化为压力能，水流在叶轮中的流动主要是受到离心力的作用。如图 10-9 所示，假设某型号离心泵，材料的切变模量 $G=75\text{GPa}$，轴长 $I=1\text{m}$，泵轴的直径 $d=120\text{mm}$，其两端所受外力偶矩 $M_e=17\text{kN}\cdot\text{m}$。试求：

(1) 最大剪应力及两端面间的相对转角；

(2) 图示截面上 A、B、C 三点处剪应力的数值；

(3) C 点处的剪应变。

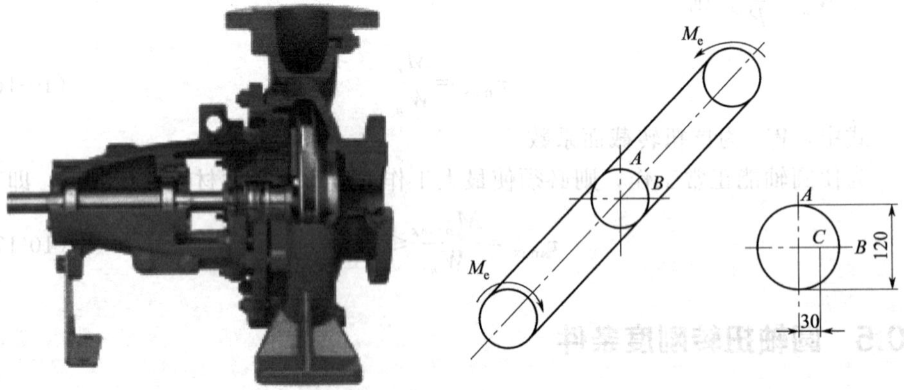

图 10-9 例 10-1 图

解：(1) 计算最大剪应力及两端面间的相对转角：

$$\tau_{\max}=\frac{M_n}{W_n}$$

式中

$$W_n=\frac{1}{16}\pi d^3=\frac{1}{16}\times 3.14159\times 120^3=339292\ (\text{mm}^3)$$

故

$$\tau_{\max}=\frac{M_n}{W_n}=\frac{17\times 10^6\,\text{N}\cdot\text{mm}}{339292\text{mm}^3}=50.104\text{MPa}$$

$$\phi=\frac{M_n L}{GI_\rho}$$

式中 $I_\rho=\frac{1}{32}\pi d^4=\frac{1}{32}\times 3.14159\times 120^4=20357503.2\ (\text{mm}^4)$

故

$$\phi=\frac{M_n L}{GI_\rho}=\frac{17000\text{N}\cdot\text{m}\times 1\text{m}}{75\times 10^9\,\text{N/m}^2\times 20357503.2\times 10^{-12}\,\text{m}^4}=0.0111343\text{rad}=0.64$$

(2) 求图示截面上 A、B、C 三点剪应力的数值

$$\tau_\text{A}=\tau_\text{B}=\tau_{\max}=50.104\text{MPa}$$

由横截面上的剪应力分布规律可知：

$$\tau_\text{C}=\frac{1}{2}\tau_\text{B}=0.5\times 50.104=25.052\ (\text{MPa})$$

(3) 计算 C 点处的剪应变

$$\gamma_\text{C}=\frac{\tau_\text{C}}{G}=\frac{25.052\text{MPa}}{75\times 10^3\,\text{MPa}}=3.3403\times 10^{-4}\approx 0.334\times 10^{-3}$$

例 10-2 电动机（Motor）是把电能转换成机械能的一种设备（图 10-10）。它是利用通电线圈（也就是定子绕组）产生旋转磁场并作用于转子（如鼠笼式闭合铝框）形成磁电动力旋转扭矩，泵轴的作用是用来传递扭矩，使叶轮旋转。电动机转子轴用的是合金材料以及 45 钢。合金材料是由两种或两种以上的金属与非金属经一定方法所合成的具有金属特性的物质。45 钢是常用中碳调质结构钢 45 钢是国际（GB）中的叫法，也称“油钢”。市场现货热轧居多；冷轧规格 1.0～4.0mm 之间。该钢冷塑性一般，退火、正火比调质时要稍好，具有较高的强度和较好的切削加工性，经适当的热处理以后可获得一定的韧性、塑性和耐磨性。现有一只电机传递的功率 $P=330\text{kW}$，电机轴的转速 $n=300\text{r/min}$，轴材料的许用剪应力 $[\tau]=60\text{MPa}$，切变模量 $G=80\text{GPa}$。如要求在 2m 长度的相对扭转角不超过 1°，试求该泵轴的直径。

解：

$$\phi=\frac{M_n L}{GI_\rho}=\frac{M_\text{e} L}{GI_\rho}\leqslant 1\times\frac{\pi}{180}$$

式中 $M_\text{e}=9.55\,\frac{P}{n}=9.55\times\frac{330}{300}=10.504\ (\text{kN}\cdot\text{m})$，$I_\rho=\frac{1}{32}\pi d^4$。

图 10-10　例 10-2 图

故：

$$I_\rho \geqslant \frac{180 M_e L}{\pi G}$$

$$\frac{1}{32}\pi d^4 \geqslant \frac{180 M_e L}{\pi G}$$

$L = 2000\text{mm}$

$$d \geqslant \sqrt[4]{\frac{32 \times 180 M_e L}{\pi^2 G}} = \sqrt[4]{\frac{32 \times 180 \times 10.504 \times 10^6 \text{N} \cdot \text{mm} \times 2000\text{mm}}{3.14^2 \times 80000 \text{N/mm}^2}} = 111.292\text{mm}$$

取 $d = 111.3\text{mm}$。

例 10-3　减速器在原动机和工作机或执行机构之间起匹配转速和传递转矩的作用，减速器是一种相对精密的机械，使用它的目的是降低转速，增加转矩。在典型过程装备中，减速器应用得十分广泛，压缩机与电动机之间、搅拌釜与电动机之间一般都需要安装减速器。假设压缩机与电动机之间减速器第Ⅰ轴如图 10-11 所示，轴所传递的功率为 $P = 6\text{kW}$，转速 $n = 220\text{r/min}$，材料为 45 钢，$[\tau] = 40\text{MPa}$。试按强度条件初步设计轴的直径。

解：

Ⅰ轴所传递的扭矩为：

$$M_n = 9550\,\frac{P}{n} = \left(9550 \times \frac{6}{220}\right)\text{N} \cdot \text{m} = 260.5\text{N} \cdot \text{m}$$

由圆轴扭转的强度条件：

$$\tau_{\max} = \frac{M_n}{W_n} = \frac{16 M_n}{\pi d^3} \leqslant [\tau]$$

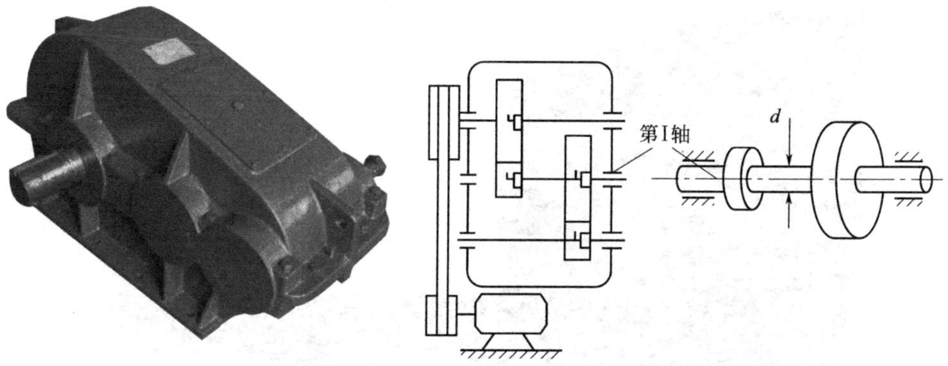

图 10-11 例 10-3 图

可得轴直径为：

$$d \geqslant \sqrt[3]{\frac{16M_n}{\pi[\tau]}} = \sqrt[3]{\frac{16 \times 260.5}{3.14 \times 40 \times 10^6}} = 32.14\ (\mathrm{mm})$$

取轴直径为 $d = 33\mathrm{mm}$。

例 10-4 搅拌设备在化工和石油化工生产中被广泛地应用，常用于使物料混合均匀。搅拌设备的搅拌轴在相同尺寸及材料与热处理条件下实心轴比空心轴的抗弯和抗扭能力更高，但如果合理设计空心轴的壁厚可以在很大程度上节约材料用量，大大减少零部件质量，其强度、刚度均有所提高，实心轴和空心轴通过牙嵌式离合器连接在一起，如图 10-12 所示。两轴材料相同，长度相同。已知空心轴的 $W_n = \frac{\pi D^3}{16}(1-\alpha^4)$，$\alpha = \frac{d}{D}$，轴的转速 $n = 120\mathrm{r/min}$，材料许用剪应力 $[\tau] = 60\mathrm{MPa}$，传递功率 $P = 16.3\mathrm{kW}$。求：

(1) 设计实心轴直径 d_1；

(2) 设计内外径比 $\alpha = 0.9$ 的空心轴的外径 D；

(3) 比较空心轴与实心轴重量。

解：(1) 首先设计实心轴直径。

外力偶计算如下：

$$M = 9550\,\frac{P}{n} = 9550 \times \frac{16.3}{120} = 1297.21\ (\mathrm{N \cdot m})$$

由于轴只受两个反向力偶作用，所以：

$$M_n = M = 1297.21\mathrm{N \cdot m}$$

根据强度条件设计实心轴直径：

$$\tau_{\max} = \frac{M_n}{W_n} = \frac{M_n}{\pi d_1^3/16} \leqslant [\tau]$$

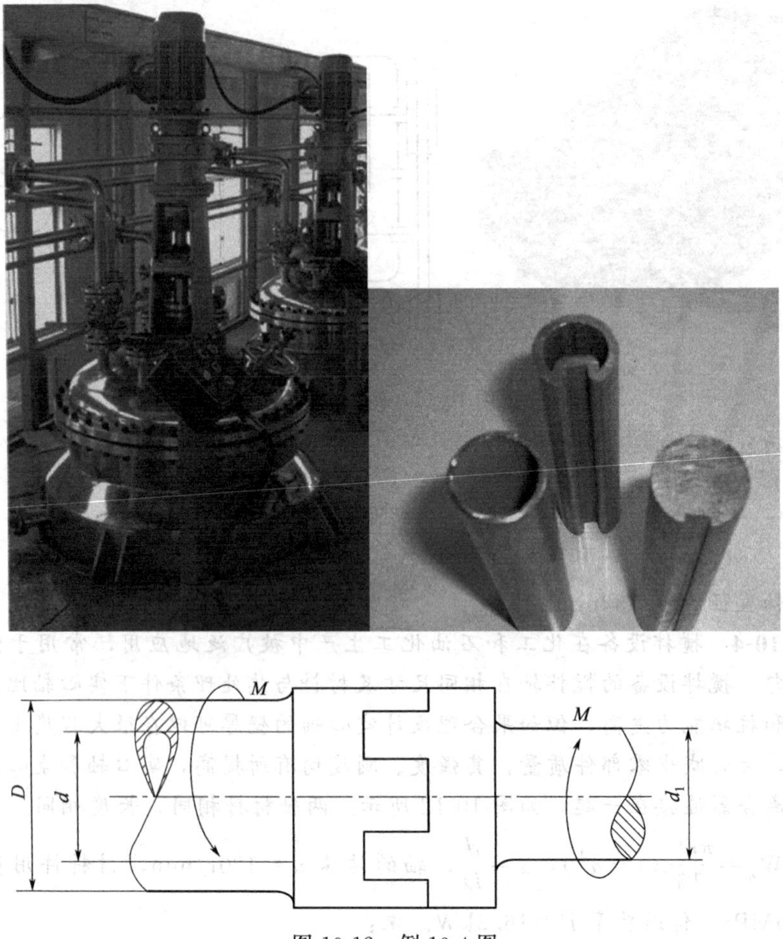

图 10-12　例 10-4 图

得：

$$d_1 \geqslant \sqrt[3]{\frac{16M_n}{\pi[\tau]}} = \sqrt[3]{\frac{16\times1297.21\times10^3}{3.14\times60}} \approx 47.94\ (\text{mm})$$

圆整后取标准直径 $d_1=48\text{mm}$

(2) 根据强度条件设计空心轴内外径。

空心轴的强度条件为：

$$\tau_{\max}=\frac{M_n}{W_n}=\frac{16M_n}{\pi D^3(1-\alpha^4)}\leqslant[\tau]$$

$$D\geqslant\sqrt[3]{\frac{16M_n}{\pi[\tau](1-\alpha^4)}}=\sqrt[3]{\frac{16\times1297.21\times10^3}{3.14\times60\times(1-0.9^4)}}\approx68.42\ (\text{mm})$$

轴的内径为：　　　　$d=0.9D=61.58\text{mm}$

圆整后取 $D=69\text{mm}, d=62\text{mm}$

(3) 空心轴与实心轴的重量比较。

因两轴材料相同，长度相同，它们的重量比等于它们的横截面积之比，即：

$$\frac{G_{空}}{G_{实}}=\frac{\frac{\pi}{4}(D^2-d^2)}{\frac{\pi}{4}d_1^2}=\frac{69^2-62^2}{48^2}=0.398$$

例 10-5 联轴器是用来连接不同机构中的两根轴（主动轴和从动轴）使之共同旋转以传递扭矩的机械零件（图 10-13）。在高速重载的动力传动中，有些联轴器还有缓冲、减振和提高轴系动态性能的作用。联轴器由两半部分组成，分别与主动轴和从动轴连接。一般动力机大都借助于联轴器与工作机相连接。对于大型搅拌釜，通常将两段搅拌轴通过联轴器连接在一起。若已知搅拌轴的传递功率 $P=12\text{kW}$，转速 $n=150\text{r/min}$，许用剪应力 $[\tau]=80\text{MPa}$。试确定搅拌轴的直径 d。

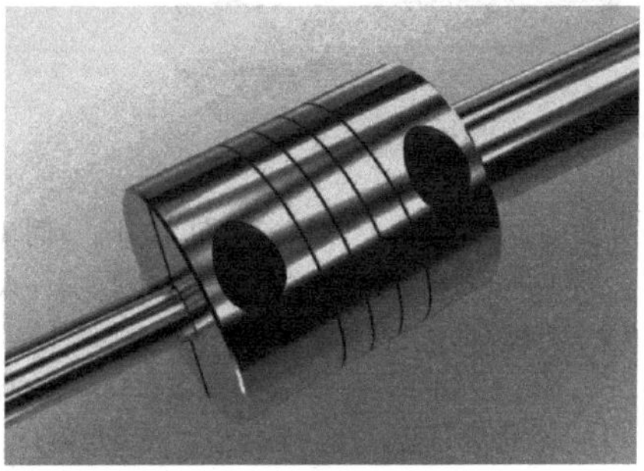

图 10-13 例 10-5 图

解： 扭矩

$$M_n=9550\frac{P}{n}=\left(9550\times\frac{12}{150}\right)\text{N}\cdot\text{m}=764\text{N}\cdot\text{m}$$

搅拌轴

$$\tau_{\max}=\frac{M_n}{W_n}\leqslant[\tau], W_n=\frac{\pi d^3}{16}$$

$$d\geqslant\sqrt[3]{\frac{16M_n}{\pi[\tau]}}=\sqrt[3]{\frac{16\times764}{3.14\times80\times10^6}}=36.5\ (\text{mm})$$

例 10-6 机械搅拌是一种广泛应用的操作单元，其原理涉及流体力学、传热、传质及化学反应等多种过程。机械搅拌可以加速物料之间的混合，提高传质速率，促进反应的进行，提高传热速率，有利于反应热的及时移除。机械搅拌反应器由搅拌容器和搅拌机组成。搅拌机包括搅拌器、搅拌轴及其密封装置和传动装置（图 10-14）。搅拌器固定在搅拌轴上，在电动机的带动下随搅拌轴一同旋转。若电动机的功率为 14kW，转速 $n=200\mathrm{r/min}$。搅拌轴在介质中的深度为 $I=2\mathrm{m}$。如介质对搅拌轴的阻力可看做是均匀分布的力偶，试求分布力偶的集度 m。

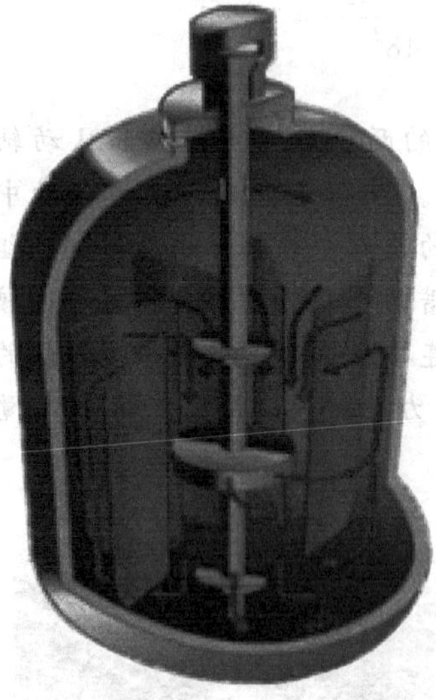

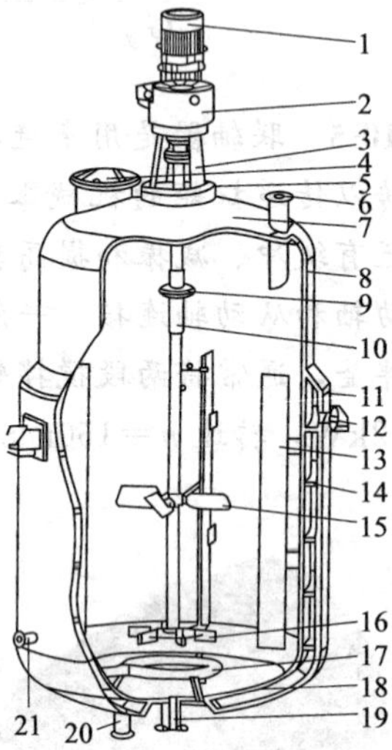

图 10-14 例 10-6 图

1—电动机；2—减速机；3—机架；4—人孔；5—密封装置；6—进料口；
7—上封头；8—筒体；9—联轴器；10—搅拌轴；11—夹套；12—载热介质出口；
13—挡板；14—螺旋导流板；15—轴向流搅拌器；16—径向流搅拌器；
17—气体分布器；18—下封头；19—出料口；20—载热介质进口；21—气体进口

解：

$$M_e=9.55\frac{P}{n}=9.55\times\frac{14}{200}=0.6685\ (\mathrm{kN\cdot m})$$

设搅拌轴为 x 轴，则：$\sum M_x=0$

$$mI=M_e$$

则分布力偶的集度 $m=\frac{M_e}{I}=\frac{0.6685}{2}=0.334\ (\mathrm{kN/m})$

例 10-7 立式搅拌机的工作是螺杆的快速旋转将原料从桶体底部由中心提升至顶端，再以伞状飞抛散落，回至底部，这样原料在桶内上下翻滚搅拌，短时间内即可将大量原料均匀的混合完毕。整机可分为三大部分：

（1）机架部分：机器所有工作体全部安装固定在机架上，该机的机架均采用优碳钢板、槽钢焊接而成，并通过了严格的产品合格认证和特定的工艺要求，已达到本机所使用的目的。

（2）传动连接部分：本机采用摆线针轮减速机带动主轴旋转工作，其主机工作部分均采用尼龙柱销，方便组装与维修。

(3) 搅拌工作部分：由传动轮通过柱销联轴器传至主轴。将物料在搅拌室内均匀地翻转，使物料能得到充分的混合，从而大大地减少了物料的残留量。如图10-15(a) 所示的桨式搅拌器，搅拌轴上共有上下两层桨叶。已知电动机功率 $P_k=15\text{kW}$，搅拌轴转速 $n=50\text{r/min}$，机械效率是 90%，上下两层搅拌桨叶因所受的阻力不同，故所消耗的功率各占总功率 P_k 的 35%和 65%。此轴采用 $\phi117\text{mm}\times6\text{mm}$ 不锈钢管制成，试求最大扭矩的值。

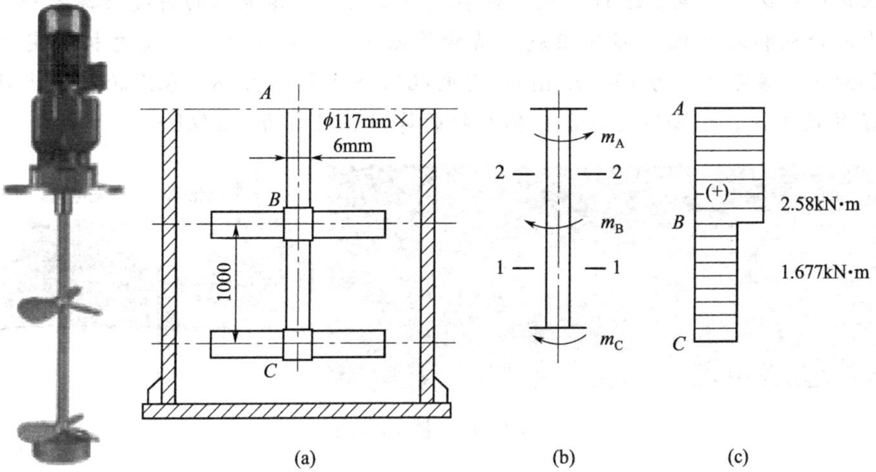

图 10-15 例 10-7 图

解：先计算作用在搅拌轴上的外力矩。因为机械效率为 90%，所以作用在轴上的实际功率是：

$$P=P_k\times\frac{90}{100}=15\times0.90=13.5\ (\text{kW})$$

故电动机给予搅拌轴的主动力矩是：

$$m=9.55\times\frac{P}{n}=9.55\times\frac{13.5}{50}=2.58\ (\text{kN}\cdot\text{m})$$

由已知条件可知，上下层桨叶形成的反力偶矩：

$$m_B=9.55\times\frac{0.35\times13.5}{50}=0.903\ (\text{kN}\cdot\text{m})$$

$$m_C=9.55\times\frac{0.65\times13.5}{50}=1.677\ (\text{kN}\cdot\text{m})$$

在圆轴作等速转动时，主动力矩 m_A 和阻力矩 m_B、m_C 相平衡，如图 10-15 (b) 所示，轴受扭转。由截面法，可求得 1-1、2-2 截面上的扭矩分别为：

$$m_{n1}=m_C=1.677\text{kN}\cdot\text{m}$$

$$m_{n2}=m_B+m_C=0.903+1.677=2.58\ (\text{kN}\cdot\text{m})$$

作扭矩图，如图 10-15(c) 所示，最大扭矩在 AB 段内，其数值为：

$$m_{n\max}=m_{n2}=2.58\text{kN}\cdot\text{m}$$

例 10-8 核能发电是利用核裂变释放的热量，将核岛内一回路中封闭的一次侧水进行加热，被加热的一次侧水在蒸汽产生器中将热量传递给二次侧水并将其转化成高温高压蒸汽，高温高压蒸汽进入汽轮机并将大部分的热能和动能转化成机械能传递给发电机进行发电。核能汽轮发电机是核电站的关键设备之一，它是由汽轮机和发电机两部分组成，结构简图如图 10-16 所示，发电机额定功率 1150MW，额定转速为 1500r/min，发电机综合效率为 0.98，求汽轮机输出轴轴径 d 的最小值。已知汽轮机输出轴材料的许用剪应力为 320MPa。

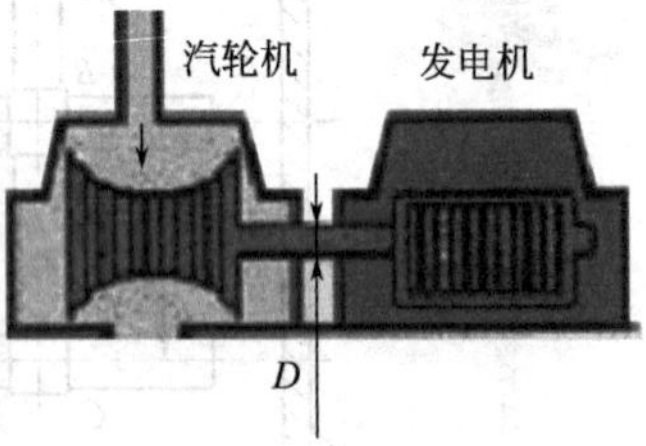

图 10-16 例 10-8 图

求解说明：此轴承受的为单一的剪应力，不考虑弯曲应力。

解：

$$M_n=9.55\frac{P}{n}=\left(9.55\times\frac{1150\times10^3\times0.98}{1500}\right)\text{N}\cdot\text{m}=7175.2\text{N}\cdot\text{m}$$

$$W_n=\frac{1}{16}\pi d^3,\ \tau_{\max}=\frac{M_n}{W_n}$$

所以
$$d\geqslant\frac{16M_n}{\pi\times320}=4.85\text{m}$$

例 10-9 法兰盘或者法兰，是一种使管子和管子相互连接的零件，连接于管端，突缘（法兰）上有孔眼，可穿螺栓，使两突缘（法兰）紧密相联，突缘（法兰）间用衬垫密封，与之相关的法兰管件，可由浇注而成，也可由螺纹连接或者焊接。图 10-17 所示二法兰，用突缘与螺栓相连接，各螺栓的材料、直径相同，并均匀地排列在直径为 $D=100\text{mm}$ 的圆周上，突缘的厚度为 $\delta=10\text{mm}$，轴所承受的扭力矩为 $M=5.0\text{kN}\cdot\text{m}$，螺栓的许用剪应力 $[\tau]=100\text{MPa}$，许用挤压应力 $[\sigma_{bs}]=400\text{MPa}$。试确定螺栓的直径 d。

解： 设每个螺栓承受的剪力为 F_s，则

$$3F_sD=M$$

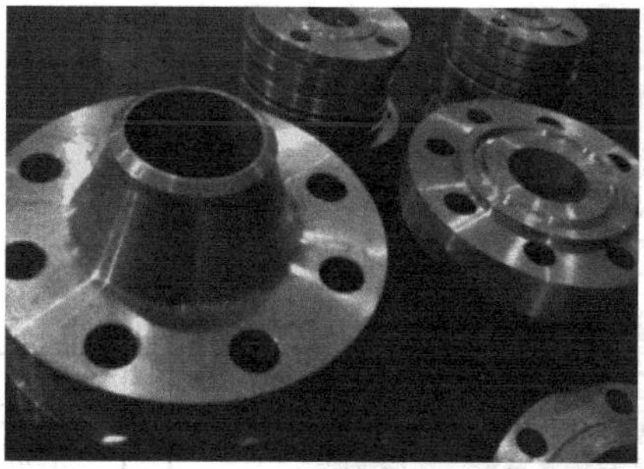

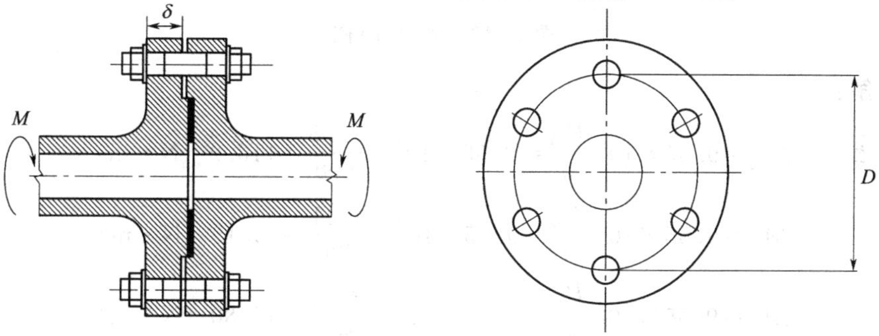

图 10-17 例 10-9 图

$$F_s=\frac{M}{3D}=16.667\text{kN}\cdot\text{m}$$

因为
$$\frac{F_s}{\frac{\pi d^2}{4}}\leqslant[\tau]$$

所以
$$d\geqslant 14.6\text{mm}$$

由挤压强度条件：
$$\frac{F_s}{d\delta}\leqslant[\sigma_{bs}]$$

得
$$d\geqslant 4.2\text{mm}$$

故螺栓的直径：
$$d\geqslant 14.6\text{mm}$$

例 10-10 皮带传动亦称“带传动”是机械传动的一种。由一根或几根皮带紧套在两个轮子（称为“皮带轮”）上组成。两轮分别装在主动轴和从动轴上。利用皮带与两轮间的摩擦，以传递运动和动力。已知一皮带轮传动轴如图 10-18 所示，主动轮 A 由电动机输入功率 $P_A=7.35\text{kW}$，B 轮和 C 轮分别带动两台水泵，消耗功率 $P_B=4.41\text{kW}$，$P_C=2.94\text{kW}$，轴的转速 $n=600\text{r/min}$，轴的材料 $[\tau]=20\text{MPa}$，$G=80\text{GPa}$，$[\phi]=1°/\text{m}$，试按强度和刚度条件确定轴的直径 d。

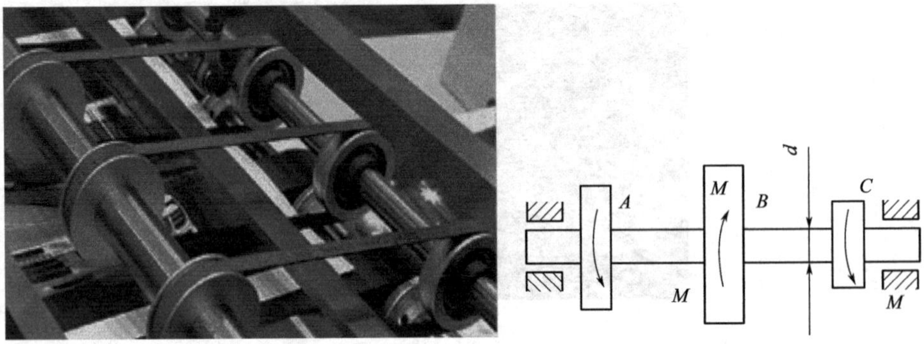

图 10-18　例 10-10 图

解:

$$M_A=9.55\times10^3\ \frac{P_A}{n}=9.55\times10^3\times\frac{7.35}{600}=116.9\ (\text{N}\cdot\text{m})$$

$$M_B=9.55\times10^3\ \frac{P_B}{n}=9.55\times10^3\times\frac{4.41}{600}=70.19\ (\text{N}\cdot\text{m})$$

$$M_C=9.55\times10^3\ \frac{P_C}{n}=9.55\times10^3\times\frac{2.94}{600}=46.80\ (\text{N}\cdot\text{m})$$

强度条件：

$$\tau_{\max}=\frac{M_n}{W_n}=\frac{70.19\times10^3}{\dfrac{\pi d^3}{16}}\leqslant[\tau],d\geqslant26.16\text{mm}$$

刚度条件：

$$\phi=\frac{M_n}{GI_\rho}\times\frac{180}{\pi}\leqslant[\phi]$$

综上确定：

$$d\geqslant26.76\text{mm}$$

取

$$d=28\text{mm}$$

例 10-11　绞车，用卷筒缠绕钢丝绳或链条提升或牵引重物的轻小型起重设备，又称卷扬机。绞车是可单独使用，也可作起重、筑路和矿井提升等机械中的组成部件，因操作简单、绕绳量大、移置方便而广泛应用。主要运用于建筑、水利工程、林业、矿山、码头等的物料升降或平拖。如图 10-19(a) 所示绞车同时由两人操作，若每人加在手柄上的力都是 $F=200\text{N}$，已知轴的许用剪应力 $[\tau]=30\text{MPa}$，试按强度条件初步估算 AB 轴的直径，并确定最大起重量。

解: AB 轴承受的转矩如图 10-19(b) 所示

$$M_{e1}=0.4F=(0.4\times200)\text{N}\cdot\text{m}=80\text{N}\cdot\text{m}$$

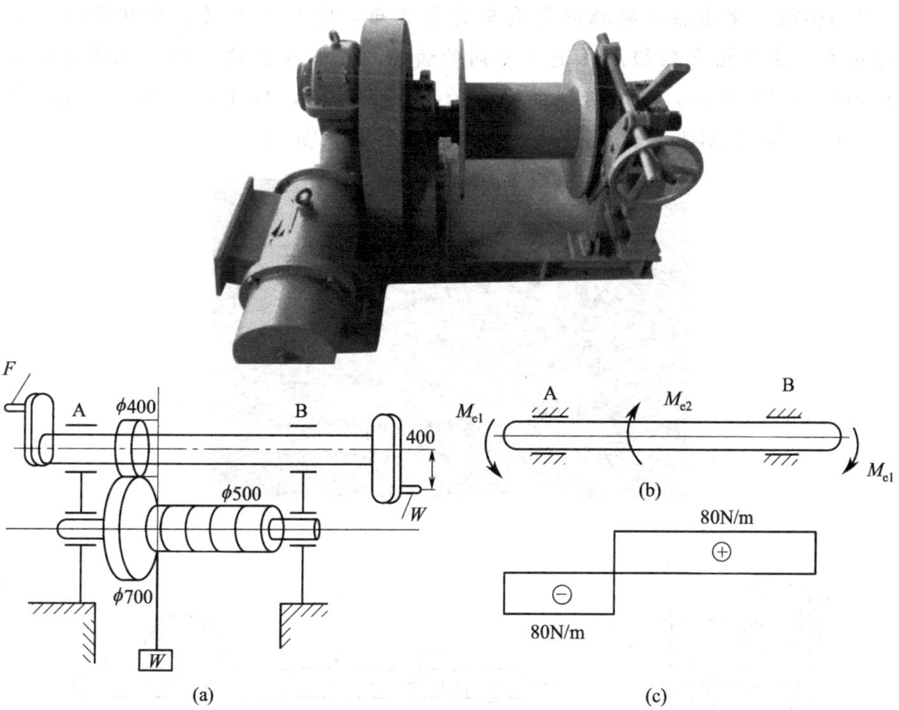

图 10-19 例 10-11 图

由平衡条件得：

$$M_{e2}=2M_{e1}=(2\times 80)\text{N}\cdot\text{m}=160\text{N}\cdot\text{m}$$

B 轴的扭矩图如图 10-19(c) 所示，由强度条件：

$$M_{n\max}=\frac{M_n}{W_n}=\frac{M_{e1}}{W_n}=\frac{80}{\frac{\pi}{16}d^3}\leqslant[\tau]$$

可确定 AB 轴的直径为：

$$d\geqslant\sqrt[3]{\frac{16\times 80}{\pi\times 30\times 10^6}}\text{m}=23.9\text{mm}$$

取轴径为： $d=24\text{mm}$

设传动时齿轮间的切向力为 F，则由平衡条件有：

$$0.2F=M_{e2},\ F=\frac{M_{e2}}{0.2}=\frac{160}{0.2}\text{N}=800\text{N}$$

最大起重量可根据平衡条件 $0.25W_{\max}=0.35F$ 得：

$$W_{\max}=\frac{0.35F}{0.25}=\frac{0.35\times 800}{0.25}\text{N}=1120\text{N}$$

例 10-12 变速箱主要指的是汽车的变速箱，它分为手动、自动两种，手动变速箱主要由齿轮和轴组成，通过不同的齿轮组合产生变速变矩。机车变速箱第Ⅰ轴如图 10-20 所示，轴所传递的功率为 $P=5.5\text{kW}$，转速 $n=200\text{r/min}$，材料为 45 钢 $[\tau]=60\text{MPa}$。试按强度条件初步设计轴的直径。

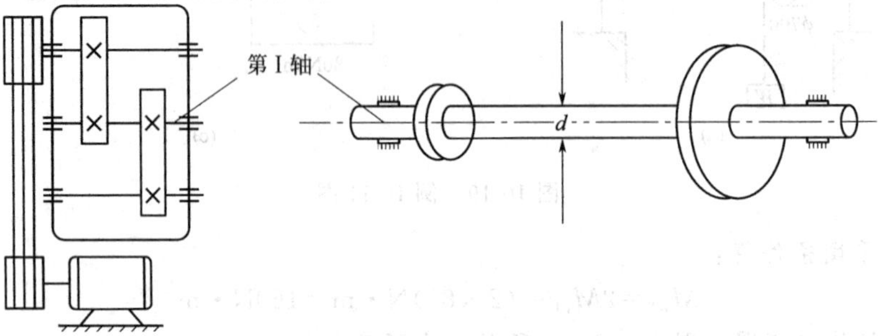

图 10-20 例 10-12 图

解： Ⅰ轴所传递的扭矩为：

$$M_n=9550\times\frac{P}{n}=\left(9550\times\frac{5.5}{200}\right)\text{N}\cdot\text{m}=263\text{N}\cdot\text{m}$$

由圆轴扭转强度的条件：

$$\tau_{\max}=\frac{M_n}{W_n}=\frac{16M_n}{\pi d^3}\leqslant[\tau]$$

可得轴直径为：

$$d\geqslant\sqrt[3]{\frac{16M_n}{\pi[\tau]}}=\sqrt[3]{\frac{16\times263}{60\times10^6\times\pi}}\text{m}=28.1\text{mm}$$

取轴径为 $d=29\text{mm}$。

例 10-13 涡轮轴看起来只是简单的一根金属管，但实际上他是一个肩负 120000～160000r/min 转动及超高温的精密零件。其精细的加工公差、精深的材料运用和处理正是所有涡轮厂最为核心的技术。发动机涡轮轴的简图如图 10-21

(a) 所示。在截面 B，Ⅰ级涡轮转递的功率为 21770kW：在截面 C，Ⅱ级涡轮传递的功率为 19344kW。轴的转速 $n=4650\text{r/min}$。试画出轴的扭矩图，并求出轴的最大剪应力。

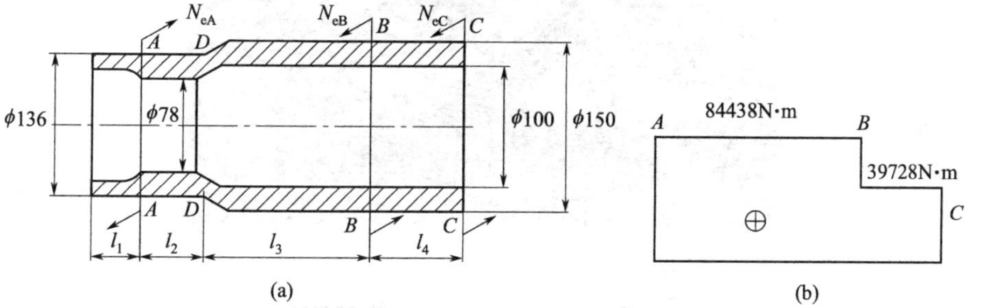

图 10-21 例 10-13 图

解：外力偶矩分别为：

$$M_{eB}=9550\times\frac{P_1}{n}=\left(9550\times\frac{21770}{4650}\right)\text{N}\cdot\text{m}=44710\text{N}\cdot\text{m}$$

$$M_{eC}=9550\times\frac{P_2}{n}=\left(9550\times\frac{19344}{4650}\right)\text{N}\cdot\text{m}=39728\text{N}\cdot\text{m}$$

$$M_{eA}=M_{eB}+M_{eC}=(44710+39728)\text{N}\cdot\text{m}=84438\text{N}\cdot\text{m}$$

故涡轮轴的扭矩图如图 10-21(b) 所示。

AD 段截面上的最大剪应力为：

$$\tau_A=\frac{M_n}{W_n}=\frac{M_{eA}}{W_{n1}}=\frac{16\times84438}{\pi\times0.136^3\times[1-(78/136)^4]}\text{Pa}=191.7\text{MPa}$$

BC 段横截面上的最大剪应力为：

$$\tau_C=\frac{M_n}{W_n}=\frac{M_{eC}}{W_{n2}}=\frac{16\times39728}{\pi\times0.15^3\times[1-(100/150)^4]}\text{Pa}=71.7\text{MPa}$$

DB 段横截面上的最大剪应力为：

$$\tau=\frac{M_n}{W_n}=\frac{M_{eA}}{W_{n2}}=\frac{16\times84438}{\pi\times0.15^3\times[1-(100/150)^4]}\text{Pa}=158.8\text{MPa}$$

综上所述可知，最大剪应力在 AD 段横截面上：$\tau_{max}\approx192\text{MPa}$。

例 10-14 钻头是进行石油钻井工作的重要工具之一，钻头是否适应岩石性质及其质量的好坏，在选用钻井工艺方面起着非常重要的作用，特别是对钻井质量、钻探速度、钻井成本方面产生着巨大的影响，如图 10-22(a) 所示，钻头横截面直径为 20mm，在顶部受均匀阻抗扭矩 m（N·m/m）的作用，许用剪应力 $[\tau]=80\text{MPa}$。(1) 求许可的 M_n；(2) 若 $G=80\text{GPa}$，求上端对下端的相对扭转角。

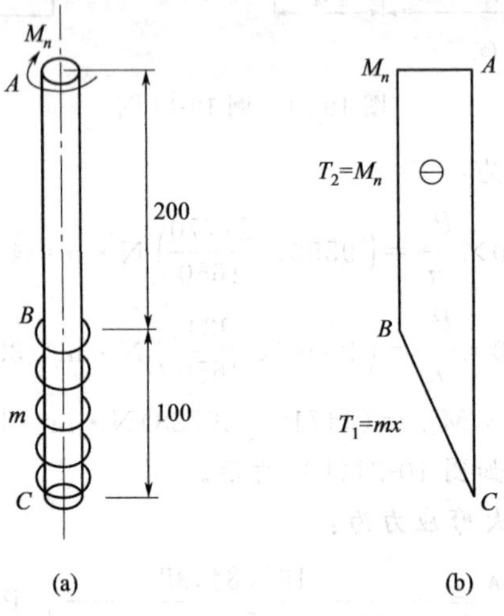

图 10-22　例 10-14 图

解：(1) 最大扭矩在 AB 段，由圆轴扭转的强度条件可知：

$$\tau_{\max}=\frac{M_n}{W_n}\leqslant[\tau]$$

解上式得：

$$M_n\leqslant[\tau]W_n=\frac{80\times10^6\pi\times(20\times10^{-3})^3}{16}\text{N}\cdot\text{m}=125.6\text{N}\cdot\text{m}$$

令

$$[\tau]W_n=M_n$$

所以 $m=M_n/0.1=(125.6/0.1)\mathrm{N\cdot m/m}=1256\mathrm{N\cdot m/m}$

(2) 因扭矩在 AC 上不是连续函数，所以上端对下端的相对扭转角要分段计算后再叠加计算如图 10-22(b) 所示，即

$$\phi=\int_0^{l_1}\frac{M_{n1}\mathrm{d}x}{GI_\rho}+\int_{l_1}^{l_2}\frac{M_{n2}\mathrm{d}x}{GI_\rho}=\int_1^{0.1}\frac{mx}{GI_\rho}\mathrm{d}x+\frac{0.2M_n}{GI_\rho}$$

$$=\frac{0.5\times1256\times(100\times10^{-3})^2+200\times125.6\times10^{-3}}{80\times10^9\times\frac{\pi}{32}\times(20\times10^{-3})^4}\mathrm{rad}$$

$$=0.025\mathrm{rad}$$

例 10-15 搅拌设备在化工生产中不可或缺。例如搅拌釜式反应器，如图 10-23 所示。搅拌釜式反应器由搅拌容器和搅拌机两大部分组成。搅拌容器包括筒体、换热元件及内构件。搅拌机包括搅拌装置及其密封装置和传动装置。搅拌釜式反应器适用于各种物性（如黏度、密度）和各种操作条件（温度、压力）的反应过程，广泛应用于合成塑料、合成纤维、合成橡胶、医药、农药、化肥、染料、涂料、食品、冶金、废水处理等行业。现有一搅拌设备，电动机的功率为 $P=2.5\mathrm{kW}$；传动装置的效率 $\eta=0.95$；转速 $n=150\mathrm{r/min}$。试求轴传递的最大扭矩。

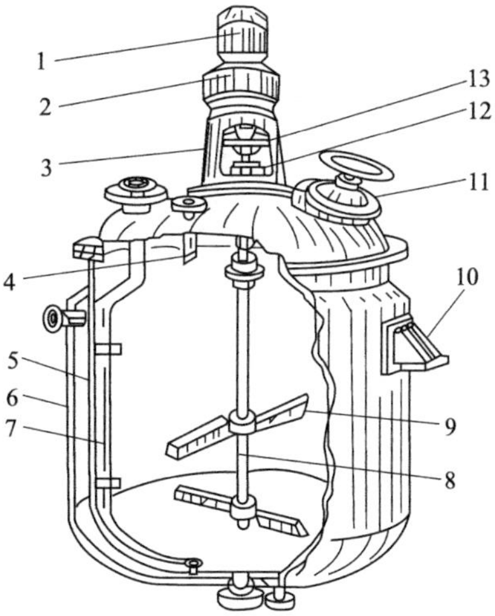

搅拌釜式反应器

图 10-23 例 10-15 图

1—电动机；2—减速器；3—机座；4—加料管；5—内筒；6—夹套；7—出料管；8—搅拌轴；9—搅拌桨；10—支座；11—人孔；12—轴封装置；13—联轴器

解： 轴传递的最大扭矩［参见式(5-55)］

$$M_{n\max}=9550\frac{P}{n}\eta=9550\times\frac{2.5}{150}\times0.95=151.2\ (\mathrm{N\cdot m})$$

思考题

1. 扭转构件的受力特点和变形特点分别是什么？
2. 扭转变形的生产实践的例子都有哪些？
3. 外力矩的计算公式是什么？各参数含义是什么？
4. 什么是扭角？怎么求解？
5. 剪切变形是什么？
6. 剪应变的计算公式是什么？各参数含义是什么？
7. 圆轴扭转时横截面上的剪应力公式是什么？各参数含义是什么？
8. 实心圆轴可以看成为许多薄壁圆筒组成，根据胡克定律，其物理方程是什么？
9. 圆轴扭转的刚度条件是什么？各参数含义是什么？

第11章

组合变形

工程上大多数的构件在力的作用下变形较为复杂。通常这些变形可分解为几个变形的组合（combination of deformation）；在小变形条件下每一载荷引起的变形和内力又受其他载荷影响，因此可应用叠加原理，把几个基本变形在同一点的应力和应变值代数加和，就可以得到复杂变形的解。

11.1 拉伸与弯曲组合

组合的变形特征：轴向力引起轴向拉伸（或压缩）；横向力引起平面弯曲（或斜弯曲）。

中性轴：中性轴为一不通过截面形心的直线。

图 11-1(a) 所示悬臂梁 A 在 B 端承受载荷 F 的作用，固定端 A 受约束力 F_{Ax}、F_{Ay} 以及约束力偶 M_A 的作用。

(1) 力的分解

为了分析变形，将载荷 F 分解成两个正交分量 F_x 和 F_y，则

$$F_x = F\cos\alpha,\ F_y = F\sin\alpha$$

F_x 和 F_{Ax} 使杆轴向拉伸，F_y、F_{Ay} 和 M_A 使杆发生弯曲，因此，杆 AB 上发生轴向拉伸与弯曲的组合变形。

(2) 画出杆的轴力图和弯矩图

由轴力图和弯矩图可知，截面 A 为危险截面，该截面的轴向力 $F_N = F_x$ [图 11-1(b)]，弯矩 $M_A = F_y l$ [图 11-1(c)]。$M_A = F_y l$ 危险截面上的应力分布情况如图 11-1(d) 所示，其中

$$\sigma_N = \frac{F_x}{A} \qquad \sigma_M = \frac{F_y l}{W}$$

(3) 最大应力分析

由应力分布图 [图 11-1(d)] 可知，危险点为截面上的上边缘各点。由于两种基本变形在危险点引起的应力均为正应力，故危险点处于单向应力状态，只需将这两个同向应力代数相加，即得危险点的最终应力为：

最大拉应力： $$\sigma_{l\max} = \sigma_N + \sigma_M = \frac{F_x}{A} + \frac{F_y l}{W_z}$$

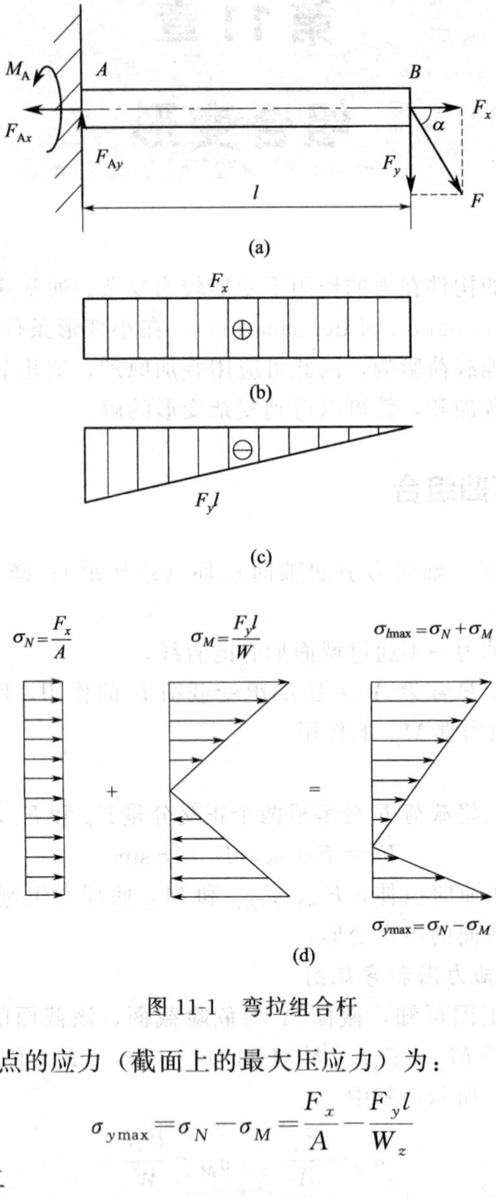

图 11-1 弯拉组合杆

截面下边缘各点的应力（截面上的最大压应力）为：

最大压应力： $\sigma_{ymax}=\sigma_N-\sigma_M=\frac{F_x}{A}-\frac{F_yl}{W_z}$

（4）强度计算

当杆件发生轴向拉压和弯曲组合变形时，对于拉、压强度相同的塑性材料，只需按截面上的最大应力进行强度计算，其强度条件为：

$$|\sigma|_{max}=\left|\frac{F_x}{A}\right|+\left|\frac{F_yl}{W_z}\right|\leqslant[\sigma] \tag{11-1}$$

但对于抗压强度大于抗拉强度的脆性材料，则要分别按最大拉应力和最大压应力进行强度计算，故强度条件分别为：

$$\begin{cases}\sigma_{l\max}=\dfrac{F_x}{A}+\dfrac{F_y l}{W_z}\leqslant[\sigma_1] \\ \sigma_{y\max}=\left|\dfrac{F_x}{A}-\dfrac{F_y l}{W_z}\right|\leqslant[\sigma_y]\end{cases} \tag{11-2}$$

11.2 弯曲与扭转组合

机械中的转轴，通常在弯曲与扭转组合变形下工作。现以电动机轴为例，说明这种组合变形的强度计算。图 11-2(a) 所示的电动机轴，在外伸端装有带轮，工作时，电动机给轴输入一定转矩，通过带轮的带传递给其他设备。设带的紧边拉力为 $2F$，松边拉力为 F，不计带轮自重。

组合变形特征：构件在扭转外力偶矩作用下产生扭转变形（或位移）；在横向力作用下引起平面弯曲（或斜弯曲）的变形（或位移），两者相互独立。

（1）*外力分析* 将电动机轴的外伸部分简化为悬臂梁，把作用于带上的拉力向杆的轴线简化，得到一个力 F' 和一个力偶 M_e 如图 11-2(b) 所示，其值分别为：

$$F'=3F \qquad M_e=2F\frac{D}{2}-F\frac{D}{2}=\frac{FD}{2}$$

力 F' 使轴在垂直平面内发生弯曲，力偶 M_e 使轴扭转，故轴上产生弯曲与扭转组合变形。

（2）*内力分析* 轴的弯矩图和扭矩如图 11-2(c)、(d) 所示。由图可知，固定端面 A 为危险截面，其上的弯矩和扭矩值分别为：

$$M=F'l \qquad M_n=M_e=\frac{FD}{2}$$

（3）*应力分析* 由于危险截面上同时作用着弯矩和扭矩，故该截面上必然同时存在弯曲正应力和扭转剪应力，其分布情况如图 11-2(e)、(f) 所示。由应力分布图可见，C、E 两点的正应力和剪应力均分别达到了最大值。因此 C、E 两点为危险点，该两点的弯曲正应力和扭转剪应力分别为：

$$\sigma=\frac{M}{W_z} \qquad \tau=\frac{M_n}{W_n} \tag{a}$$

取 C、E 两点的单元体图 11-2(g)、(h)，它们均属于平面应力状态，故需按强度理论来建立强度条件。

（4）*建立强度条件* 对于塑性材料制成的转轴，因其抗拉、压强度相同，因此 C、E 两点的危险程度是相同的，故只需取一点来研究。

现取 C 点为例建立强度条件。由于转轴一般由塑性材料制成，故采用第三或第四强度理论进行计算。由前述可知，单元体 C 的第三或第四强度理论的相

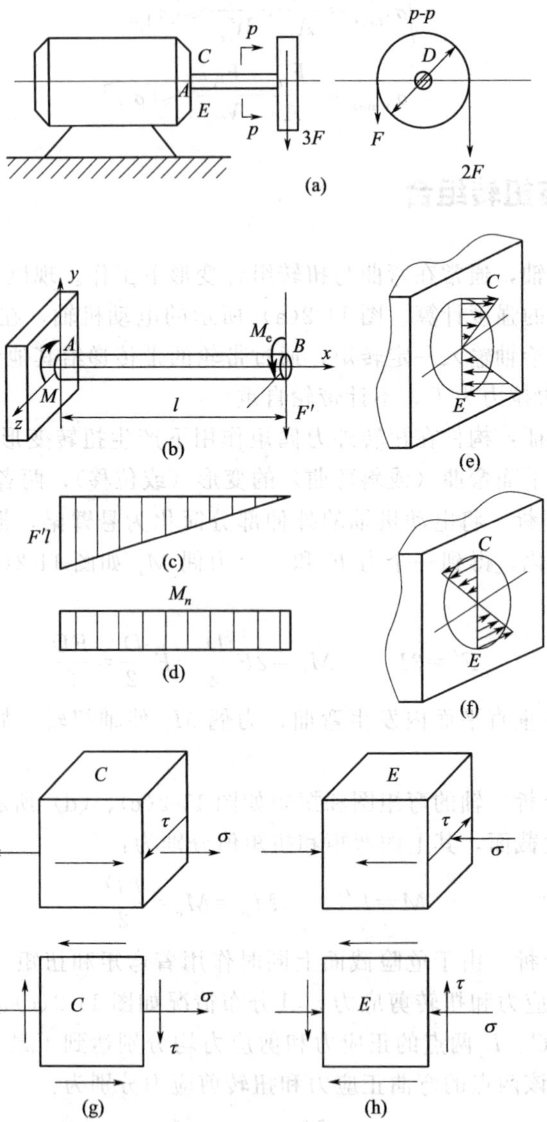

图 11-2 轴的弯扭组合强度校核

当应力分别为：

$$\sigma_{xd3}=\sqrt{\sigma^2+4\tau^2} \tag{b}$$

$$\sigma_{xd4}=\sqrt{\sigma^2+3\tau^2} \tag{c}$$

将式(a) 代入式(b)、式(c)，并注意到圆轴的 $W_n=2W_z$，即可得到按第三和第四强度理论建立的强度条件为：

$$\sigma_{xd3}=\frac{\sqrt{M^2+M_n^2}}{W_z}[\sigma] \tag{11-3}$$

$$\sigma_{xd4}=\frac{\sqrt{M^2+0.75M_n^2}}{W_z}\leqslant[\sigma] \tag{11-4}$$

需要指出的是，此两式只适用于由塑性材料制成的弯扭组合的变形圆截面杆和空心圆截面杆。

工程实践例题与简解

例 11-1 电动机是把电能转换成机械能的一种设备。它在石油、石化行业应用极为广泛，比如搅拌釜中电动机与搅拌轴通过联轴器相连，通过电动机带动搅拌轴旋转；对于一些流体机械，电动机和旋转轴直接相连，或中间通过减速器与旋转轴相连，带动旋转轴转动。图 11-3(a) 所示转轴 AB 由电动机带动，轴长 $l=0.8$m，在跨中央装有带轮的直径 $D=1$m，重力不计，带紧边和松边的张力

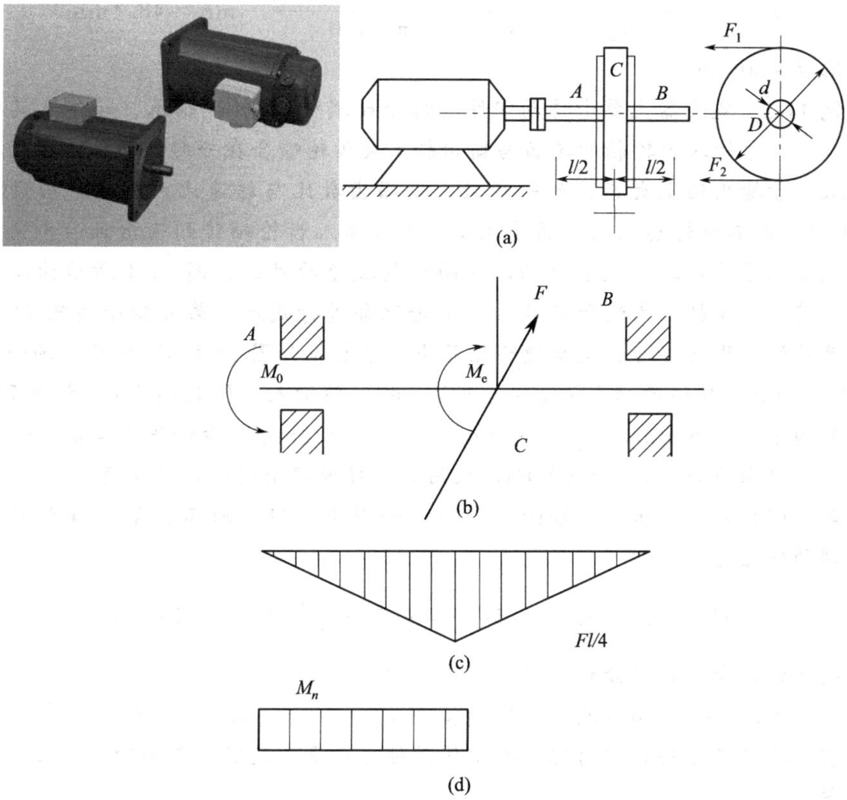

图 11-3 例 11-1 图

分别为 $F_1=4\text{kN}$，$F_2=2\text{kN}$，转轴材料的应力为 $[\sigma]=140\text{MPa}$。试用第三强度理论确定轴的直径 d。

解：(1) 外力分析。将作用于带上的张力 F_1 和 F_2 向轴向简化，得到一个力 F 和一个力偶 M_e，M_e 与电动机驱动力偶 M_0 平衡，如图 11-3(b) 所示，F 和 M_e 的值分别为：

$$F=F_1+F_2=6\text{kN} \qquad M_e=(F_1-F_2)\frac{D}{2}=1\text{kN}\cdot\text{m}$$

(2) 内力分析。作出轴的弯矩图和扭矩图如图 11-3(c)、(d) 所示。由图可见，轴中部的截面 C 为危险截面，其上的弯矩和扭矩值为分别为：

$$M=\frac{Fl}{4}=\frac{6\times0.8}{4}=1.2\text{kN}\cdot\text{m} \qquad M_n=M_e=1\text{kN}\cdot\text{m}$$

(3) 确定轴的直径。将 $W_z=\frac{\pi d^3}{32}$ 和危险截面上的弯矩和扭矩值代入式(11-3)，得轴的直径为：

$$d\geqslant\sqrt[3]{\frac{32\sqrt{M^2+M_e^2}}{\pi[\sigma]}}=\sqrt[3]{\frac{32(\sqrt{1.2^2+1^2})\times10^6}{\pi\times140}}\text{mm}=48.4\text{mm}$$

取 $d=50\text{mm}$。

例 11-2 减速器主要由传动零件（齿轮或蜗杆）、轴、轴承、箱体及其附件所组成。由于输入齿轮轴的轮齿与输出轴上大齿轮啮合在一起，而输入齿轮轴的轮齿数少于输出轴上大齿轮的轮齿数，根据齿数比与转速比成反比，当动力源（如电机）或其他传动机构的高速运动，通过输入齿轮轴传到输出轴后，输出轴便得到了低于输入轴的低速运动，从而达到减速的目的。图 11-4 所示为二级减速器，其中第Ⅰ轴上齿轮和第Ⅱ轴大齿轮配合进行减速，第Ⅱ轴小齿轮 D 和第Ⅲ轴齿轮配合进行减速。某减速齿轮箱中的第Ⅱ轴如图 11-4(a) 所示。轴的转速 $n=265\text{r/min}$，传递的功率为 $P=10\text{kW}$（由 C 轮输入，D 轮输出）。齿轮节圆直径分别为 $D_1=396\text{mm}$，$D_2=168\text{mm}$，轴径 $d=40\text{mm}$，齿轮压力角 $\alpha=20°$。若轴材料的许用应力 $[\sigma]=100\text{MPa}$，试用第四强度理论校核轴的强度。

解：(1) 外力分析。取轴向为 x 轴，如图 11-4(b) 所示。A_{xyz} 坐标系齿轮轴传递的转矩为：

$$M_C=M_D=M_n=9550\frac{P}{n}=9550\times\frac{10}{265}=360\ (\text{N}\cdot\text{m})$$

将两齿轮受力正交分解，得：

$$F_{Cy2}=F_C\sin\alpha,F_{Cz2}=F_C\cos\alpha,F_{Dz1}=F_D\sin\alpha,F_{Dy1}=F_D\cos\alpha$$

将齿轮的受力向轴向简化，知该传动轴受水平面及竖向平面的弯曲及 CD 段的扭转。

(2) 内力分析。分别作出该轴的内力图如图 11-4(c) 所示，将两个平面内

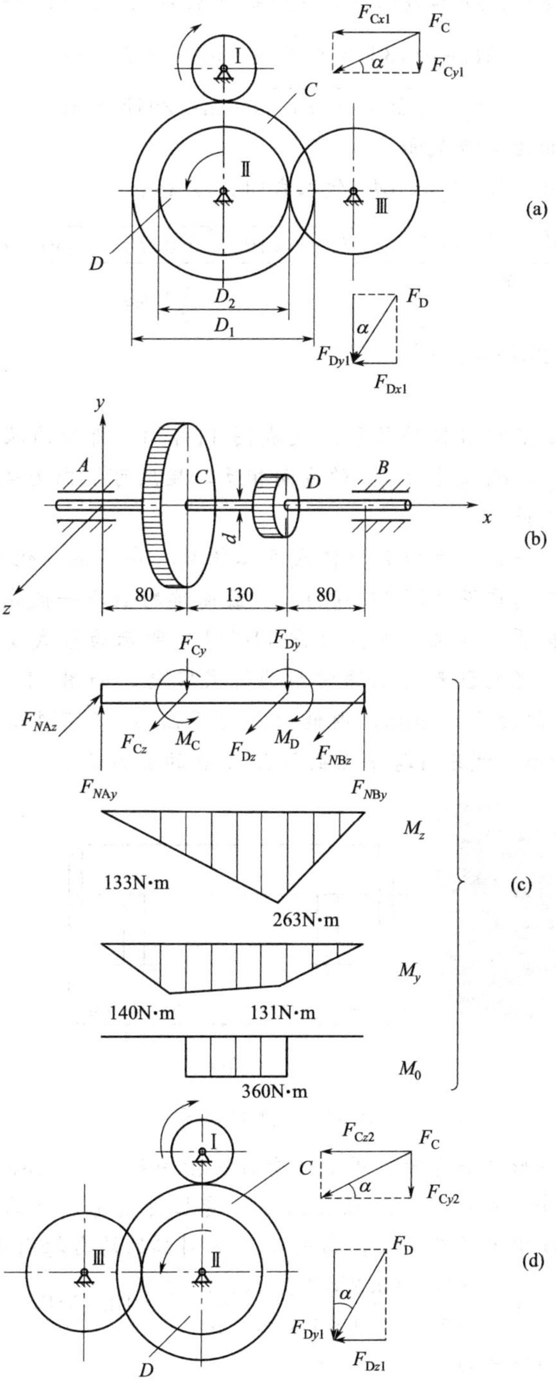

F_{Cx1}
F_C
F_{Cy1}
α
I
C
II
III
D
D_2
D_1
F_D
α
F_{Dy1}
F_{Dx1}
(a)
y
A
C
D
B
d
x
z
80
130
80
(b)
F_{Cy}
F_{Dy}
F_{NAz}
F_{Cz}
M_C
F_{Dz}
M_D
F_{NBz}
F_{NAy}
F_{NBy}
M_z
133N·m
263N·m
M_y
140N·m
131N·m
M_0
360N·m
(c)
F_{Cz2}
F_C
C
α
F_{Cy2}
I
III
II
D
F_D
α
F_{Dy1}
F_{Dz1}
(d)

图 11-4 例 11-2 图

的弯矩予以合成得 C、D 两截面的合成弯矩分别为 M_1 和 M_2 即

$$M_1=\sqrt{133^2+140^2}\,\text{N}\cdot\text{m}=193\text{N}\cdot\text{m}$$

$$M_2=\sqrt{263^2+131^2}\,\text{N}\cdot\text{m}=294\text{N}\cdot\text{m}$$

显然，D 截面为危险截面。

(3) 强度校核。将 M_2 及 M_n 代入式(11-4) 得：

$$\sigma_{xd4}=\frac{\sqrt{M_2^2+0.75M_n^2}}{W_z}=\frac{\sqrt{(294\times10^3)^2+0.75\times(360\times10^3)^2}}{\frac{\pi}{32}\times40^3}\text{MPa}$$

$$=68.2\text{MPa}\leqslant[\sigma]$$

故该轴安全。

(4) 讨论：如果将Ⅲ轴的位置改变成图 11-4(d) 所示的状况，由受力分析可见 F_{Cy2} 和 F_{Dy2}，F_{Cz2} 和 F_{Dz2} 的方向相反，显然可使内力减小，轴更趋于安全或可承受更大载荷。

例 11-3 储罐一般用于储存液体或气体物质，在石油、化工、能源、环保、制药及食品行业应用广泛［图 11-5(a) ］。最简单的储罐一般由承受压力的筒体和两端的封头、接管、法兰、支座［图 11-5(b) 所示为鞍式支座，用于卧式容器］组成。水平放置的圆形容器通常称为卧式容器，如图 11-5(b) 所示。卧式容器内径 1.5m，厚度 $\delta=4\text{mm}$，内储均匀内压强 $p=0.2\text{MPa}$ 的气体。容器每米自重 $q=18\text{kN/m}$。试分析跨中点截面上 A 点的应力状态。

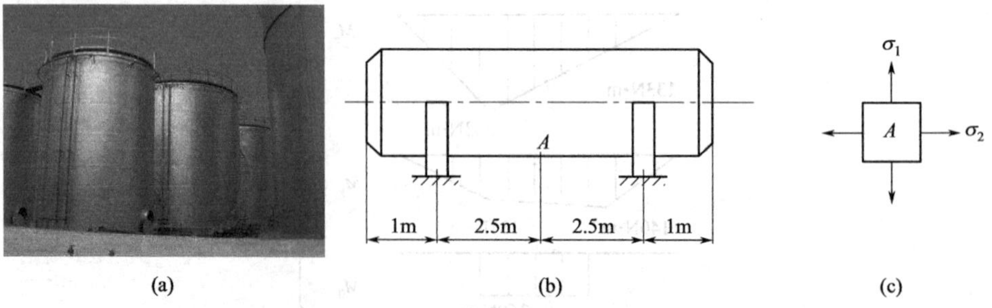

图 11-5 例 11-3 图

解：将此圆筒形薄壁容器，近似地看做在横向载荷 $q=18\text{kN/m}$ 作用下受弯曲变形的梁。另外，容器在内压强作用下又受拉伸变形，故为弯曲与拉伸的组合。在容器过跨度中点的截面上，由内压强 p 引起的均匀拉引力为：

$$\sigma_a=\frac{pD}{4\delta}=\frac{(0.2\text{MPa})\times(1.5\text{m})}{4\times4\times10^{-3}\text{m}}=18.8\text{MPa}$$

中央截面上的弯矩为：

$$M=\frac{1}{2}(18\times7\times2.5-18\times3.5^2)=47.25\ (\text{kN}\cdot\text{m})$$

容器的横截面为一薄圆环，对水平直径的惯性矩：

$$I_z=\pi r^3\delta=\pi(0.75+0.5\times4\times10^{-3})^3\times4\times10^{-3}\mathrm{m}^4=5.34\times10^{-3}\mathrm{m}^4$$

式中，r 为圆环的平均半径。中央截面上 A 点的弯曲正应力为：

$$\sigma_b=\frac{My}{I_z}=\frac{47.25\times10^3\times(0.75+4\times10^{-3})}{5.34\times10^{-3}}=6.67\ (\mathrm{MPa})$$

叠加得：

$$\sigma_2=\sigma_a+\sigma_b=25.47\mathrm{MPa}$$

在通过 A 点的纵向截面上，还有因内压强 p 引起的拉应力：

$$\sigma_1=\frac{pD}{2\delta}=37.5\mathrm{MPa}$$

A 点的应力状态表示于图 11-5(c) 中。

例 11-4 起重机是指在一定范围内垂直提升和水平搬运重物的多动作起重机械，又称吊车。压力容器行业中应用起重机比较多，如压力容器从一个工位到另一个工位的运输。桥式起重机大梁为 32A 工字钢，如图 11-6 所示，材料为

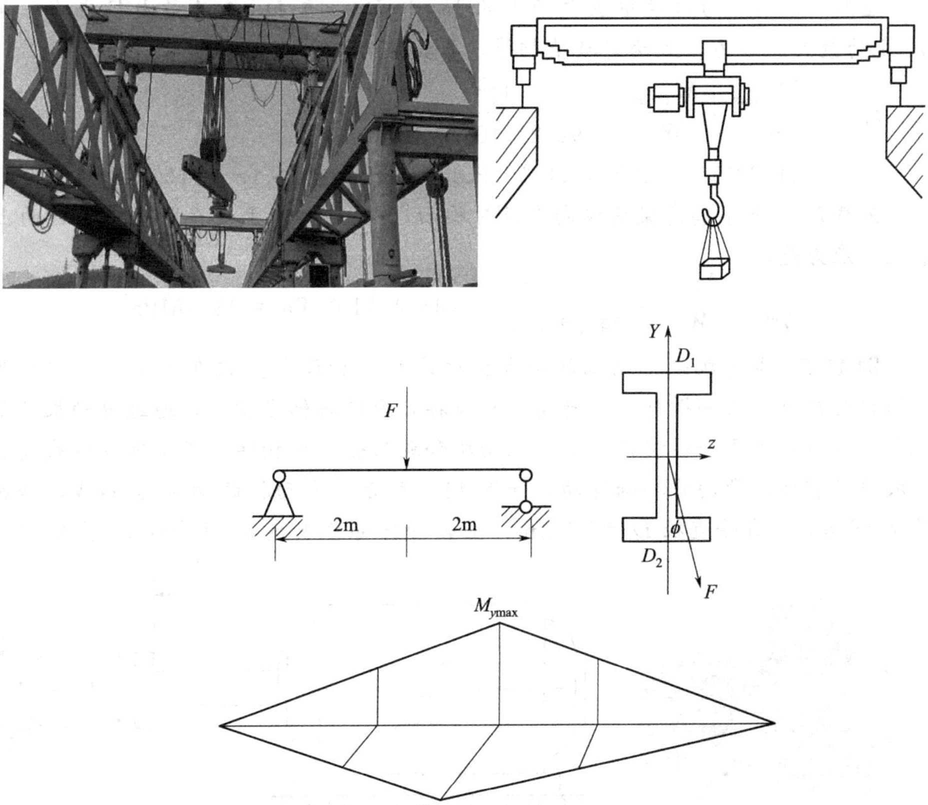

图 11-6 例 11-4 图

Q235，[σ]=160MPa，l=4m。起重机小车行进时由于惯性或其他原因，载荷偏离纵向垂直对称面一个角度ϕ，若ϕ=15°，F=30kN。试校核梁的强度。

解：当小车走到梁跨度的中点时，大梁处于最不利的受力状态。而这时跨度中点截面的弯矩最大，是危险截面。将F沿y轴及z轴分解为：

$$F_z=F\sin\phi=30\sin15°=7.76\ (\text{kN})$$

$$F_y=F\cos\phi=30\cos15°=29\ (\text{kN})$$

在xz平面内，跨度中点截面上由F_z引起的最大弯矩为：

$$M_{y\max}=\frac{F_z l}{4}=\frac{29\times4}{4}=29\ (\text{kN}\cdot\text{m})$$

在xy平面内，跨度中点截面上由F_y引起的最大弯矩为：

$$M_{z\max}=\frac{F_y l}{4}=\frac{7.76\times4}{4}=7.76\ (\text{kN}\cdot\text{m})$$

由型钢表查得32A工字钢的两个抗弯截面系数分别为：

$$W_y=692.2\text{cm}^3,\ W_z=70.8\text{cm}^3$$

显然，危险点为跨度中点截面上的D_1和D_2，点D_1上为最大拉应力，点D_2上为最大压应力，且两者数值相等，其数值为：

$$\sigma_{\max}=\frac{M_{y\max}}{W_y}+\frac{M_{z\max}}{W_z}=\frac{29\times10^3}{692.2\times10^{-6}}+\frac{7.76\times10^3}{70.8\times10^{-6}}$$

$$=41.9\times10^6+109.5\times10^6\ (\text{Pa})=151.4\text{MPa}<[\sigma]=160\text{MPa}\quad 安全$$

若载荷F并不偏离梁的纵向垂直对称面，即$\phi=0$，于是在跨度中点截面上最大正应力是：

$$\sigma_{\max}=\frac{M_{\max}}{W_y}=\frac{30\times10^3}{692.2\times10^{-6}}=43.4\times10^6(\text{Pa})=43.4\text{MPa}$$

例 11-5 电动机是把电能转换成机械能的一种设备。它在石油、石化行业应用极为广泛，比如搅拌釜中电动机与搅拌轴通过联轴器相连，通过电动机带动搅拌轴旋转；对于一些流体机械，电动机和旋转轴直接相连，或中间通过减速器与旋转轴相连，带动旋转轴转动。如图11-7所示，电动机的功率为9kW，转速为715r/min，带轮直径D=250mm，主轴外伸部分长度l=120mm，主轴直径

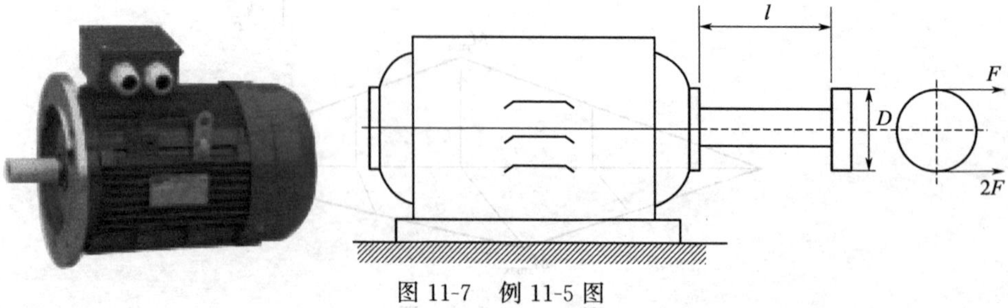

图 11-7 例 11-5 图

$d=40\text{mm}$。若 $[\sigma]=60\text{MPa}$，试用第三强度理论校核轴的强度。

解： 这是一个弯扭组合变形问题。显然危险截面在主轴根部。该处的内力分量分别为

扭矩：$M_n=9.55\times10^3\times\dfrac{P}{n}=9.55\times10^3\times\dfrac{9}{715}\text{N}\cdot\text{m}=120\text{N}\cdot\text{m}$

根据平衡条件：$$2F\times\frac{D}{2}-F\times\frac{D}{2}=M_n$$

得 $$F=\frac{2M_n}{D}=\frac{2\times120}{0.25}\text{N}=960\text{N}$$

弯矩：$M=3Fl=(3\times960\times0.12)\ \text{N}\cdot\text{m}=346\text{N}\cdot\text{m}$

应用第三强度理论：

$$\sigma_{\max}=\frac{\sqrt{M^2+M_n^2}}{W}=\frac{\sqrt{120^2+346^2}}{\frac{\pi}{32}\times(40\times10^{-3})^3}\text{Pa}$$

$$=58.3\text{MPa}<[\sigma]=60\text{MPa}$$

最大工作应力小于许用应力，满足强度要求，故安全。

例 11-6 机械搅拌反应器（也称为搅拌釜式反应器）适用于各种物性（如黏度、密度）和各种操作条件（温度、压力）的反应过程，广泛应用于合成塑料、合成纤维、合成橡胶、医药、化肥、食品、冶金、废水处理等行业。搅拌反应器由搅拌容器和搅拌机两大部分组成。搅拌容器包括筒体、换热元件及内构件。搅拌器、搅拌轴及其密封装置、传动装置等统称为搅拌机。某型搅拌反应器搅拌轴如图 11-8 所示。电动机的输出功率为 $P=37500\text{kW}$，转速 $n=150\text{r/min}$。已知轴向推力 $F_x=4800\text{kN}$，搅拌器重 $W_1=390\text{kN}$；搅拌轴的内径 $d=340\text{mm}$，外径 $D=750\text{mm}$，自重 $W=285\text{kN}$。主轴材料为 45 钢，其许用应力 $[\sigma]=80\text{MPa}$。试按第四强度理论校核搅拌轴的强度。

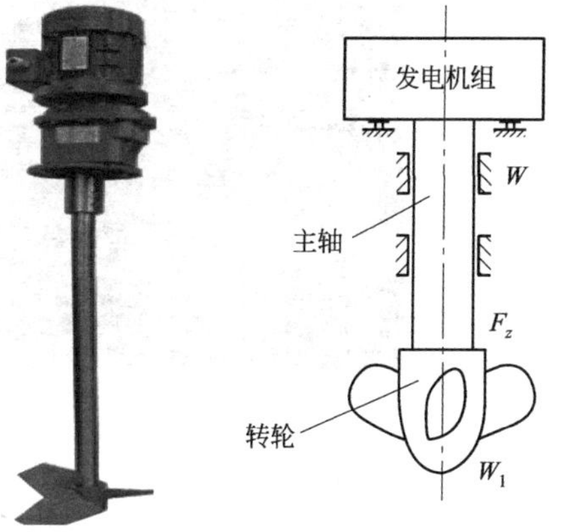

图 11-8 例 11-6 图

解： 这是一个拉扭组合变形问题，危险截面在主轴根部。该处的内力分量为：

$$F_N=F_x+W_1+W=(4800+390+285)\ \text{kN}=5475\text{kN}$$

$$M_n=9549\frac{P}{n}=9549\times\frac{37500}{150}\text{N}\cdot\text{m}=2.4\times10^6\text{N}\cdot\text{m}$$

危险点的应力分量：

$$\tau=\frac{M_n}{W_n}=\frac{16\times2.4\times10^3}{\pi\times0.75^3\times[1-(340/750)^4]}\text{Pa}=30.3\text{MPa}$$

$$\sigma=\frac{F_N}{A}=\frac{5475\times10^3\times4}{\pi(0.75^2-0.34^2)}\text{Pa}=15.6\text{MPa}$$

按第四强度理论：

$$\sigma_{r4}=\sqrt{\sigma^2+3\tau^2}=\sqrt{15.6^2+3\times30.3^2}\text{MPa}$$
$$=54.8\text{MPa}<[\sigma]=80\text{MPa}$$

危险点处的应力小于许用应力，故安全。

例 11-7 起重机是指在一定范围内垂直提升和水平搬运重物的多动作起重机械，又称吊车。压力容器行业中应用起重机比较多，如压力容器从一个工位到另一个工位的运输。图 11-9 所示起重架的最大起吊重量（包括行走小车等）为 $W=40\text{kN}$，横梁 AC 由两根 $18^{\#}$ 槽钢组成，材料为 Q235 钢，许用应力 $[\sigma]=120\text{MPa}$。$18^{\#}$ 槽钢的 $A=29.30\text{cm}^2$，$I_y=1370\text{cm}^4$，$W_y=152\text{cm}^3$，斜拉力 F_{RA} 与横梁的夹角为 30°，起重梁 $L=3.5\text{m}$。试校核横梁的强度。

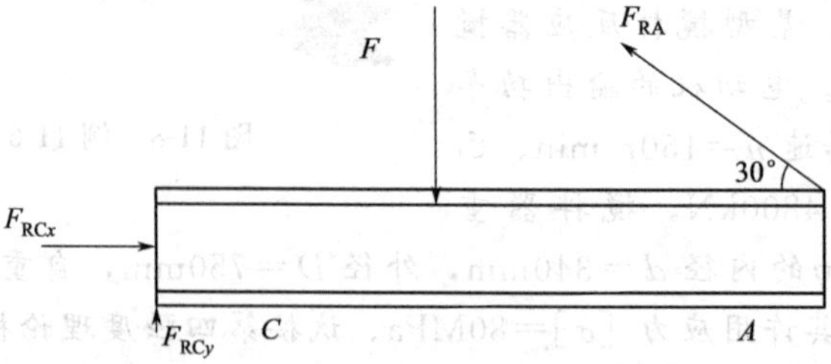

图 11-9 例 11-7 图

解： 梁 AC 受压弯组合作用。当载荷 W 移至 AC 中点处时梁内弯矩最大，所以 AC 中点处横截面为危险截面。危险点在梁横截面的顶边上。

根据静力学平衡条件，AC 梁的约束反力为：

$$F_{RA}=W, \quad F_{RCx}=F_{RA}\cos30°=W\cos30°$$

危险截面上的内力分量为：

$$F=F_{RCy}=W\sin30°=(40\times\sin30°)\text{kN}=34.6\text{kN}$$

$$M=F_{RCy}\times\frac{3.5}{2}=F_{RA}\sin30°\times\frac{3.5}{2}$$

$$=\left(W\sin30°\times\frac{3.5}{2}\right)\text{kN}\cdot\text{m}=35\text{kN}\cdot\text{m}$$

危险点的最大应力：

$$\sigma_{max}=\frac{F}{A}+\frac{M_y}{W_y}=\left(\frac{34.6\times10^2}{2\times29.3\times10^{-4}}+\frac{35\times10^3}{2\times152\times10^{-6}}\right)\text{Pa}$$

$$=121\text{MPa}\ (压)$$

最大应力恰好满足许用应力，故可安全工作。

例 11-8 拉爪器，又称拉码，是机械维修中经常使用的一种工具。主要用来将轴承从轴上沿轴向拆卸下来。拆卸工具的爪如图 11-10(a) 所示，由 45 钢制成，其许用应力 $[\sigma]=200\text{MPa}$。试按爪的强度，确定工具的最大顶压力 F_{max}。

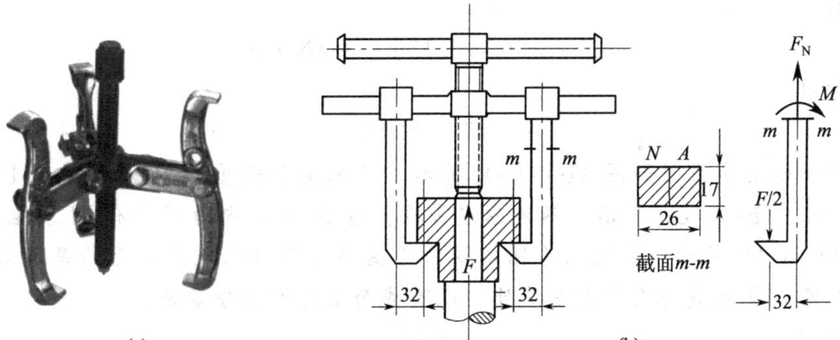

(a) (b)

图 11-10 例 11-8 图

解：这是一个拉弯组合变形问题，m-m 截面上的内力分量如图 11-10(b) 所示。

$$F_N=\frac{F}{2}, M=\left(\frac{F}{2}\times0.032\right)\text{N}\cdot\text{m}=(0.016F)\text{N}\cdot\text{m}$$

危险点的应力：

$$\sigma_{max}=\frac{F_N}{A}+\frac{M}{W_{NA}}=\frac{F/2}{0.026\times0.017}+\frac{0.016F}{\frac{1}{6}\times0.017\times0.026^2}=9485F$$

依据强度条件： $\sigma_{max}\leqslant[\sigma]$

有 $9485F\leqslant200\times10^6$，$F\leqslant21.1\text{kN}$

工具的最大顶压力： $F_{max}=21.1\text{kN}$

例 11-9 皮带传动亦称“带传动”，为机械传动的一种。由一根或几根皮带紧套在两个轮子（称为“皮带轮”）上组成。两轮分别装在主动轴和从动轴上。利用皮带与两轮间的摩擦。以传递运动和动力。图 11-11 所示皮带轮传动轴，传递功率 $P=7\mathrm{kW}$，转速 $n=200\mathrm{r/min}$。皮带轮重量 $W=1.8\mathrm{kN}$。左端齿轮上啮合力 F_n 与齿轮节圆切线的夹角（压力角）为 20°。轴的材料为 Q255 钢，其许用应用力 $[\sigma]=80\mathrm{MPa}$。试分别在忽略和考虑皮带轮重量的两种情况下，按第三强度理论估算轴的直径。

解：这是一个弯扭组合变形问题，传动轴承受的扭矩：

$$M_n=9.55\times10^3\times\frac{P}{n}=\left(9550\times\frac{7}{200}\right)\mathrm{N\cdot m}=334\mathrm{N\cdot m}$$

根据平衡条件确定皮带张力 F_1 和 F_2 及 F_n：

因

$$F_2\times0.25\mathrm{m}=334\mathrm{N\cdot m}$$

所以

$$F_2\approx1340\mathrm{N},\ F_1=2680\mathrm{N}$$

因

$$F_n\cos20^\circ\times0.15\mathrm{m}=334\mathrm{N\cdot m}$$

所以

$$F_n=230\mathrm{N}$$

传动轴的受力图如图 11-11(b) 所示。考虑皮带轮重量 W 时的内力图如图 11-11(c)、(d)、(e) 所示。不考虑皮带轮重量 W 时，内力图只有 M 发生变化，如图 11-11(f) 所示，其他内力图不变。根据内力图可以判定，无论是否考虑皮带轮自重，危险截面均在右支座处。危险截面上的内力分量是：

扭矩 $$T=334\mathrm{N}$$

总弯矩

$$M=\sqrt{M_y^2+M_z^2}=\sqrt{804^2+360^2}\mathrm{N\cdot m}$$
$$=881\mathrm{N\cdot m}\text{（考虑皮带轮重量）}$$

$$M=\sqrt{M_y^2+M_z^2}=\sqrt{804^2+0^2}\mathrm{N\cdot m}$$
$$=804\mathrm{N\cdot m}\text{（不考虑皮带轮重量）}$$

按第三强度理论估算轴的直径：

$$\frac{\sqrt{M^2+M_n^2}}{W}\leqslant[\sigma]$$

$$\frac{32\times\sqrt{881^2+334^2}}{\pi d^2}\leqslant80\times10^6$$

$$d\geqslant49\mathrm{mm}\text{（考虑皮带轮重量）}$$

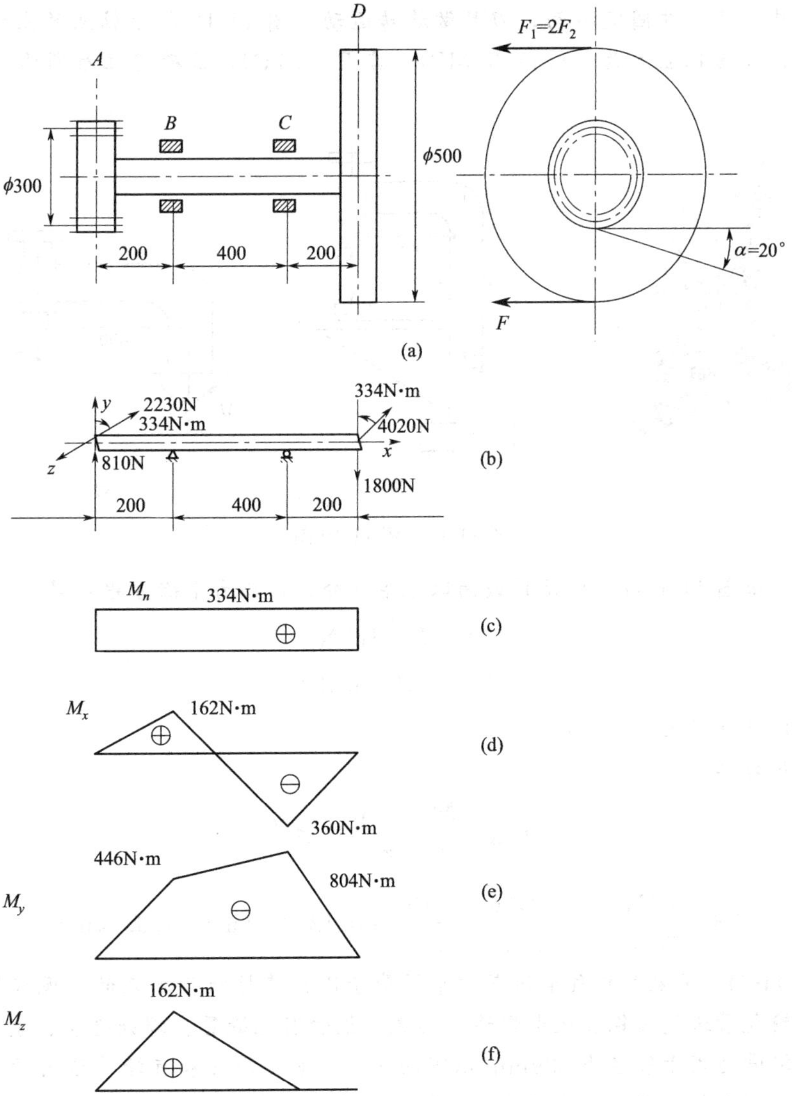
A
B
C
D
ϕ300
ϕ500
200
400
200
$F_1=2F_2$
$\alpha=20°$
F
(a)
y
2230N
334N·m
334N·m
4020N
810N
1800N
x
z
200
400
200
(b)
M_n
334N·m
(c)
M_x
162N·m
360N·m
(d)
446N·m
804N·m
M_y
(e)
162N·m
M_z
(f)

图 11-11　例 11-9 图

$$\frac{32\times\sqrt{804^2+334^2}}{\pi d^2}\leqslant 80\times10^6$$

$$d\geqslant 48\text{mm}\ （不考虑皮带轮重量）$$

例 11-10 钻床是指主要用钻头在工件上加工孔的机床。通常钻头旋转为主运动，钻头轴向移动为进给运动。钻床结构简单，加工精度相对较低，可钻通孔、盲孔，更换特殊刀具，可扩、锪孔，铰孔或进行攻丝等加工。加工过程中工件不动，让刀具移动，将刀具中心对正孔中心，并使刀具转动（主运动）。钻床的特点是工件固定不动，刀具做旋转运动。图 11-12 所示钻床的立柱为铸铁制成，许用拉应力为 $[\sigma_t]=35\text{MPa}$，若 $P=16\text{kN}$，试确定立柱所需要的直径 d。

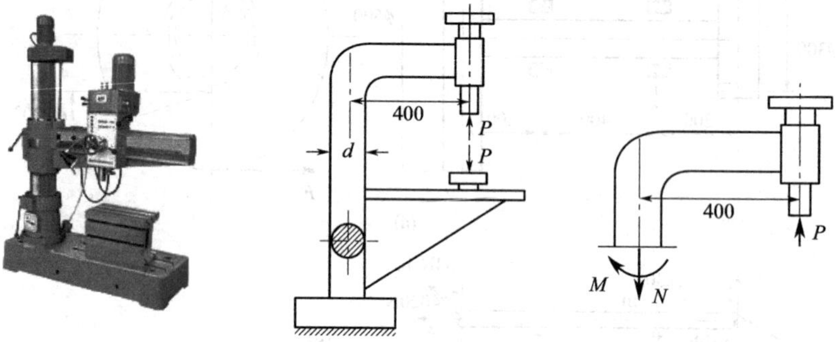

图 11-12 例 11-10 图

解： 如图 11-12(c) 所示作截面取上半部分，由静力平衡方程可得：

$$N=P=16\text{kN}$$

$$M=0.4P=6.4\text{kN}$$

所以立柱发生拉弯变形。

强度计算：

$$\sigma^t_{\max}=\frac{M}{W}=\frac{32M}{\pi d^3}\leqslant[\sigma]^t$$

$$d\geqslant\sqrt[3]{\frac{32M}{\pi[\sigma_t]}}=\sqrt[3]{\frac{32\times6.4\times10^3}{\pi\times35\times10^6}}=0.12304\ (\text{m})=123.04\text{mm}$$

例 11-11 天然气输气管道是由单根管子逐根连接组装起来的，现代的集气管道和输气管道是由钢管经电焊连接而成。钢管有无缝管、螺旋缝管、直缝管多种，无缝管适用于管径为 529mm 以下的管道，螺旋缝管和直缝管适用于大口径管道。天然气管道运输具有运输成本低、占地少、建设快、油气运输量大、安全性能高、运输损耗少、无“三废”排放、发生泄漏危险小、对环境污染小、受恶劣气候影响小、设备维修量小、便于管理、易于实现远程集中监控等优势。如图11-13所示，一天然气管道的平均直径 $d=1\text{m}$，壁厚 $\delta=30\text{mm}$，自重 $q=60\text{kN/m}$，其中一段的长度及支承情况如图11-13(a)所示。管道两端开口，材料的许用应力 $[\sigma]=100\text{MPa}$。试按第三强度理论求管道内的许可内压。

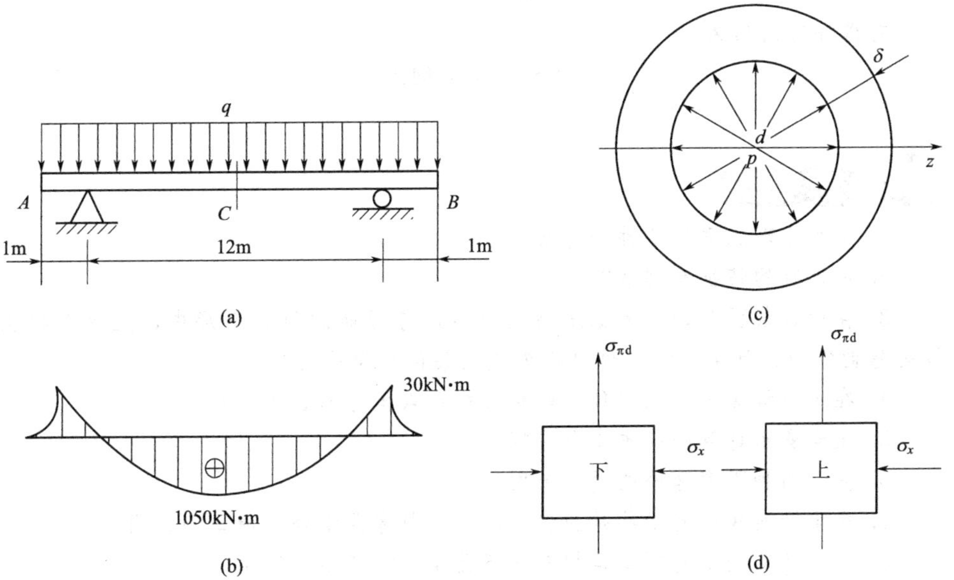

图11-13 例11-11图

解：(1) 危险点应力状态

管道的弯矩图如图11-13(b)所示。可见，危险截面为跨中截面 C，其弯矩为：

$$M_{\max}=1050\text{kN}\cdot\text{m}$$

危险点位于跨中截面 C 的上、下边缘处，其应力状态如图11-13(d)所示。其中，由管道自重引起的弯曲正应力为：

$$\sigma_x=\frac{M_{\max}}{I}\times\frac{d}{2}=\frac{M_{\max}}{\frac{1}{8}\pi d^3\delta}\times\frac{d}{2}=\frac{4M_{\max}}{\pi d^2\delta}=44.6\text{MPa}$$

由内压引起的环向应力为：

$$\sigma_{\pi d}=\frac{pd}{2\delta}=\frac{p\times1\text{m}}{2\times0.03\text{m}}=\frac{100p}{6}\text{（拉应力）}$$

(2) 许可内压

按第三强度理论，则危险点应是跨中截面 C 的上边缘处，其单元体的三个主应力为：

$$\sigma_1=\frac{100p}{6}，\sigma_2=0，\sigma_3=44.6\text{MPa}$$

于是，由第三强度理论：

$$\sigma_{r3}=\sigma_1-\sigma_3=\frac{100p}{6}+(44.6\times10^6\text{Pa})\leqslant[\sigma]$$

可得许可内压为：

$$[p]=3.32\text{MPa}$$

思考题

1. 叠加原理成立的条件是什么？
2. 中性轴的特征有哪些？
3. 在设计截面时，如考虑压缩（拉伸）与弯曲的组合变形中，应该以拉压还是弯曲作为设计条件？以哪种作为校核条件？为什么？
4. 在应力计算中应依据什么确定弯矩及点坐标的正负号？
5. 组合变形计算的基本步骤有哪些？
6. 简述四种强度理论的适用范围。
7. 在生产实践中有哪些是拉伸（压缩）与弯曲组合？请举例说明。
8. 在生产实践中有哪些是扭转与弯曲组合？请举例说明。

参考文献

[1] 李福宝主编. 过程装备力学分析［M］. 北京：化学工业出版社，2012.

[2] 周永源主编. 理论力学学习指导［M］. 沈阳:东北大学出版社，2005.

[3] 范钦珊主编. 工程力学［M］.北京：高等教育出版社，2007.

[4] 李云，姜培正主编. 过程流体机械［M］. 北京：化学工业出版社，2009.

[5] 康勇，张建伟主编. 过程流体机械［M］. 北京：化学工业出版社，2009.

[6] 李福宝，李勤主编. 压力容器及过程装备设计［M］. 北京：冶金工业出版社，2010.

[7] 王绍良主编. 化工设备基础［M］. 北京：化学工业出版社，2009.

[8] 潘永亮主编. 化工设备机械基础［M］. 第2版.北京：科学出版社，2007.

[9] 潘红良主编. 过程设备机械基础［M］. 上海：华东理工大学出版社，2006.

[10] 宋岢岢主编. 压力管道设计及工程实例［M］. 北京：化学工业出版社，2009.

[11] 李文华主编. 采油工程［M］. 北京：中国石化出版社，2007.

[12] 刘鸿文主编. 材料力学［M］. 北京：高等教育出版社，2017.

[13] 胡增强主编. 材料力学学习指导［M］. 北京：高等教育出版社，2003.

[14] 陈茹仪主编. 材料力学学习指导［M］. 沈阳：东北大学出版社，2005.

[15] 范钦珊主编. 材料力学学习指导与解题指南［M］. 北京：清华大学出版社，2004.

[16] 杨秀英，刘春忠主编. 金属学及热处理［M］. 北京：机械工业出版社，2010.

[17] 胡海岩主编. 机械振动基础［M］. 北京：航空航天大学出版社，2005.

[18] 诸德超，刑誉峰主编. 工程振动基础［M］. 北京：航空航天大学出版社，2005.

[19] 王文友主编. 过程装备制造工艺［M］. 北京：中国石化出版社，2009.

[20] 张麦秋主编. 化工机械安装基础［M］. 北京：化学工业出版社，2009.

[21] 国家石油和化学工业局. 中华人民共和国行业标准 HG/T 20549—1998［S］. 化工装置管道布置设计规定，1999.

[22] 国家石油和化学工业局. 中华人民共和国行业标准 HG/T 20546—92［S］. 化工装置设备布置设计规定，1993.

[23] 李勤，李福宝主编. 过程装备机械基础［M］. 北京：化学工业出版社，2012.

[24] 王崇革主编. 理论力学教程［M］. 北京:北京航空航天大学出版社，2004.

[25] 和兴锁主编. 理论力学典型题解析及自测试题［M］. 第2版. 西安：西北工业大学出版社，2004.

[26] Authur P. Boresi, Richard J. Schmidt 著，杨昌棋，杨萌，万玲缩编. Engineer ing Mechanics 理论力学［M］. 重庆：重庆大学出版社，2005.

[27] 哈尔滨工业大学理论力学教研室主编. 理论力学［M］. 北京：高等教育出版社，2016.

[28] 汪云英，张湘亚主编. 泵和压缩机［M］. 北京：石油化工出版社，2007.

[29] 朱张校，姚可夫主编. 工程材料［M］. 北京：清华大学出版社，2009.

[30] 董大勤主编. 化工设备机械基础［M］. 北京：化学工业出版社，2002.

[31] 濮良贵，纪名刚主编. 机械设计［M］. 第7版. 北京：高等教育出版社，2003.

[32] 国家石油和化学工业局. 中华人民共和国行业标准 HG/T 20592—2009 钢制管法兰(PN 系列)［S］.

北京：中国标准出版社，2009.
[33] 中华人民共和国国家技术监督局. GB 151—2011 压力容器 [S]. 北京：中国标准出版社，2011.
[34] 中华人民共和国国家发展和改革委员会. 中华人民共和国行业标准 JBT4712. 1—4712. 4—2007 容器支座 [S]. 北京：中国标准出版社，2007.
[35] 国家质量监督检验检疫总局. 中华人民共和国行业标准 NBT47041《塔式容器》标准释义与算例 [S]. 北京：新华出版社，2014.
[36] 闻邦椿，刘树英，张纯宇. 机械振动学 [M]. 北京：冶金工业出版社，2000.
[37] Bangchun Wen, Hui Zhang, Shuying Liu, et al.Theory and Techniques of Vibrating Machinery and Their Applications [M]. Beijing:Science Press, 2010.
[38] Bangchun Wen, Jin Fan, Chunyu Zhao, Wanli Xiong. Vibratory Synchronization and Controlled Synchronization in Endineering [M]. Beijing:Science Press, 2009.
[39] 张义民. 机械振动 [M]. 北京：清华大学出版社，2007.
[40] 邵忍平. 机械系统动力学 [M]. 北京：机械工业出版社，2005.
[41] R W Nichlos.Pressure vessel codes and standards,Developments in pressure vessels technology_5 [M]. Elsevier Applied Science Publishers, 1987.
[42] Milne I, Ainsworth R A, Dowling A R, et al.Assessment of the Integrity of Structures Containing Defects [R].CEGB Report R/HR6- Rev.- 3, 1986; Int.J.PressVes.&Piping, 1988, 32: 3-104.
[43] Anderson T L.Fracture Mechanics Foundational and Application [M]. CRC Press, 1991.